长江上游梯级水库泥沙输移与泥沙调度研究

黄仁勇　著

科学出版社

北　京

内 容 简 介

本书以三峡水库及长江上游梯级水库泥沙问题为研究对象，研究了三峡水库蓄水运用后泥沙输移特性，建立了三峡水库汛期沙峰传播时间公式、沙峰出库率公式和场次洪水排沙比公式，建立了三峡水库干支流河道一维非恒定流水沙数学模型和长江上游梯级水库联合调度泥沙数学模型，开展了长江上游梯级水库泥沙冲淤长期预测计算，得到了各水库淤积初步平衡时间，研究提出了三峡水库和长江上游梯级水库汛期泥沙调度方案，研究成果可为长江上游梯级水库科学调度提供技术支撑。

本书资料翔实、内容丰富，可供水库调度管理人员、水库泥沙科技工作者、大专院校有关专业师生及广大关心长江治理与开发的社会各界人士阅读参考。

图书在版编目(CIP)数据

长江上游梯级水库泥沙输移与泥沙调度研究/黄仁勇著.—北京：科学出版社，2017.3

ISBN 978-7-03-052143-9

Ⅰ. ①长… Ⅱ. ①黄… Ⅲ. ①长江流域－上游－梯级水库－水库泥沙－泥沙输移－研究 ②长江流域－上游－梯级水库－水库泥沙－水库调度－研究 Ⅳ. ①TV142 ②TV697.1

中国版本图书馆CIP数据核字(2017)第053461号

责任编辑：范运年　王晓丽 / 责任校对：郭瑞芝
责任印制：徐晓晨 / 封面设计：铭轩堂

科学出版社出版
北京东黄城根北街16号
邮政编码：100717
http://www.sciencep.com
北京九州迅驰传媒文化有限公司印刷
科学出版社发行　各地新华书店经销
*
2017年3月第　一　版　开本：720 × 1000 1/16
2017年3月第一次印刷　印张：13 1/2
字数：272 000

定价：88.00元

(如有印装质量问题，我社负责调换)

前　言

泥沙淤积问题是影响水库长期运用与效益发挥的关键因素之一，开展长江上游梯级水库泥沙问题研究，可为梯级水库科学调度提供技术支撑，具有重要的现实意义。

20 世纪 90 年代以来，长江上游来水来沙条件发生了较大变化，干支流水库建设也进展迅速，2015 年长江上游地区投入运用且总库容达 1 亿 m^3 以上的水库已经接近 80 座，长江上游干支流水库群已逐步形成。在来水来沙减少和干支流水库群兴建并优化调度的背景下，长江上游梯级水库的长期使用问题和泥沙调度问题已成为水库运行管理部门和水库调度部门及社会各界普遍关心的问题。

本书以三峡水库及长江上游梯级水库泥沙问题为研究对象，取得了以下几个方面的研究成果：①揭示了影响三峡水库汛期泥沙输移的主要影响因素，建立了三峡水库沙峰传播时间公式、沙峰出库率公式和场次洪水排沙比公式；②建立了三峡水库干支流河道一维非恒定流水沙数学模型，并在恢复饱和系数、区间流量、库容闭合等方面对模型进行了改进；③建立了长江上游梯级水库联合调度泥沙数学模型，实现了梯级水库泥沙冲淤同步联合计算及泥沙冲淤与水库调度的一体化同步模拟计算；④开展了长江上游梯级水库泥沙冲淤 500 年长期预测计算，得到了各水库长期淤积过程和水库淤积初步平衡时间；⑤提出了三峡水库和长江上游梯级水库基于沙峰调度和基于汛期“蓄清排浑”动态使用的泥沙调度方案。

本书是在作者博士论文的基础上编写完成的，首先感谢导师谈广鸣和范北林，在作者博士求学期间及博士论文撰写过程中给予的关心、帮助和指导。在作者博士求学及论文研究工作期间，工作单位长江水利委员会长江科学院的卢金友、张细兵等各位领导同事都给予了诸多的关心、支持、鼓励与帮助，在此一并表示衷心的感谢。作者参加工作十余年来一直在长江水利委员会长江科学院从事三峡水库和长江上游梯级水库泥沙问题研究工作，本书成果的取得得益于工作单位各类科研项目持续不断的支持，感谢长江水利委员会长江科学院为作者提供了这样一个成长的平台，让作者有机会在工作中不断的学习，不断的进步。在本书的论述中，引用了很多相关参考文献，在此谨向这些文献的作者表示深深的谢意。

长江上游梯级水库泥沙问题非常复杂，其研究过程也将是一个长期的过程。限于作者水平和现阶段的认识及研究条件，书中有些内容仍有待于在今后的工作中做进一步的完善和充实。对于书中的疏漏和欠妥之处，敬请广大读者批评指正。

作　者

2016 年 7 月

目录

第1章　绪　　论

1.1　研究背景与意义

长江是世界第三、中国第一大河，不仅是中华文明的发源地之一，更是当代中国经济社会发展的重要命脉。长江流域涉及我国19个省(自治区、直辖市)，约占国土面积的1/5，生产了全国约1/3的粮食，创造了全国约1/3的GDP，养育了全国约1/3的人口，蕴藏着我国1/3的水资源量和3/5的水能资源，拥有全国约1/2的内河航运里程，是全国水资源配置的战略水源地、实施能源战略的主要基地、珍稀水生生物的天然宝库、连接东中部的“黄金水道”和改善我国北方生态与环境的重要支撑点，其战略地位十分突出。治理好、利用好、保护好长江，不仅是长江流域4亿多人民的福祉所系，也关系到全国经济社会可持续发展的大局，具有十分重要的战略意义[1]。

长江干流全长6300余千米[2]，流域集水总面积180万km^2。长江自江源至湖北宜昌称上游，长约4500km，集水总面积约100万km^2；宜昌至江西鄱阳湖出口湖口称中游，长约955km，集水总面积约68万km^2；湖口至入海口为下游，长约938km，集水总面积约12万km^2。长江水沙资源丰富，多年平均径流量和输沙量分别约为9052亿m^3和4.27亿t[3](大通站，2002年前均值)，径流量和输沙量分别居世界第五位和第四位。长江流域水沙资源多集中于长江上游，上游干流控制站宜昌站2002年前多年平均年径流量为4369亿m^3，占河口控制站大通水文站2002年前多年平均年径流量的48.3%；同时，长江上游还是长江流域重要的产沙区，宜昌站2002年前多年平均年输沙量为4.92亿t，为大通站年均输沙量的1.15倍；长江上游径流主要来自金沙江、岷江、沱江、嘉陵江和乌江等河流，长江上游泥沙主要来自于金沙江和嘉陵江。

长江上游水能资源丰富，是我国水电能源开发的集中地区。据初步统计[1]，2015年长江上游地区投入运用且总库容1亿m^3以上的水库近80座，总兴利库容600多亿m^3，防洪库容约380亿m^3；预计在2030年前后，长江上游干支流水库总调节库容超过1000亿m^3。目前，长江流域已建成或具备运行条件的控制性水利枢纽(水电站)有：金沙江梨园、阿海、金安桥、龙开口、鲁地拉、观音岩、溪洛渡、向家坝，雅砻江锦屏一级、二滩，岷江紫坪铺、大渡河瀑布沟，嘉陵江碧口、宝珠寺、亭子口、草街，乌江的乌江渡、构皮滩、思林、沙沱、彭水，长江干流三峡，汉江的丹江口等。正在或即将建设的控制性水利枢纽(水电站)主要包括：金沙江的乌东德、白鹤滩；雅砻江的两河口；大渡河的双江口、金川、猴子岩、大岗山；岷江干流的十里铺等。远期规划建设的大型水电站主要包括：金沙江虎跳峡河段梯级等。这些已建、在建和拟建的控制性水库在长江流域防洪减灾、水资源综合利用、水生态环境保护等方面发挥了重要作用。

三峡枢纽2003年投入运行后，长江上游大型水电建设迅速展开，其中溪洛渡和向家坝这两座特大型水库已分别于2013年和2012年开始蓄水运用，这标志着长江上游特大型梯级水库群联合蓄水拦沙作用已经开始，溪洛渡和向家坝水库蓄水运用后将通过改变三峡水库入库水沙条件，进一步影响三峡水库的调度运用和库区淤积，并给长江中下游河道演变及治理带来深远影响[4]。泥沙淤积问题是影响水库长期运用与效益发挥的关键因素之一，梯级水库泥沙问题更加复杂。作为治理开发长江的特大型骨干工程，溪洛渡、向家坝、三峡等长江上游梯级水库综合效益的充分发挥意义重大，三峡、向家坝、溪洛渡蓄水运用以来，相继开展了汛末提前蓄水、汛期水位浮动、汛期中小洪水调度等优化调度实践，实际运用方式相对设计调度方式均有所突破，汛期平均水位也比设计调度方式有所抬高，造成水库泥沙落淤比例增大，水库实际排沙比相对设计成果均相应有所减小。目前，以提高综合效益为目的的水库优化调度方式与以水库长期使用为目的的“蓄清排浑”调度方式的矛盾正日益突出。长江上游梯级水库联合运用后，各水库入库泥沙都将变少变细，水库淤积平衡时间将进一步延长，各水库调度方式都将相应出现进一步优化的空间。在此背景下，水库运用后库区泥沙输移规律、梯级水库泥沙淤积对水库长期使用影响、水库调度方式优化背景下如何兼顾排沙减淤等都是迫切需要研究和回答的问题，这就需要及时开展以三峡水库为核心的长江上游梯级水库泥沙输移规律与泥沙调度研究，提出水库优化调度背景下的有利于排沙减淤的水库泥沙调度方案，为长江上游梯级水库综合效益的充分和可持续发挥提供技术支撑。

为此，本书以长江上游梯级水库为研究对象，开展了三峡水库蓄水后泥沙输移规律研究，建立了三峡水库干支流河道一维非恒定流水沙数学模型与长江上游梯级水库联合调度泥沙数学模型，在此基础上，进一步开展了以三峡水库为核心的长江上游梯级水库泥沙调度研究。本书研究内容涉及泥沙输移理论、泥沙模拟技术、泥沙调度技术等多个方面，研究成果可为长江上游梯级水库优化调度提供技术支撑。因此，本书具有重要的实践意义和科学价值。

1.2 研究现状

1.2.1 水库泥沙输移规律

开展水库泥沙输移规律研究，有助于研究入库水沙及水库调度对库区泥沙输移和泥沙淤积的影响，可为水库调度方式优化提供技术支撑。水库泥沙输移的一般规律是非均匀悬移质不平衡输沙规律，主要表现在含沙量的沿程变化，冲淤过程中悬移质泥沙级配的分选以及床沙级配的粗细化等[5]，水库泥沙输移规律还包括异重流输沙、溯源冲刷、干支流倒灌、泥沙絮凝、浑水静水沉降等特殊规律。悬移质不平衡输沙研究基本上是从20世纪60年代开始的[6~8]，国内窦国仁[9]较早提出非平衡输沙理论，并提出了初步的理论体系，其后，韩其为[10]进一步开展了非均匀沙一维不平衡输沙的研究，并给出了含沙量沿程变化方程。国内在水库泥沙输移规律研究方面的成果非常丰富，其中的典型代表是小浪底水库调度方式研究过程中关于小浪底水库泥沙输移规律的深入研究[11]，三峡水库蓄水运用后也开展了大量的水库泥沙输移规律研究。

长江上游大型梯级水库蓄水运用后实测水沙资料，为开展三峡及长江上游大型梯级水库泥沙输移规律研究提供了良好的条件。三峡水库自2003年蓄水运用以来，长江水利委员会水文局持续不断地开展了库区原型资料观测，泥沙科技工作者依据这些资料相继开展了大量的研究工作，把对三峡水库泥沙输移规律的认识不断向前推进。董年虎等[12]对三峡水库2007年汛期泥沙输移资料进行了分析，研究认为大流量时库区沙峰传播时间大致为6天，比天然情况下增加2~3天，小流量时增加更多，并研究指出三峡水库存在泥沙絮凝现象，且絮凝作用是三峡水库细泥沙淤积比例较大的主要原因；清华大学周建军等[13]根据三峡水库2003年实测资料，分析认为三峡库区沙峰传播时间要比洪峰长3~4天或更长，并对沙峰传播滞后洪峰的原因进行了分析。毛红梅等[14]根据实测资料对三峡库区泥沙分布规律进行了研究，研究认为库区水体在大水深小含沙量情况下，泥沙横向分布趋于均匀，垂向底部区域泥沙输移占比较大。陈桂亚等[15]对三峡水库蓄水运用后排沙效果进行了研究，研究认为库区河道特性、入库水沙条件以及坝前水位的高低是水库排沙比变化的主要影响因素。王俊等[16]对三峡水库2003年首次蓄水对泥沙输移影响的研究成果认为，三峡水库输沙特性主要受库区地形、水面比降、流量、含沙量等因素的影响，全年约85%的泥沙输移是在两次洪水过程中完成的，来水来沙量大时，泥沙主要淤积在万县–大坝区间，来水来沙量小时，主要淤积在清溪场–万县区间。代文良等[17,18]对三峡水库156m、175m蓄水期间库区不同水文站含沙量变化、输沙量变化、级配变化等进行了分析。黄仁勇等[19]对三峡水库蓄水前后库区不同水文站年均输沙量变化进行了对比分析。陈绪坚等[20]采用随机统计理论对三峡水库泥沙运动规律进行了分析。

向家坝和溪洛渡分别于 2012 年和 2013 年开始蓄水运用，水库运用时间相对较短，关于溪洛渡和向家坝水库泥沙输移规律的研究成果也相对较少，目前关于溪洛渡和向家坝水库 2013 年和 2014 年排沙比研究成果表明，不考虑区间来沙，2013 年溪洛渡和向家坝水库排沙比分别为 10.4%和 36%，两库作为一个整体的排沙比为 3.76%，2014 年(1~9 月)两库作为一个整体的排沙比为 3.14%，几乎所有的入库泥沙都被两库所拦截[21~23]。

已有的研究工作在三峡水库沙峰输移规律研究方面做出了有益的探索。但由于受到实测资料较短等因素的限制，已有成果均未就三峡水库沙峰输移特性及其与影响因素之间的关系开展全面深入的研究，所以有必要进一步深入开展三峡水库蓄水运用后泥沙输移规律研究，为新的水沙条件和水库优化调度条件下的水库泥沙调度提供理论基础。

1.2.2 水库泥沙冲淤数值模拟

早在 20 世纪 50 年代初期，苏联罗辛斯基和库兹明已经使用一维数学模型对大型水库的淤积进行冲淤模拟计算，20 世纪 70 年代泥沙数学模型的研究得到快速发展，许多数学模型开始运用于水库泥沙研究。国际上常用的一维泥沙数学模型包括：丹麦水利所 MIKE11 模型[24]，美国陆军土木工程师兵团的 HEC、RAS 模型[25]，法国国家水利所 SEDICOUP 模型[26]等。随着计算机技术和数值模拟方法的不断进步，我国的水库泥沙冲淤数值模拟技术得到了快速发展，并在实际工程中得到了广泛应用。国内应用较为广泛的模型包括：韩其为等研制的水库淤积与河床演变数学模型[27]、杨国录 SUSBED 系列模型[28]、长江科学院水库冲淤计算模型[29]、黄委会黄河水库一维泥沙数学模型[30、31]等，这些模型已成功应用于我国众多水库的设计及调度方式优化中。

水沙数学模型作为除河工模型最为常用的泥沙冲淤预测工具[32]，在三峡水库论证与设计阶段发挥了重要作用，其中长江科学院和中国水利水电科学研究院以一维不平衡输沙理论分别建立的三峡水库一维恒定流水沙数学模型是目前比较成熟的数学模型，它们在三峡工程泥沙问题研究中发挥了基础和关键性作用。周建军等[33~36]建立了三峡水库一维不恒定流水沙数学模型，并采用数学模型对三峡水库双(多)汛限水位调度方案、三峡水库挖粗沙减淤等问题开展了深入研究，在“十五”三峡工程泥沙问题研究中，周建军在挟沙力计算公式、考虑泥沙絮凝、考虑支流库容和区间来水等方面对数学模型进行了改进[13]。李义天等[37~39]建立了一维不恒定流泥沙数学模型，并对三峡水库汛末提前蓄水方案、入库水沙条件变化对三峡库区淤积影响等问题进行了研究。彭杨等[32]建立了三峡库区非恒定一维水沙数学模型，模型中采用了张红武提出的不平衡输沙理论，并在悬移质挟沙力公式及推移质输沙率公式采用上对现有三峡水库泥沙模型进行了改进。中国水利水电科学研究院毛继新、方春明等[40, 41]建立了三峡水库一维非恒定流水沙数学模型，模型在“十一五”和“十二五”的三峡工程泥沙问题研究中得到了应用，并在模型库容曲线、考虑区间来水来沙、考虑泥沙絮凝、挟沙能力计算、恢复饱和系数计算等方面对泥沙数学模型进行了改进。黄仁勇等[42, 43]考虑水沙输移过程中的非恒定性及众多支流的影响，建立了基于树状河网的三峡水库干支流河道一维非恒定流水沙数学模型，并进行了模型应用。闫金波等[44]、陶冶等[45]、假冬冬等[46]也都采用水沙数学模型对三峡水库泥沙问题进行了模拟研究。

在长江上游梯级水库泥沙冲淤数值模拟研究方面，乌东德、白鹤滩、溪洛渡、向家坝、三峡等各大型梯级水库在可研阶段均开展了水库泥沙问题的数学模型模拟预测研究[47~51]。近年来，毛继新等[52, 53]建立了金沙江一维非恒定流水沙数学模型，针对不同的研究项目，相继开展了金沙江乌东德、白鹤滩、溪洛渡、向家坝梯级水库 100 年和 300 年的泥沙冲淤预测计算。童思陈[54]以溪洛渡和向家坝水库为例，对大型河道型水库泥沙淤积的时空分布规律进行了模拟计算，通过模型计算研究得到了很多有意义的研究结论。赵瑾琼[55]开展了长江上游梯级水库泥沙淤积规律研究，并采用一维水沙数学模型对溪洛渡、向家坝、三峡水库进行了泥沙冲淤数值模拟计算。

目前，已有的研究已经在长江上游梯级水库泥沙冲淤数值模拟研究方面做出了大量的工作。但随着长江上游干支流水库群的大量兴建和不断投入运用，水库群的拦沙作用进一步加大，各水库调度方式随着工程建设进度也在不断发生变化，而已有的长江上游梯级水库泥沙模拟研究存在没有考虑其他干支流水库拦沙影响、考虑的拦沙水库数量较少、研究时使用的水库调度方式已经过时、预测计算时间较短(一般为 100 年，少数为 300 年)等问题。因此，有必要根据目前的长江上游干支流水库群建设进度、实际来水来沙条件变化、水库调度方式优化等情况，进一步深入开展长江上游梯级水库泥沙冲淤长期模拟预测研究，为梯级水库优化调度提供技术支撑。

1.2.3　水库泥沙调度

河流上修建水库后，库区水深增加、流速减缓，必然引起库区泥沙淤积，泥沙淤积到一定程度会减小其有效库容，影响水库综合效益。水库淤积是世界级难题，如何有效控制水库淤积，长期保持一定有效库容，是水库泥沙淤积研究的重要课题。影响水库淤积的因素主要有上游来水来沙过程、库区边界条件和水库调度方式，其中水库调度方式是可以主动控制和决定淤积的因素。泥沙调度是指："为控制入库泥沙在库内的淤积部位和高程，达到排沙减淤目的所进行的水库运行水位调度[56]。" 水库泥沙调度减淤是目前控制大型水库泥沙淤积行之有效的方法，也是主要的方法[57]。

水库淤积防治的现实需求及防治经验的不断积累推动了水库泥沙调度技术的不断进步。最早的水库泥沙调度设想[58]由美国学者葛罗同等在 1946 年治理黄河初步报告中提出，其思想为在八里胡同建坝控制洪水并发电，坝底设排沙设备，每年放空排沙一次。Churchill[59]在 1947 年较早地开展了水库泥沙调节问题的研究分析，随后引发了许多学者[60~69]对水库泥沙调控问题的关注。李书霞等[70]开展了小浪底水库塑造异重流技术及调度方案研究，在研究异重流发生、运行及排沙等基本规律的基础上，根据水库的上下游实际条件制定了黄河调水调沙试验水库联合调度预案，在 2004 年成功塑造异重流并排沙出库，达到了减少水库淤积、优化出库水沙组合等多项预期目标。水库泥沙调度在黄河流域得到了广泛的应用与实践，其中利用小浪底水库和黄河干支流其他水库进行的黄河调水调沙，在推动泥沙调度实践和泥沙调度理论进步方面起到了积极的作用，总结出了基于小浪底水库单库调节为主的调水调沙、基于空间尺度水沙对接的调水调沙和基于干流水库群联合调度及人工异重流塑造的调水调沙三种泥沙调度模式[11]，并通过泥沙调度成功实现了小浪底库尾淤积形态优化、小浪底水库排沙减淤和黄河下游河道冲刷等多个泥沙调度目标。山西恒山水库采用定期泄空排沙的泥沙调度方式实现了水库的长期使用[71]。新疆头屯河水库通过采用低水位泄空冲刷、"高渠" 拉沙、异重流排沙的泥沙调度方式，增加有效库容 828 万 m^3，防洪调蓄能力增加，延长了水库寿命也扩大了水库的兴利效益[72]。我国学者在探索三峡水库长期使用的过程中，总结提出了 "蓄清排浑" 的泥沙调度方式，并在大量的水库调度实践中得到了成功应用，也赢得了国际同行的认可[73]。从 20 世纪 60 年代开始，林一山[74]、唐日长[75]提出了水库长期使用的设想和概念，韩其为[76]对长期使用水库的平衡形态及冲淤变形进行了详细的研究论证。论证与初步设计阶段的大量研究成果表明，三峡水库采用 "蓄清排浑" 的泥沙调度方式，可以保证水库的长期使用。林秉南等[77]1992 年针对减少重庆河段淤积，提出了三峡水库双汛限水位运行的设想，其后周建军等[34, 35]利用泥沙数学模型对方案进行了全面研究，先后提出了通过优化水库调度，减少淤积，增加防洪能力的双汛限和多汛限水位调度方案。长江上游乌东德、白鹤滩、溪洛渡、向家坝等大型水库也都采用了 "蓄清排浑" 的泥沙调度方式[47~50]。

在水库水沙联合调度研究方面，张玉新等[78]运用多目标规划的方法，建立了水库水沙联调的多目标动态规划模型。杜殿勖等[79]采用系统分析的方法，建立了水库水沙联调随机动态规划模型，并进行了三门峡水库水沙综合调节优化调度运用的研究。张金良[80]、胡明罡[81]、刘媛媛[82]等以三门峡水库为例，开展了水库泥沙冲淤计算和快速预测、基于改进的 BP 神经网络的水库多目标优化调度等问题的研究。刘素一[83]针对水库汛期降低水位排沙与电能损失情况，建立了研究水沙联调的动态规划模型，研究了水库排沙与发电的关系。万新宇[84]开展了基于相似性的三门峡水库水沙调度研究，对水库坝址附近的泥沙变化情况进行预测，据此进行水库水沙调度。万毅[85]开展了黄河梯级水库水电沙一体化调度研究，提出了实现一体化调度需要应用的多学科理论体系，研究了黄河梯级电站实行一体化调度的可行性和关键技术。陶春华等[86]开展了大渡河瀑布沟以下梯级水库水沙联合调度研究，提出了利用弃水造峰的梯级水库水沙联合调度方案，计算研究表明，瀑布沟、龚嘴和铜街子三座水库水位和流量的合理控制，可有效减少龚嘴和铜街子水库泥沙淤积。详细考虑三峡水库泥沙淤积与水库综合效益多目标优化的水沙联调的研究相对较少，彭杨[87]建立了水库水沙联合调度多目标决策模型，并将该模型应用于三峡水库汛末蓄水研究中，得出了一个能够满足水库防洪、发电及航运等要求的运行方案。纪昌明等[88]以三峡水库为例开展了基于鲶鱼效应粒子群算法的水库水沙调度模型研究，研究表明，在考虑水库汛期排沙的基础上，针对来水来沙情势有目的的提前蓄水可以很好地解决发电和泥沙淤积的矛盾。肖杨等[89]以三峡水库为例开展了基于遗传算法与神经网络的水库水沙联合优化调度模型研究，研究表明，利用加速遗传算法和自适应 BP 神经网络来计算模拟水沙联合优化调度是有效可行的。随着大量水库的修建，长江上游梯级水库水沙联合优化调度将是今后更重要的研究方向，甘富万[57]开展了基于遗传算法的三峡水库排沙调度与效益优化计算，同时还进一步开展了梯级水库排沙与效益联合优化调度算例研究。赵瑾琼[55]建立了梯级水库水沙联合优化调度模型，利用 BP 人工神经网络方法，研究提出了使溪洛渡、向家坝、三峡梯级水库长期发电效益最优的蓄水时间组合。

三峡水库自 2008 年汛后 175m 试验性蓄水运用以来，库尾河段出现了自然情况下的汛后走沙现象消失、走沙期后移至汛前消落期的新现象，同时，三峡水库开展了汛后提前蓄水和汛期中小洪水调度等优化调度实践，使汛期水位抬高运行的时间比初步设计方式有较多增加，也相应降低了水库输沙排沙能力和库尾走沙能力。针对库区泥沙冲淤规律新变化及水库优化调度中的泥沙问题，三峡水库在近年来的实际调度中成功开展了多次库尾消落期减淤调度试验[90]和汛期沙峰调度试验[91]，取得了较好的水库减淤效果。但已有研究主要是针对三峡水库的，没有考虑上游梯级水库的作用，水库排沙主要在汛期，已有的三峡水库汛期沙峰调度研究成果，主要是根据三峡入库洪峰、沙峰传播的时间差异性，提出了“洪峰到来时拦洪削峰，沙峰临近时加大泄量排沙”的沙峰调度模式，但只是提出了一个调度模式，并没有归纳总结出具体的沙峰调度方案，也没有给出具体的入出库流量、含沙量等关键调度控制指标。

受水库河道地形、河床组成、入库水沙、泥沙组成、泥沙来源、水库壅水程度、水库运用方式、泄流规模、排沙设施、水库大小、水库上下游流域环境等众多因素的影响，不同的水库有着不同的泥沙淤积特性和不同的泥沙淤积问题，也有着不同的泥沙调度需求，众多的影响因素和约束条件增加了泥沙调度的复杂性，也构成了泥沙调度的技术难点。水库泥沙调度的技术难点之一是泥沙调度理论的建立，具体包括水库调度方式影响下的库区泥沙输移规律和泥沙淤积规律的揭示，泥沙调度目标的确定，泥沙调度过程中合理水沙关系的确定等。水库泥沙调度技术的难点还包括泥沙调度过程中合理水沙关系的塑造技术、泥沙调度过程中的水文监测和预报技术、泥沙调度模拟技术、梯级水库泥沙联合调度技术等。“蓄清排浑”的泥沙调度方式已被证明是有利于水库长期使用的行之有效的泥沙调度方式，但由于“蓄清排浑”要求水库汛期长时间保持较低的库水位，对提高水资源利用效率不利，如何在充分发挥水库综合效益的同时，通过适时开展泥沙调度，以兼顾水库排沙减淤，也是目前水库泥沙调度的一个难点。

“蓄清排浑”是保障长江上游大型梯级水库长期使用的泥沙调度原则，但在目前入库泥沙大幅减少背景下，如果不考虑水库淤积平衡时间大幅延长的实际情况，继续僵硬地执行“蓄清排浑”泥沙调度原则，则会失去充分发挥梯级水库综合效益的有利时机，造成资源的巨大浪费。这就需要在水库实时调度中，在“蓄清排浑”调度原则的具体执行中，结合水库调度方式优化，给“蓄清排浑”的泥沙调度原则赋予新的意义，创新“蓄清排浑”泥沙调度原则的使用方法，丰富“蓄清排浑”泥沙调度原则的具体内容，研究提出水库优化调度背景下适用于实时调度的三峡及长江上游大型梯级水库泥沙调度方式。

1.3 主要研究内容

本书主要研究内容包括三峡水库蓄水运用后泥沙输移特性研究、三峡水库干支流河道一维非恒定流水沙数学模型研究、长江上游梯级水库联合调度泥沙数学模型研究、长江上游梯级水库泥沙冲淤长期预测计算研究、三峡及长江上游梯级水库汛期泥沙调度方案研究。研究思路可概括为先研究泥沙输移理论，再研究泥沙模拟技术和泥沙调度技术，最后形成泥沙调度方案集，如图 1.1 所示。

按照上述思路，本书共分为 7 章，各章节主要内容如下。

(1)第 1 章为绪论。首先简要叙述了本书研究的背景与意义，然后分析了三峡及长江上游梯级水库泥沙输移规律研究现状、泥沙冲淤数值模拟研究现状、泥沙调度研究现状，并提出了本书的研究思路及主要研究内容。

(2) 第2章为三峡水库蓄水运用后泥沙输移特性研究。研究了沙峰传播时间、沙峰出库率和场次洪水排沙比与不同影响因素的关系，通过统计分析，找到了主要影响因子，构建了三峡水库沙峰传播时间公式、沙峰出库率公式和场次洪水排沙比公式，揭示了不同影响因素对泥沙输移特性的影响机制。

(3) 第3章为三峡水库干支流河道一维非恒定流水沙数学模型研究。基于三级解法的基本思想，建立了三峡水库干支流河道一维非恒定流水沙数学模型，并在恢复饱和系数、区间流量、库容闭合等方面对模型进行了改进，采用三峡水库蓄水运用后2003~2013年实测资料对模型进行了验证。

(4) 第4章为长江上游梯级水库联合调度泥沙数学模型研究。以三峡水库干支流河道一维非恒定流水沙数学模型为基础，将长江上游干流乌东德、白鹤滩、溪洛渡、向家坝等更多水库纳入整体计算范围，建立了长江上游梯级水库联合调度泥沙数学模型，并开展了金沙江中游梯级、雅砻江梯级、岷江梯级、嘉陵江梯级、乌江梯级共27个水库的拦沙计算，为长江上游梯级水库泥沙冲淤长期预测计算提供边界条件。

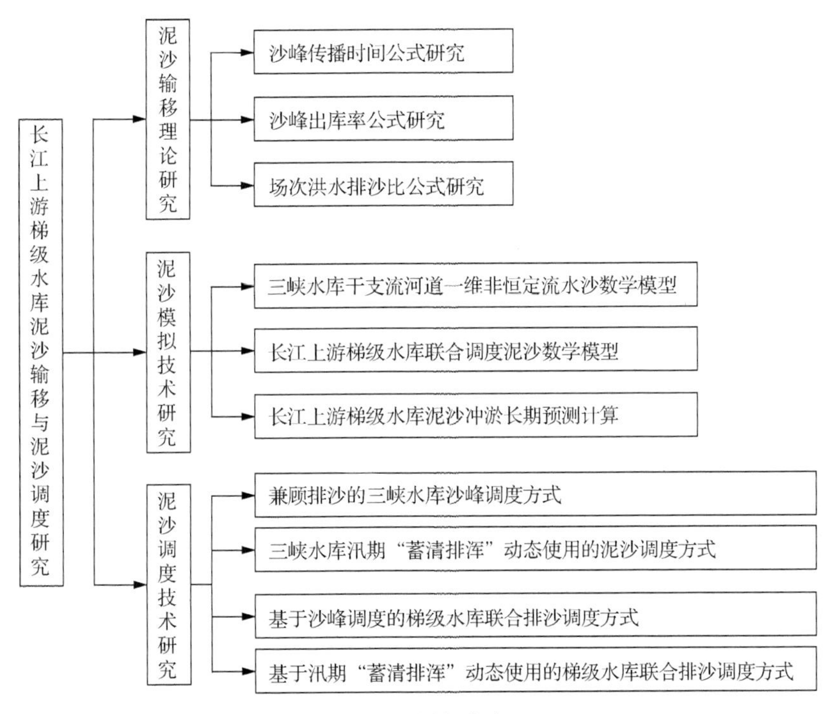

图1.1 研究内容

(5) 第 5 章为长江上游梯级水库泥沙冲淤长期预测计算。采用长江上游梯级水库联合调度泥沙数学模型开展了长江上游梯级水库泥沙冲淤 500 年长期预测计算，研究各水库泥沙淤积初步平衡时间。

(6) 第 6 章为三峡及长江上游梯级水库汛期泥沙调度初步研究。采用实测资料分析与数学模型计算相结合的研究方法，开展了三峡及长江上游梯级水库汛期泥沙调度初步研究，研究提出了三峡及长江上游梯级水库汛期泥沙调度方案。

(7) 第 7 章为结论与展望。主要是对全书内容进行总结，并对今后的工作进行展望。

参考文献

[1] 水利部长江水利委员会. 长江流域水库群联合调度研究顶层设计报告. 2015.

[2] 长江勘测规划设计研究有限责任公司. 以三峡水库为核心的长江干支流控制性水库群综合调度研究. 2011.

[3] 长江水利委员会水文局. 2013 年度三峡水库进出库水沙特性、水库淤积及坝下游河道冲刷分析. 2014.

[4] 黄仁勇，谈广鸣，范北林. 长江上游梯级水库联合调度泥沙数学模型研究. 水力发电学报，2012, 31(6)：143-148.

[5] 中国水利学会泥沙专业委员会. 泥沙手册. 北京：中国环境科学出版社, 1992.

[6] Jobson H E, Sayre W W. Predicting concentration profiles in open channels. Journal of the Hydraulics Division, ASCE, 1970, 96(HY10)：1983-1996.

[7] Hjelmfelt A T, Lenau C W. Non-equilibrium transport of suspended sediment. Journal of the Hydraulics Division, ASCE, 1970, 96(HY7)：1567-1586.

[8] Mei C C. Non-uniform diffusion of suspended sediment. Journal of the Hydraulics Division, ASCE, 1969, 95(HY1)：581-584.

[9] 窦国仁. 潮汐水流中的悬沙运动及冲淤计算. 水利学报，1963, (4)：13-23.

[10] 韩其为. 非均匀悬移质不平衡输沙的研究. 科学通报，1979, 17：804-808.

[11] 水利部黄河水利委员会. 黄河调水调沙理论与实践. 郑州：黄河水利出版社, 2013.

[12] 董年虎，方春明，曹文洪. 三峡水库不平衡泥沙输移规律. 水利学报，2010, 41(6)：653-658.

[13] 清华大学. 三峡水库泥沙淤积计算成果. 2007.

[14] 毛红梅，刘少华，周海燕. 三峡库区泥沙分布规律初探. 水利水运工程学报，2012, (5)：67-71.

[15] 陈桂亚，袁晶，许全喜. 三峡工程蓄水运用以来水库排沙效果. 水科学进展，2012, 23(3)：355-362.

[16] 王俊，张欧阳，熊明. 三峡水库首次蓄水对泥沙输移特性的影响. 水力发电学报，2007, 26(5)：102-106.

[17] 代文良，张娜，蒲菽洪. 三峡库区 156m 蓄水水文泥沙变化分析. 人民长江，2009, 40(9)：7-9.

[18] 代文良，张娜. 三峡水库 175m 试验性蓄水过程水文泥沙分析. 人民长江，2011, 42(3)：9-12.

[19] 黄仁勇，张细兵. 三峡水库蓄水后水沙输移若干规律研究//三峡工程运用 10 年长江中游江湖演变与治理学术研讨会论文集. 武汉，2013：260-264.

[20] 陈绪坚，郑邦民，胡春宏. 三峡水库泥沙运动随机分析. 泥沙研究，2013, (6)：6-11.

[21] 三峡工程泥沙专家组. 金沙江大型水库建设对三峡工程泥沙问题影响的调研报告. 2014.

[22] 中国水利水电科学研究院，中国长江三峡集团公司. 溪洛渡、向家坝水电站运行初期(2015-2030 年)水文泥沙监测与研究规划(送审稿). 2014.

[23] 中国水利水电科学研究院，长江水利委员会水文局. 金沙江下游梯级电站水文泥沙监测与研究规划(送审稿). 2006.

[24] MIKE. MIKE-11: Manual Ⅰ and Ⅱ. Danish: Danish Hydraulic Institute, 1989.

[25] HEC-RAS. User's Manual of HEC-RAS River Analysis System. USA: U. S. Army corps of Engineers Hydrologic Engineering Center, 1998.

[26] SEDICOUP. Code subief de calcul de transport de sediments en suspension methode et essais numeriques. France: Department Laboratoire National d'Hydraulique, 1993.

[27] Han Q W, He M M. Mathematical model of nonequilibrum transport of nonuniform sediment, Lecture Notes of Advanced Course on Mathematical Modeling of Alluvial River, 1987 IRTCES Pub. Beijing, China.

[28] 杨国录，菲利普.白莱德，吕克-拉于尔，等. 冲积河流一维数学模型. 泥沙研究，1989, (4)：41-53.

[29] 黄煜龄，梁栖蓉. 三峡水库泥沙冲淤计算分析报告//长江三峡工程泥沙与航运关键技术研究专题研究报告集(下册). 武汉：武汉工业大学出版社，1993：423-487.

[30] 曲少军，吴保生，张启卫，等. 黄河水库一维泥沙数学模型的初步研究. 人民黄河，1994, 17(1)：1-4.

[31] 张俊华，王艳平，张红武. 黄河小浪底水库运用初期库区淤积过程数值模拟研究. 水利学报，2002, (7)：110-115.

[32] 彭杨，张红武. 三峡库区非恒定一维水沙数值模拟. 水动力学研究与进展A辑，2006, 21(3)：285-292.

[33] Zhou J J, Lin B N. One-dimensional mathematical model for suspended sediment by lateral integration. Journal of Hydraulic Engineering, ASCE, 1998, 124(7)：712-717.

[34] 周建军，林秉南，张仁. 三峡水库减淤增容调度方式研究-双汛限水位调度方案. 水利学报，2000, (10)：1-11.

[35] 周建军，林秉南，张仁. 三峡水库减淤增容调度方式研究-多汛限水位调度方案. 水利学报，2002, (3)：12-19.

[36] 周建军，曹慧群，张曼. 三峡水库挖粗沙减淤研究. 科技导报，2010, 28(9)：28-36.

[37] 李义天，尚全民. 一维不恒定流泥沙数学模型研究. 泥沙研究，1998, (1)：81-87.

[38] 赵瑾琼，李义天，邓金运. 蓄水方案变化对三峡水库泥沙淤积及通航条件的影响. 武汉大学学报(工学版)，2009, 42(4)：422-426.

[39] 陈建，李义天，邓金运，等. 水沙条件变化对三峡水库泥沙淤积的影响. 水力发电学报，2008, 27(2)：97-102.

[40] 中国水利水电科学研究院. 三峡水库近期淤积计算研究. 2011.

[41] 中国水利水电科学研究院. 三峡水库水流泥沙数学模型改进与冲淤计算研究专题报告. 2015.

[42] 黄仁勇，黄悦. 三峡水库干支流河道一维非恒定流水沙数学模型初步研究. 长江科学院院报，2009, 26(2)：9-13.

[43] 黄仁勇，李飞，张细兵. 三峡水库运用初期库区水沙输移数值模拟. 长江科学院院报，2012, 29(1)：9-13.

[44] 闫金波，代水平，刘天成，等. 三峡水库泥沙作业预报方案研究. 水利水电快报，2012, 33(7)：71-74.

[45] 陶冶，刘天成. 基于一维水沙模型的三峡库区泥沙预报初探. 人民长江，2011, 42(6)：65-68.

[46] 假冬冬，邵学军，张幸农，等. 三峡水库蓄水初期近坝区淤积形态成因初步分析. 水科学进展，2011, 22(4)：539-545.

[47] 长江勘测规划设计研究有限责任公司. 金沙江乌东德水电站可行性研究阶段正常蓄水位选择专题报告(审定本). 2010.

[48] 长江水利委员会长江科学院. 白鹤滩水电站水库泥沙淤积分析研究报告. 2008.

[49] 国家电力公司成都勘测设计研究院. 金沙江溪洛渡水电站可行性研究报告. 2001.

[50] 国家电力公司中南勘测设计研究院. 金沙江向家坝水电站可行性研究报告. 2003.

[51] 水利部长江水利委员会. 长江三峡水利枢纽初步设计报告(枢纽工程)第四篇综合利用规划. 1992.

[52] 李丹勋，毛继新，杨胜发，等. 三峡水库上游来水来沙变化趋势研究. 北京：科学出版社，2010.

[53] 中国水利水电科学研究院. 三峡水库长期影响趋势研究(初稿). 2014.

[54] 童思陈. 河道型水库泥沙淤积及其长期利用调控模式研究[博士学位论文]. 北京：清华大学，2005.

[55] 赵瑾琼. 梯级水库泥沙淤积规律及调度技术初步研究[博士学位论文]. 武汉：武汉大学，2011.

[56] 电力工业部. 水利水电工程泥沙设计规范, 1993.

[57] 甘富万. 水库排沙调度优化研究. 武汉：武汉大学博士学位论文，2008.

[58] 葛罗同，萨凡奇，雷巴特. 治理黄河初步报告(1946)//历代治黄文选(下册)，郑州：河南人民出版社，1989.

[59] Churchill M A. Discussion of analysis and use of reservoir sedimentation data. L.C. Gottshalk, federal inter-agency sedimentation conf. Denver, 1947：139-140.

[60] Bell H S. The effect of entrance mixing on the size of density currents in Shaver Lake. Eos Transactions American Geophysical Union, 1947, 28(5)：780-791.

[61] Croley T E. Sequential deterministic optimization in reservoir operation. Journal of the Hydraulics Division ASCE, 1974, 100(3)：443-459.

[62] Salas J D, Shin H S. Uncertainty analysis of reservoir sedimentation. Journal of Hydraulic Engineering, 1999, 125(4)：339-350.

[63] Molinas A, Wu B S. Non-equilibrium sediment transport modeling of Sanmenxia Reservoir. Energy and Water. Sustainable Development. New York: ASCE, 1997：126-131.

[64] Hotchkiss R H, Mares D E. Computer modeling of reservoir sedimentation and sluicing. Waterpower'91: A New View of Hydro Resources. New York: ASCE, 1991：745-752.

[65] Tapp J S, Ward A D, Barfield B J. Approximate sizing of reservoir for detention time. Journal of the Hydraulics Division, ASCE, 1982, 108(1)：17-23.

[66] Fukushima Y, Parker G, Pantin H M. Prediction of ignitive turbidity currents in scripps submarine canyon. Marine Geology, 1985, 67(1-2)：55-81.

[67] Parker G, Garcia M, Fukushima Y, Yu W. Experiments on turbidity currents over an erodible bed. Journal of Hydraulic Research, 1987, 25(1)：123-147.

[68] Cesare G D, Schleiss A, Hermann F. Impact of turbidity currents on reservoir sedimentation. Journal of Hydraulic Engineering, ASCE, 2001, 127(1)：6-16.

[69] Yu W S, Lee H Y, Hsu S H M. Experiments on deposition behavior of fine sediment in a reservoir. Journal of Hydraulic Engineering. ASCE, 2000, 126(12)：912-920.

[70] 李书霞，张俊华，陈书奎，等. 小浪底水库塑造异重流技术及调度方案. 水利学报，2006, 37(5)：567-572.

[71] 郭志刚，李德功. 恒山水库的水沙调节运用经验.水利水电技术，1984：54-64.

[72] 许杰庭. 新疆头屯河水库排沙减淤技术的研究与应用. 泥沙研究，2009, (3)：725-731.

[73] 韩其为，何明民. 论长期使用水库的造床过程—兼论三峡水库长期使用的有关参数. 泥沙研究，1993, (3)：1-22.

[74] 林一山. 水库长期使用问题(1966年). 人民长江，1978, (2)：1-8.

[75] 唐日长. 水库淤积调查报告. 人民长江，1964, (3)：8-20.

[76] 韩其为. 长期使用水库的平衡形态及冲淤变形研究. 人民长江，1978, (2)：18-35.

[77] 林秉南，周建军. 三峡工程泥沙调度. 中国工程科学，2004, 6(4)：30-33.

[78] 张玉新，冯尚友. 多维决策的多目标动态规划及其应用. 水利学报，1986, (7)：1-10.

[79] 杜殿勖，朱厚生. 三门峡水库水沙综合调节优化调度运用的研究. 水力发电学报，1992, (2)：12-23.

[80] 张金良. 黄河水库水沙联合调度问题研究. 天津：天津大学博士学位论文, 2004.
[81] 胡明罡. 多沙河流水库电站优化调度研究. 天津：天津大学博士学位论文, 2004.
[82] 刘媛媛. 多沙河流水库多目标优化调度研究. 天津：天津大学博士学位论文, 2005.
[83] 刘素一. 水库水沙优化调度的研究及应用. 武汉：武汉水利电力大学硕士学位论文, 1995.
[84] 万新宇. 基于相似性的三门峡水库水沙调度研究. 南京：河海大学博士学位论文, 2008.
[85] 万毅. 黄河梯级水库水电沙一体化调度研究. 天津：天津大学博士学位论文, 2008.
[86] 陶春华，杨忠伟，贺玉彬，等. 大渡河瀑布沟以下梯级水库水沙联合调度研究[J]. 水力发电，2012, 38(10)：73-80.
[87] 彭杨. 水库水沙联合调度方法研究及应用. 武汉：武汉大学博士学位论文, 2002.
[88] 纪昌明，刘方，彭杨，等. 基于鲶鱼效应粒子群算法的水库水沙调度模型研究. 水力发电学报，2013, 32(1)：70-76.
[89] 肖杨，彭杨，王太伟. 基于遗传算法与神经网络的水库水沙联合优化调度模型. 水利水电科技进展，2013, 33(2)：9-13.
[90] 周曼，黄仁勇，徐涛. 三峡水库库尾泥沙减淤调度研究与实践. 水力发电学报，2015, 34(4)：98-104.
[91] 董炳江，乔伟，许全喜. 三峡水库汛期沙峰排沙调度研究与初步实践. 人民长江，2014, 45(3)：7-11.

第 2 章　三峡水库蓄水运用后泥沙输移特性研究

2.1　三峡水库河道概况

2.1.1　三峡水库天然河道概况

三峡水库坝址位于宜昌市三斗坪，在已建葛洲坝水库坝址上游约 40km 处，水库正常蓄水位 175m，对应库区范围为坝址至上游 660~760km(江津—朱沱)，库区面积 1084km^2，干流自上而下沿程设有朱沱、寸滩、清溪场、万县、庙河 5 个水文站，库区两大支流嘉陵江和乌江的入库控制站分别为北碚站和武隆站，图 2.1 为三峡水库库区朱沱至坝址段的示意图。三峡水库河道穿行于川东低山丘陵和川鄂中低山峡谷区，干流库面宽度一般为 700～1700m，大部分库段河宽不超过 1000m，为典型的河道型水库，根据河道地形地貌特征，三峡库区朱沱至坝址可分为以下四段[1]。

朱沱—江津油溪段，长约 50km，两岸为起伏平缓的丘陵，没有峡谷，河床开阔，枯水河宽 300～500m，洪水河宽 600～1000m，河床组成多为卵石。

江津油溪—涪陵段，长约 220km，沿江分布有华龙峡、猫儿峡、铜锣峡、明月峡、黄草峡、剪刀峡等著名峡谷，本河段沿程地势起伏较大，峡谷与宽谷交替出现，江面宽窄悬殊，最宽处达 1500m，最窄处仅 250m。峡谷一般不长，江面狭窄，两岸山峰矗立，高出江面 300～400m；宽谷段江面开阔，两岸山峰距江较远，阶地发育，河漫滩宽。

涪陵—奉节段，长约 320km，其上段长江流向东北，至万州急转东，到奉节白帝城入三峡。河段内河谷宽阔，江面最宽处达 1500～2000m，谷坡平缓，两岸丘陵起伏，支沟稠密。万州以下的巴阳峡，江面窄，水流急，奉节稍上是关刀峡，宽仅 150～200m，至奉节河谷又放宽。

奉节—坝址段，长约 170km，为著名的三峡河段，峡谷之间为低山丘陵宽谷，白帝城至庙河为峡谷段，庙河至坝址为宽谷段。峡谷段江面狭窄，岸壁陡峭，河宽一般为 200～300m，最窄处仅 100 余米；宽谷段江面比较开阔，岸壁平缓，汛期河宽一般达 600～800m，个别达 1000～1500m。峡谷上游的开阔段，往往形成峡口滩，呈汛期淤积、汛后冲刷的周期性冲淤变化。

天然情况下，三峡水库库区河道演变特性受到河道边界条件的制约，并受来水来沙条件的影响，长期来看河道平面和纵横断面形态保持不变，年际间各河段弯道、汊道、深槽和洲滩的冲淤规律保持不变，泥沙冲淤平衡。由于河道河岸稳定，且水流挟沙能力有富余，一个水文年内泥沙冲淤即可达到基本平衡，峡谷段一般为“汛冲枯淤”，宽谷段一般为“汛淤枯冲”。

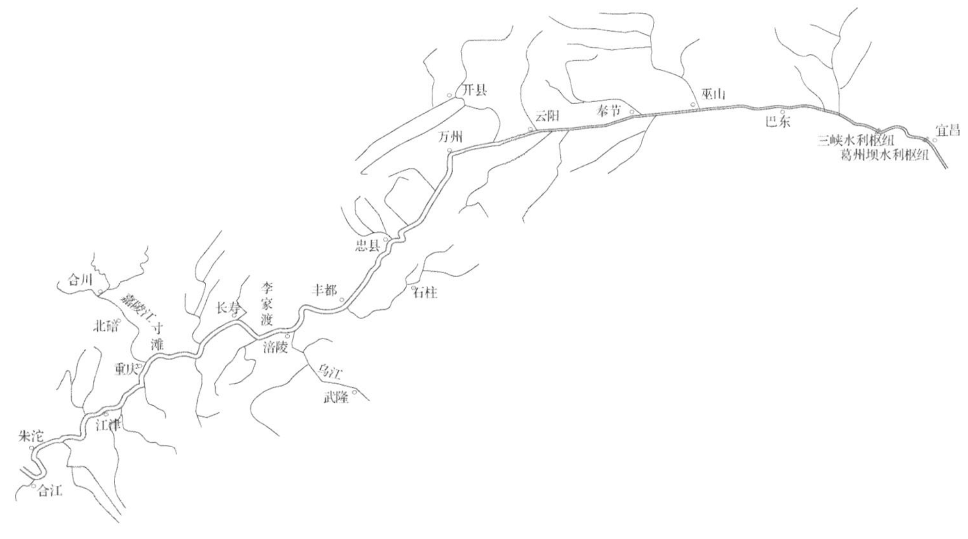

图 2.1　三峡水库库区

2.1.2　三峡水库干流库区形态特征

受河道地形约束，三峡水库库面平面形态宽窄相间，库区大部分库段库面宽度不超过 1000m，宽于 1000m 的库段主要分布在坝区河段、香溪、臭盐碛等宽谷段。水库淤积前干流库区纵剖面深泓变化较大，一般峡谷段深泓高程较低，宽谷段的深泓高程相对较高，平均深泓变幅在 11~67m，呈锯齿形态。奉节至坝址段的巫峡深泓最低点达到–34m，平均最低与最高点变幅大于 77m，丰都河段的灶门子附近深泓最低点达到 44.5m，最低与最高点变幅大于 80m。

断面特征值宽深比($\sqrt{B}/H$，下同)自坝前至库尾由小变大。随着蓄水位上升，库面宽度也相应增加，而宽深比则相对变小。坝前水位 175m 时，三峡水库坝区段(太平溪至坝址)平均宽深比为 0.64，奉节白帝城至太平溪段峡谷段和宽谷段的平均宽深比分别为 0.29 和 0.38，万州沱口至奉节白帝城段峡谷段和宽谷段的平均宽深比分别为 0.43 和 0.55，忠县至万州段平均宽深比为 0.68，涪陵至忠县段平均宽深比为 0.79，朝天门至涪陵峡谷段和宽谷段分别为 0.51 和 1.22；朱沱至朝天门峡谷段和宽谷段的平均宽深比分别为 0.51 和 3.45。

随着蓄水位的上升，库区河道断面过水面积受水位的上升而增加，断面平均流速显著下降，且坝前段相对库尾段，宽谷段相对峡谷段受蓄水影响更明显，但三峡库区仍保持了一定的河道特性，为典型的河道型水库。

2.1.3　三峡水库来水来沙特征

三峡水库径流丰沛，但年内分布不均，主要集中在汛期。蓄水前库区控制站寸滩站年径流量多年平均值为 3476 亿 m^3(表 2.1)，约 80%的径流量集中在汛期 5～10 月。

库区河道泥沙输移以悬移质运动为主，年输沙量较大。蓄水前寸滩站悬移质年输沙量多年平均值为 4.31 亿 t，多年平均含沙量为 1.24kg/m^3，泥沙输移集中在汛期 5～10 月，输沙量约占全年的 95%。

表 2.1　三峡水库干支流来水来沙变化

参数	寸滩		武隆		北　碚	
	径流量/亿 m^3	输沙量/亿 t	径流量/亿 m^3	输沙量/亿 t	径流量/亿 m^3	输沙量/亿 t
多年平均值(2002 年前)	3476	4.31	490	0.258	650	1.085
1961~1970 年平均值	3689	4.80	510.4	0.291	749.4	1.793
1991~2000 年平均值	3361	3.545	537.8	0.221	547.5	0.411
2003~2013 年平均值	3266	1.810	414.1	0.0527	665.1	0.317

表 2.2　三峡水库入库(朱沱+北碚+武隆)水沙量变化

项目		1 月	2 月	3 月	4 月	5 月	6 月	7 月	8 月	9 月	10 月	11 月	12 月	5~10 月	7~9 月	全年
径流量/亿 m^3	1956~1990 年	100	83	99	144	262	429	707	637	609	420	217	136	3064	1953	3844
	1991~2002 年	107	91	107	148	244	443	719	666	506	368	205	135	2946	1891	3733
	2003~2013 年	117	95	122	147	247	400	678	567	564	364	206	138	2820	1809	3645
	变化率 1	17%	14%	23%	2%	–6%	–7%	–4%	–11%	–7%	–13%	–5%	1%	–8%	–7%	–5%
	变化率 2	9%	4%	14%	–1%	1%	–10%	–6%	–15%	11%	–1%	0%	2%	–4%	–4%	–2%
输沙量/万 t	1956~1990 年	37	25	42	294	1770	5980	15600	12200	9370	2750	383	84	47670	37170	48900
	1991~2002 年	41	30	36	194	722	4470	11800	9970	5530	1820	421	93	34312	27300	35100
	2003~2013 年	41	24	40	89	386	1790	7630	4530	3750	962	293	59	19048	15910	19600
	变化率 1	11%	–4%	–5%	–70%	–78%	–70%	–51%	–63%	–60%	–65%	–23%	–30%	–60%	–57%	–60%
	变化率 2	0%	–20%	11%	–54%	–46%	–60%	–35%	–54%	–32%	–47%	–30%	–36%	–44%	–42%	–44%

注：变化率 1 和变化率 2 分别为 2003~2013 年与 1956~1990 年、1991~2002 年的相对变化

20 世纪 90 年代以来，长江上游年水量变化不大，但来沙量呈明显减少趋势，主要以支流嘉陵江的来沙量减少较多，1991~2000 年嘉陵江北碚站年输沙量与蓄水前相比减少约 62%。2003 年三峡水库蓄水后，三峡水库年来沙量减少更多，2003～2013 年长江干流寸滩站年输沙量为 1.810 亿 t，相对蓄水前多年平均值减少约 58%；2003～2013 年支流嘉陵江北碚站年均输沙量为 0.317 亿 t，相对蓄水前多年平均值减少约 71%；2003～2013 年支流乌江武隆站年均输沙量为 0.0527 亿 t，相对蓄水前多年平均值减少约 80%。三峡水库入库泥沙减少主要是受三峡水库上游建库、水土保持工程和降雨等因素的影响。

表 2.2 为三峡水库入库（朱沱+北碚+武隆）水沙量变化统计表[2]，从入库径流量的年际变化看，三峡水库蓄水后 2003~2013 年，三峡水库年均入库径流量 3645 亿 m^3，与 1956~1990 年和 1991~2002 年相比，分别减小 5%和 2%；从入库径流量年内变化看，三峡水库蓄水后 12 月和 1~4 月径流量有所增加，其他月份则有所减小，汛（5~10 月）和主汛期（7~9 月）径流量均有所减小；从汛期入库径流量变化看，1956~1990 年汛期和主汛期径流量分别占全年的 80%和 51%，1991~2002 年汛期和主汛期径流量分别占全年的 79%和 51%，2003~2013 年汛期和主汛期径流量分别占全年的 77%和 50%。可见，三峡水库蓄水运用后年均径流量有所减小，汛期径流量占年径流量的比重也有所减小，枯季径流量有所增大。

从三峡水库入库（朱沱+北碚+武隆）沙量的年际变化看，三峡水库蓄水后 2003~2013 年年均入库泥沙 1.96 亿 t，与 1956~1990 年和 1991~2002 年相比，分别减小 60%和 44%；从入库沙量年内变化看，三峡水库蓄水后各月入库沙量均有所减小；从汛期入库输沙量变化看，1956~1990 年汛期和主汛期入库沙量分别占全年的 97%和 76%，1991~2002 年汛期和主汛期入库沙量分别占全年的 98%和 78%，2003~2013 年汛期和主汛期入库沙量分别占全年的 97%和 81%。可见，三峡水库蓄水运用以来入库泥沙变化规律为：入库沙量大幅度减小，主汛期入库沙量占年入库沙量的比重有所增大，即三峡水库蓄水运用以来入库沙量有更加集中于主汛期的趋势。从月输沙量大小来看，不同统计年份汛期 5~10 月入库沙量从大到小依次均是 7 月、8 月、9 月、6 月、10 月、5 月，该大小顺序的规律一直保持不变。从 7 月份入库沙量占主汛期 7~9 月总入库输沙量的比重看，1956~1990 年、1991~2002 年、2003~2013 年 7 月入库沙量占主汛期 7~9 月总入库输沙量的比重分别为 42%、43%、48%，7 月份入库沙量占主汛期 7~9 月总入库输沙量的比重有增大趋势。

2.1.4　三峡水库蓄水后泥沙淤积

1. 水库淤积量与排沙比

三峡水库蓄水运用以来入库泥沙较初步设计值大幅减少，库区淤积大为减轻，根据三峡水库主要控制站朱沱站、北碚站、寸滩站、武隆站、清溪场站、黄陵庙站(2003 年 6 月~2006 年 8 月三峡入库站为清溪场站，2006 年 9 月~2008 年 9 月为寸滩+武隆站，2008 年 10 月~2013 年 12 月为朱沱+北碚+武隆站) 水文观测资料统计[3]，2003 年 6 月～2013 年 12 月三峡水库累计入库悬移质泥沙 20.278 亿 t，出库(黄陵庙站)悬移质泥沙 4.969 亿 t，不考虑三峡库区区间来沙，水库淤积泥沙 15.31 亿 t，近似年均淤积泥沙 1.39 亿 t，水库排沙比为 24.5%，见表 2.3。从泥沙淤积部位来看，水库淤积主要集中在清溪场以下的常年回水区，其淤积量为 14.0948 亿 t，占总淤积量的 92%。

表 2.3　三峡水库不同运用期库区淤积量及排沙比统计

运用期	入库沙量/亿 t	出库沙量/亿 t	淤积/亿 t	水库排沙比/%
2003 年 6 月~2006 年 8 月 (围堰蓄水期)	7.004	2.590	4.414	37.0
2006 年 9 月~2008 年 9 月 (初期蓄水期)	4.435	0.832	3.603	18.8
2008 年 10 月~2013 年 12 月 (175m 试验性蓄水期)	8.858	1.547	7.293	17.5
2003 年 6 月~2013 年 12 月	20.297	4.969	15.310	24.5

表 2.4 为三峡水库不同粒径级泥沙淤积量统计[3]，从不同粒径级泥沙淤积量看，2003~2013 年细沙 (d≤0.062mm)、中沙 (0.062＜d≤0.125mm) 和粗沙 (d＞0.125mm) 三级泥沙总的入库量分别为 17.911 亿 t、1.221 亿 t 和 1.146 亿 t，总的落淤量分别为 13.164 亿 t、1.144 亿 t 和 1.002 亿 t，落淤比例分别为 73.5%、94.5% 和 87.4%。细沙是三峡水库入库泥沙和库区淤积泥沙的主体。

2. 水库泥沙淤积沿程分布

三峡水库 175m 试验性蓄水后，回水末端上延至江津附近(距大坝约 660km)，变动回水区为江津至涪陵段，长约 173.4km，占库区总长度的 26.3%；常年回水区为涪陵至大坝段，长约 486.5km，占库区总长度的 73.7%。

三峡水库蓄水运用以来，2003 年 3 月~2013 年 10 月库区干流累计淤积泥沙 14.601 亿 m^3，其中变动回水区 (江津至涪陵段) 累计淤积泥沙 0.156 亿 m^3，占总淤积量的 1.1%；常年回水区淤积量为 14.757 亿 m^3，占总淤积量的 98.9%。2003~2011 年，江津—坝址 66 条支流累计淤积泥沙 1.803 亿 m^3。

表 2.4　三峡水库不同粒径级泥沙淤积量统计　　粒径单位：mm

年份	各粒径级泥沙入库量/亿 t			各粒径级泥沙出库量/亿 t			各粒径级泥沙淤积量/亿 t		
	$d≤0.062$	$0.062<d≤0.125$	$d>0.125$	$d≤0.062$	$0.062<d≤0.125$	$d>0.125$	$d≤0.062$	$0.062<d≤0.125$	$d>0.125$
2003	1.85	0.11	0.12	0.720	0.03	0.09	1.13	0.08	0.03
2004	1.47	0.10	0.09	0.607	0.006	0.027	0.863	0.094	0.063
2005	2.26	0.14	0.14	1.01	0.01	0.01	1.25	0.13	0.13
2006	0.948	0.0402	0.0323	0.0877	0.00116	0.00027	0.860	0.039	0.032
2007	1.923	0.149	0.132	0.500	0.002	0.007	1.423	0.147	0.125
2008	1.877	0.152	0.149	0.318	0.003	0.001	1.559	0.149	0.148
2009	1.606	0.113	0.111	0.357	0.002	0.001	1.249	0.111	0.110
2010	2.053	0.132	0.103	0.322	0.005	0.001	1.731	0.127	0.102
2011	0.924	0.057	0.036	0.0648	0.0030	0.0014	0.860	0.054	0.034
2012	1.844	0.169	0.177	0.439	0.010	0.005	1.405	0.159	0.172
2013	1.155	0.059	0.056	0.322	0.005	0.001	0.834	0.054	0.055
合计	17.911	1.221	1.146	4.747	0.077	0.144	13.164	1.144	1.002

注：入库水沙量未考虑三峡库区区间来水来沙；2003 年 6 月~2006 年 8 月入库控制站为清溪场，2006 年 9 月～2008 年 9 月入库控制站为寸滩+武隆，2008 年 10 月～2013 年 12 月入库控制站为朱沱+北碚+武隆；2003 年为 2003 年 6～12 月

2003 年 3 月~2013 年 10 月，库区大坝至铜锣峡干流河段累计淤积泥沙 14.874 亿 m^3，其中淤积在 145m 水面线以下的水库库容内的泥沙有 14.613 亿 m^3，占总淤积量的 98.2%；淤积在 145m 水面线以上河床的泥沙为 0.261 亿 m^3，仅为水库总淤积量的 1.8%，且主要集中在奉节至大坝库段。从淤积分布来看，93.9%的泥沙淤积在开阔段内(平均库区水面宽大于 600m)，窄深段内淤积较少，其淤积量仅占总淤积量的 6.1%[3]。

3. 库区泥沙淤积特点

2003 年 6 月三峡水库蓄水运用以来，三峡水库库区干流泥沙淤积主要呈现出以下特点[3]。

(1) 三峡水库泥沙淤积多以主槽淤积为主；深泓剖面仍呈锯齿状分布。

(2) 水库泥沙大多淤积在常年回水区内宽谷段、弯道段，常年回水区和变动回水区局部河段淤积明显，部分分汊河段逐渐向单一河道转化。

(3) 水库绝大部分泥沙仍淤积在 145m 以下河床内，但三峡水库 175m 试验性蓄水后，145m 以上河床开始出现少量淤积。

(4) 三峡水库 175m 试验性蓄水后，水库回水范围向上游延伸，库区泥沙淤积

也逐渐向上游发展。

(5) 三峡水库 175m 试验性蓄水后，汛后 10～12 月涪陵以上库段泥沙淤积量增多，淤积比重增大。

2.2　三峡水库沙峰输移特性研究

2.2.1　研究意义

洪峰沙峰输移特性研究一直都受到众多学者的关注[4~20]，从理论上讲，洪水的流动属于不稳定流，水流或洪水是按波动条件传递的波动过程，而河流泥沙输移则是按质点速度传递的对流过程。河流洪峰是以波的形式传播的，而沙峰输移则与水流平均流速有关，二者的传播速度是不相同的。天然河道由于水深较小，泥沙运动与水流运动的相位之间没有很大差别，沙峰过程一般还是与洪峰过程相近。在河流上修建水库后，由于水深加大，使得库区洪峰传播速度加快，而沙峰传播速度明显减缓，水沙过程的相位差大幅度增加，越靠近坝前，沙峰传播过程滞后洪峰越多。根据实测资料统计，三峡水库蓄水运用后，入库洪峰传到坝前的时间已经由蓄水前的约 54h 缩短到了 6~12h，而入库沙峰传到坝前的时间则由蓄水前的 2~3 天延长到了 3~8 天。水沙相位异化使经过水库中的沙峰滞后于洪峰，水库输沙出库的水动力学条件减弱，沙峰沿程衰减，水库排沙能力降低。水库调度排沙是一项非常重要的非工程措施，在水库汛期实时调度中，掌握沙峰输移特性，提前预判库区沙峰传播时间和峰值大小，可以指导水库实时调度，把握有利排沙时机，提高水库排沙效率。图 2.2 为三峡水库库区干支流河道及水文站位置图，图 2.3 为三峡水库蓄水前后干流入库寸滩站至出库宜昌站(2003 年三峡蓄水后出库站采用黄陵庙站)洪峰沙峰沿程变化图。由图可见，与建库前的天然河道相比，三峡建库后库区洪峰传播速度加快，洪峰入出库时间缩短 1~2 天，沙峰传播速度减慢，沙峰洪峰相位差进一步加大，且沙峰衰减程度加剧。

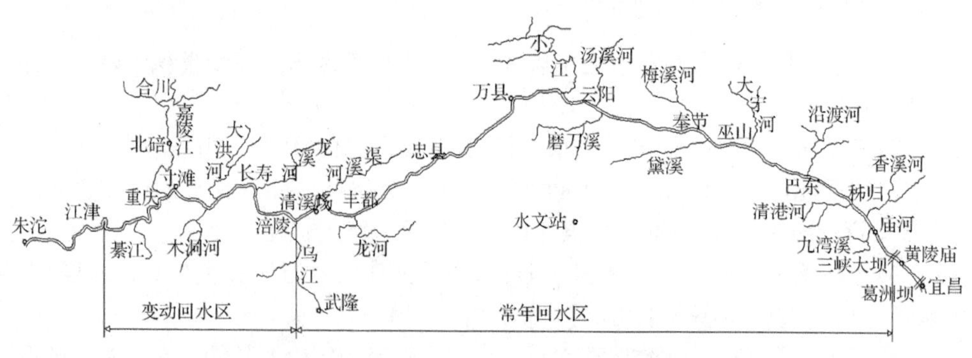

图 2.2　三峡水库库区干支流河道及水文站位置

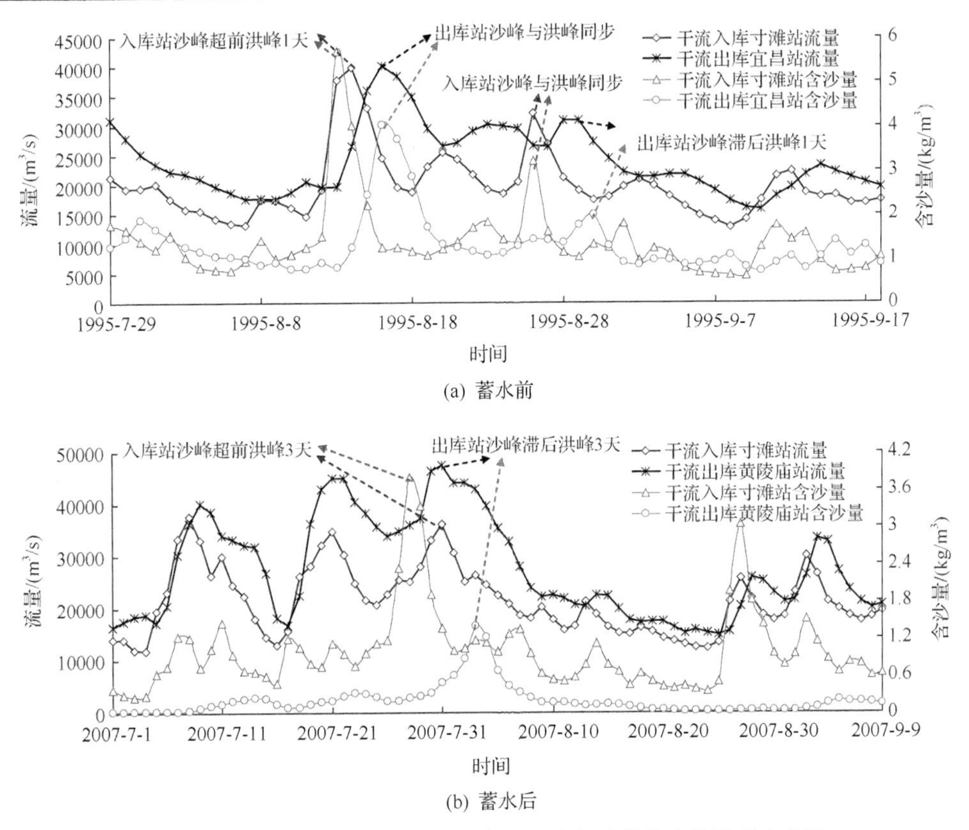

(a) 蓄水前

(b) 蓄水后

图 2.3　三峡水库蓄水前后干流入库站至出库站洪峰沙峰沿程变化图

三峡水库属于典型河道型水库，库区河道长、坝前水深大、水库调度复杂，泥沙问题是三峡水库的关键技术问题之一，按初步设计规定，三峡水库汛期一般维持在防洪限制水位运行，以满足防洪和排沙的要求。在目前的实际调度实践中，由于入库泥沙明显减少，各方面对三峡水库优化调度要求提高等水库运行环境的改变，三峡水库已经探索采用了汛期水位浮动、中小洪水调度、汛末提前蓄水等优化调度方式。使得三峡水库汛期平均水位与设计调度方式相比有所抬高，但优化调度方式在取得良好的社会经济效益的同时，也造成水库排沙比较小，2008 年试验性蓄水以来三峡水库年排沙比一般在 20%以内，有的年份甚至在 10%以内，在入库泥沙变少变细的情况下依然明显小于初步设计前 10 年的水库排沙比。显然，在通过水库优化调度以提高综合效益的同时，如何利用沙峰输移规律对水库调度方式进行进一步的优化以兼顾排沙减淤已经成为三峡水库调度面临的一个突出问题。

在2012年和2013年的三峡水库汛期洪水调度过程中，为兼顾水库排沙，在实时调度中已开展了沙峰排沙调度的初步尝试，沙峰调度实践已走在了沙峰输移理论研究的前面，但水库沙峰输移特性研究的滞后制约了调度方案的制定和调度效果的发挥。目前，关于三峡水库沙峰输移特性的相关研究较少，且仅限于沙峰传播时间的粗略统计，缺乏深入的规律总结和机理探索，因此，充分利用三峡水库已有实测资料，开展三峡水库沙峰输移特性及其与影响因素的响应关系问题研究，有利于揭示三峡水库沙峰输移机理，形成沙峰传播时间和沙峰出库率的快速测算方法，可为基于沙峰预报的三峡水库水沙实时优化调度提供技术支撑。

2.2.2 三峡水库蓄水运用后水沙输移特性变化分析

1. 水沙输移特性研究代表站的选取

三峡库区干流沿程设有朱沱、寸滩、清溪场、万县、庙河5个水文站，距三峡坝址距离分别约为759km、606km、476km、291km、14km，库区两大支流嘉陵江和乌江的入库控制站分别为北碚站和武隆站，嘉陵江在寸滩站上游约6km处汇入长江，乌江在清溪场站上游约11km处汇入长江，坝下游出库控制站为黄陵庙水文站，位于三峡坝下游约12km处，三峡坝下游44km处的宜昌水文站为三峡工程论证和初步设计阶段的坝址径流输沙代表站。本书选择干流水文站研究三峡水库泥沙输移特性，考虑到乌江年输沙量较少，而嘉陵江年输沙量较大，故选择干流寸滩站为入库代表站，而出库代表站则可根据实测资料情况和所研究问题的具体特点在庙河站、黄陵庙站、宜昌站三站之间选择使用，其中黄陵庙站为主要的出库代表站。

2. 三峡水库蓄水后库区沿程水位流量关系变化

三峡工程于2003年6月1日正式下闸蓄水，工程开始进入围堰蓄水期，汛期按135m运行，枯季按139m运行；2006年汛后三峡水库开始二期蓄水，工程进入初期蓄水期，汛期按144m运行，枯季按156m运行；2008年汛末三峡水库开始进行175m试验性蓄水，2010年10月26日三峡水库首次成功蓄水至175m水位，标志着三峡工程进入了全面发挥其综合利用效益的新阶段。图2.4为三峡水库蓄水运用以来坝前水位过程图。

分别选取朱沱站、寸滩站、清溪场站、万县站2002年(蓄水前)、2004年(围堰蓄水期)和2010年(试验性蓄水期)实测资料进行沿程水位流量关系变化情况比较，图2.5为三峡库区沿程部分测站水位流量关系变化图，由图可见，蓄水前后三峡库区各站水位流量关系发生了较大变化。水库蓄水前，2002年各站水位变化过程与流量变化过程基本一致，水位流量关系基本呈线形关系。蓄水后各站距坝址越近，水位值受水库调度的影响越大，与流量的关系越小；距坝址越远，水位值受水库调度的影响越小，水位受流量的影响越大。朱沱站由于距离较远，不受水库调度影响，蓄水前后水位流量关系保持不变；寸滩站 2004 年水位不受水库调度影响，2010 年流量小于 15000m^3/s 时，水位受水库调度影响；清溪场站 2004 年水位流量关系仍基本呈线形关系，但与 2002 年相比整体抬高 0.8~3.0m，2010 年水位主要受水库调度影响，枯期最高水位高于汛期，水位流量关系图的点群较散乱；万县站水位主要受水库调度影响，2004 年水位流量关系接近于一水平直线，2010 年水位流量关系图的点群较散乱。

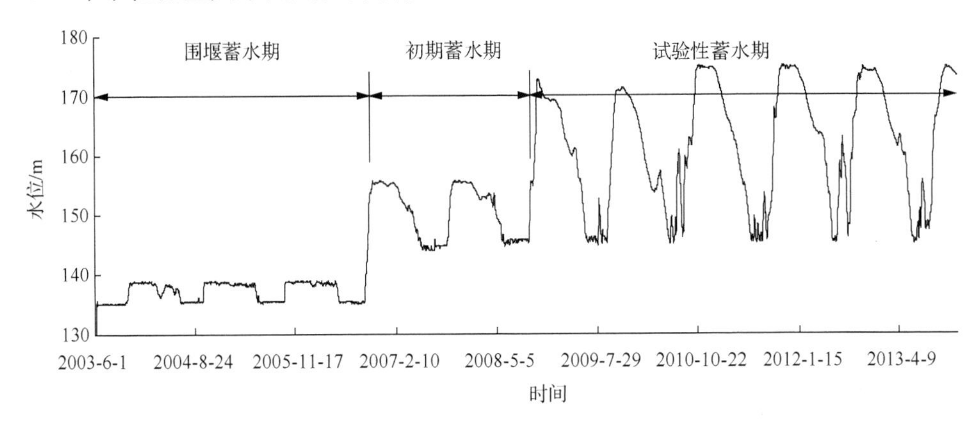

图 2.4　三峡水库坝前水位过程

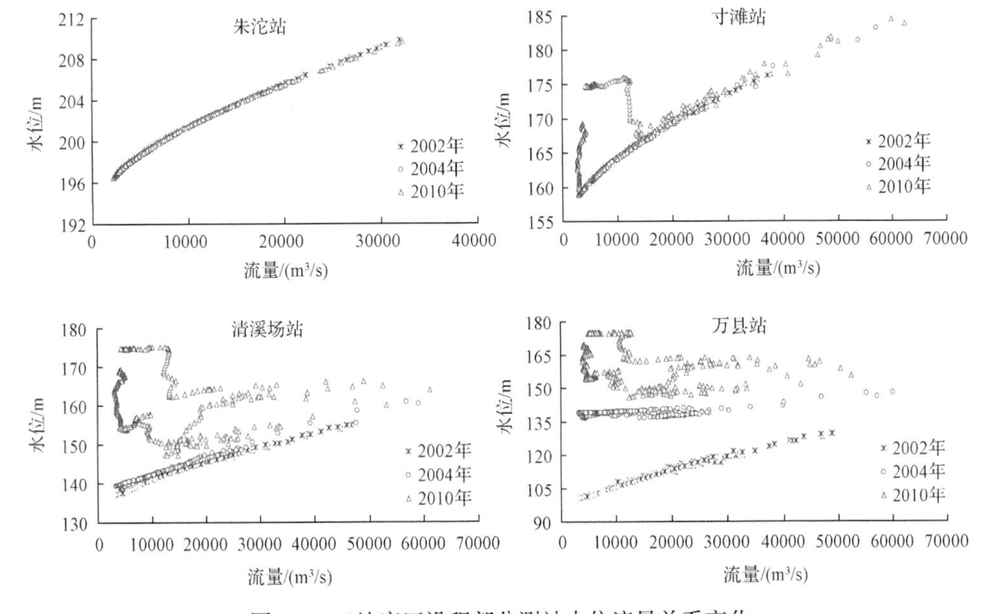

图 2.5　三峡库区沿程部分测站水位流量关系变化

3. 三峡水库蓄水后水沙输移量沿程变化

三峡水库为季调节水库，水库蓄水运用后，受水库调度影响，库区及出库各水文站年内流量过程将发生一定的变化，但年平均流量受水库调度运用影响较小，由图 2.6 可见，由上游至下游沿程各站年平均流量基本为逐渐增加，蓄水前后沿程变化规律是一致的[21]。

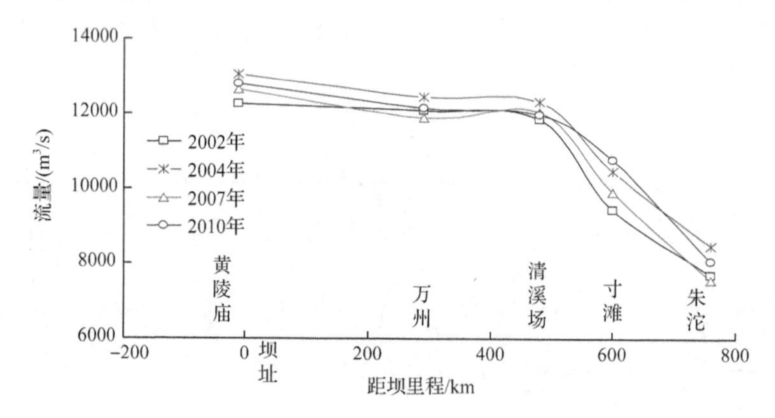

图 2.6　干流各水文站年均流量沿程变化图

三峡水库蓄水前，由上游至下游沿程各站年输沙量与流量变化基本一致，沿程有逐渐增加的趋势(图 2.7)，三峡水库蓄水后，库区水流含沙量大幅降低，输沙量变化规律为沿程呈递减趋势，且随蓄水位的抬高而进一步减小。对各年出库黄陵庙站年输沙量占库区清溪场站年输沙量的百分比进行统计计算，2002 年、2004 年、2007 年、2010 年分别为 125%、38.4%、23.5%、16.9%。

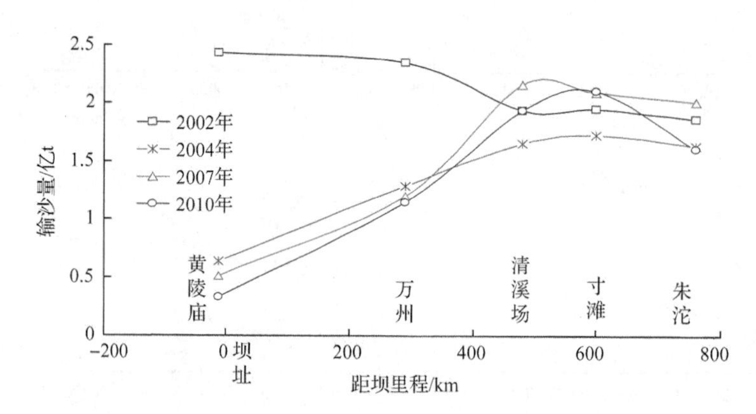

图 2.7　干流各水文站年均输沙量沿程变化图

从三峡水库蓄水前后干流沿程水沙输移量年均值变化看(表 2.5)，与蓄水前相比，蓄水后沿程各站年均径流量均有所减小，减小范围为 6%~12%，年均径流量减小最多的是万县站；与蓄水前相比，蓄水后沿程各站年均输沙量也均有所减小，减小范围为 49%~90%，年均输沙量减小最多的是宜昌站，年均输沙量减小幅度基本呈沿程增大趋势，符合水库泥沙淤积规律；从 2003~2013 年年均输沙量的沿程变化看，三峡水库蓄水运用后库区泥沙淤积主要发生在清溪场以下库段，清溪场以上库段淤积较少。

表 2.5　三峡水库干流水文站年均水沙输移量变化统计

项目		朱沱	寸滩	清溪场	万县	庙河	黄陵庙	宜昌
年均径流量/亿 m^3	2002 年前	2663	3476	3974	4194	—	—	4352
	2003~2013 年	2503	3266	3727	3703	3842	3945	3958
	变化率	–6%	–6%	–6%	–12%	—	—	–9%
年均输沙量/亿 t	2002 年前	3.10	4.31	3.88	4.64	—	—	4.92
	2003~2013 年	1.59	1.81	1.74	1.11	0.53	0.46	0.47
	变化率	–49%	–58%	–55%	–76%	—	—	–90%

注：朱沱站 2002 年前为 1956~2002 年(缺 1967~1970 年)，寸滩站 2002 年前为 1953~2002 年，清溪场站 2002 年前为 1985~2002 年，万县站径流 2002 年前为 1952~2002 年，万县站输沙量 2002 年前为 1952~2002 年(缺 1957、1958、1961~1968 年和 1971 年)，宜昌站 2002 年前为 1950~2002 年

4. 三峡水库蓄水后库区水沙输移速度变化

三峡水库蓄水后，库区断面过水面积随着蓄水位的上升而增加，断面平均流速显著下降，库区平均流速减小一半以上，且坝前段相对于库尾段、宽谷段相对于峡谷段、枯季相对于汛期断面平均流速减小更明显，涪陵以下常年回水区枯季流速仅约为蓄水前的 1/10。与库区流速减小相应，库区悬沙输移速度也减小明显，从汛期沙峰从上游寸滩站到大坝的输移时间看，蓄水前为 2~3 天，蓄水后为 3~8 天，与蓄水前相比悬沙输移时间平均增加 2~3 天，泥沙输移速度减慢，使得泥沙在水库中的滞留时间延长，增加了库区泥沙淤积。

与泥沙输移不同，水流的流量过程是按波动条件传递的，洪水波在传播过程中具有运动波和惯性波的双重波动性，在水库的河流区以运动波为主，而在水库的蓄水区则以惯性波为主。三峡水库蓄水前，汛期洪峰从寸滩站到大坝的传播时间大致为 54h，蓄水后由于回水距离长，水深增加多，库区洪水以惯性波的形式传播作用明显，洪峰传播速度加快，目前汛期洪峰从寸滩站到大坝的传播时间为 6~12h，与蓄水前相比洪水传播时间缩短了约 2 天，库区洪水传播速度加快，增大了洪水预报和水库调度的难度，对三峡水库上下游的防洪是不利的。

2.2.3 沙峰输移特性理论分析及三峡库区沙峰输移实测资料选取

1. 沙峰输移特性理论分析

1) 沙峰滞后或超前于洪峰的原因分析

根据非恒定流连续方程可以导出：

$$C = U + A\frac{\mathrm{d}U}{\mathrm{d}A} = U \pm \sqrt{gh} = U \pm \sqrt{g\,A/B} \tag{2.1}$$

式中，C 为洪峰波速；U 为断面平均流速；A 为过水断面面积；g 为重力加速度；h 为断面平均水深；B 为水面宽。

一般情况下，波速大于流速。对于复式河段，当洪水发生漫滩时，断面面积增大，流速减小，则波速小于流速。若洪水漫滩后河宽不再增加，随着流量增大，过水断面面积和流速同时增加时，波速又大于流速。

沙峰滞后或超前于洪峰的原因与洪峰、沙峰传播速度的对比有关。河道洪水的流动属于不稳定流，洪峰是以波的形式传播的，而泥沙运动则与水流断面平均流速有关。对于宽浅河道，洪峰波速远小于断面平均流速，沙峰比洪峰传播快；对于窄深河道，洪峰波速远大于断面平均流速，沙峰比洪峰传播慢。

由式(2.1)可见，洪水在不漫滩的情况下[20]，当水位上涨，引起河道过水断面面积增大时($\mathrm{d}A>0$)，断面平均流速也增大($\mathrm{d}U>0$)，故有 $\mathrm{d}U/\mathrm{d}A>0$；当水位降落，引起河道过水断面面积减小时($\mathrm{d}A<0$)，断面平均流速也减小($\mathrm{d}U<0$)，故仍有 $\mathrm{d}U/\mathrm{d}A>0$。总之，不论水位上涨或降落，均有 $\mathrm{d}U/\mathrm{d}A>0$。故式(2.1)中总有 $C>U$，即洪峰波速大于断面平均流速，因此，沙峰传播速度比洪峰传播速度慢，沙峰发生的时间，必然逐渐滞后于洪峰，且沿程而下滞后时间会逐渐加长。

但洪水漫滩时，水位上涨，引起河道断面面积增大($\mathrm{d}A>0$)，此时，因滩地水深较浅，流速小，使得全断面流速减小($\mathrm{d}U<0$)，故有 $\mathrm{d}U/\mathrm{d}A<0$；当水位降落，漫滩水流归槽，河道过水面积减小($\mathrm{d}A<0$)，而平均流速增大($\mathrm{d}U>0$)时，则仍有 $\mathrm{d}U/\mathrm{d}A<0$。因此，洪水漫滩时，式(2.1)总有 $C<U$，即洪峰传播速度小于断面平均流速。也就是说，沙峰传播速度较洪峰传播速度快，沙峰发生的时间，必然逐渐超前于洪峰，且沿程而下超前时间会逐渐加长。

2) 沙峰传播时间分析

沙峰传播时间与水流断面平均流速有关，河段长度一定时，河段内断面平均流速越大，沙峰传播时间越短，河段内断面平均流速越小，则沙峰传播时间越长。当河段内断面平均流速不变时，沙峰传播时间会随着河段长度的增大而增大。因此，沙峰传播时间与河段长度呈正比，与河段内水流平均速度呈反比。

水流是连续性介质，在河道中按波动形式传播，其质点传播速度与洪水波动传播速度是不同的。以 $T_{水}$表示水流质点输移时间，以 L 表示河段长度，以 A 表示河段平均过水面积，以 U 表示河段内断面平均流速，以 Q 表示河段平均流量，以 V 表示河段内蓄水体积(对应水库滞洪库容)，则有流量 $Q=AU$，河段蓄水体积 $V=AL$，则有水流质点输移时间公式：

$$T_{水}=\frac{L}{U}=\frac{AL}{AU}=\frac{V}{Q} \tag{2.2}$$

由式(2.2)可见水流质点输移时间 $T_{水}$与河段内蓄水体积 V 和河段内平均流量 Q 有关，河道水流质点输移时间 $T_{水}$与河段内蓄水体积 V（当研究河段为水库时，V 对应的是水库滞洪库容)呈正比，与河段内平均流量 Q 呈反比。定义 V/Q 为洪水滞留系数，则 V/Q 具有时间(T)的量纲，表征了水流在研究河段中滞留时间的长短。与水流不同，泥沙是非连续性介质，根据悬移质泥沙数学模型关于悬沙的连续性假设，一般假设认为，泥沙颗粒对水流脉动具有良好的跟随性，除了沉降运动，没有其他的相对运动[22]。因此，沙峰的输移时间 $T_{沙}$与水流质点的输移时间 $T_{水}$是呈正比关系的，即有

$$T_{沙}=f\left(T_{水}\right)=f\left(\frac{V}{Q}\right) \tag{2.3}$$

可见，沙峰传播时间 $T_{沙}$与河段内蓄水体积 V 呈正比，与河段内平均流量 Q 呈反比。

悬移质泥沙数学模型关于悬沙的连续性假设，主要适用于低含沙量和细颗粒的情形，只有当泥沙颗粒的特征长远小于问题的特征长时，悬沙颗粒才能对水流具有良好的跟随性。已有研究表明，泥沙颗粒的跟随性随容重和粒径的增大而减小[23]。对于三峡水库汛期而言，汛期入库悬沙平均粒径一般随含沙量的增大而增大，因此，三峡水库汛期沙峰对水流的跟随性一般随含沙量的增大而减小，沙峰含沙量越大，泥沙颗粒的跟随性越差，沙峰传播时间越长，沙峰传播时间 $T_{沙}$与沙峰含沙量 S 呈正比，即有

$$T_{沙}=f\left(S\right) \tag{2.4}$$

结合式(2.3)，即有沙峰传播时间 $T_{沙}$与研究河段蓄水体积 V、河段内平均流量 Q、沙峰含沙量 S 关系式为

$$T_{沙} = f\left(ST_{水}\right) = f\left(S\frac{V}{Q}\right) \tag{2.5}$$

3) 沙峰大小沿程变化分析

根据一维泥沙数学模型所依据的基本方程，可求解出河道沿程含沙量变化，一维悬移质泥沙模型所依据的基本方程如下[22]

悬移质泥沙连续方程

$$\frac{\partial Q_i S_i}{\partial x} + \frac{\partial A_i S_i}{\partial t} + \alpha_i \omega_i B_i \left(S_i - S_{*i}\right) = 0 \tag{2.6}$$

悬移质河床变形方程

$$\rho' \frac{\partial A_d}{\partial t} = \alpha_i \omega_i B_i \left(S_i - S_{*i}\right) \tag{2.7}$$

式中，ω 为泥沙沉速，角标 i 为断面号；Q 为流量；A 为过水面积；t 为时间；x 为沿流程坐标；S 为含沙量；S_*为水流挟沙力；ρ'为淤积物干容重；B 为断面宽度；α 为恢复饱和系数；A_d 为悬移质河床冲淤面积。

式(2.6)和式(2.7)为非恒定流泥沙模型，将非恒定流作为恒定流处理，假定河床发生冲淤过程中，在每一个短时段内河床变形对水流条件影响不大，且不考虑水体中含沙量因时变化，可将非恒定流泥沙模型简化为恒定流模型进行求解。韩其为通过一系列假设后推导出了恒定流泥沙模型的含沙量计算公式[22]：

$$S = S_* + (S_0 - S_*)\mathrm{e}^{-\frac{\alpha\omega L}{q}} + (S_{0*} - S_*)\frac{q}{\alpha\omega L}(1 - \mathrm{e}^{-\frac{\alpha\omega L}{q}}) \tag{2.8}$$

式中，S_0 和 S 分别为进口和出口断面的含沙量；S_{0*}和 S_*分别为进口和出口断面的水流挟沙力；L 为进出口距离；q 为单宽流量，$q=Q/B$，Q 为流量，B 为断面宽度。

河流上建库后，库区水流挟沙力较小，当假设库区水流挟沙力为零时，式(2.8)中第一项和第三项为零，式(2.8)可转化为

$$S = S_0 \mathrm{e}^{-\frac{\alpha\omega L}{q}} \tag{2.9}$$

定义沙峰出库率为 S/S_0，则有沙峰出库率公式：

$$S/S_0 = \mathrm{e}^{-\frac{\alpha\omega L}{q}} = \mathrm{e}^{-\frac{\alpha\omega AL}{Aq}} = \mathrm{e}^{-\frac{\alpha\omega V}{hQ}} \tag{2.10}$$

式中，A 为过水面积；h 为水深；V 为研究河段内的蓄水体积(当研究河段为水库

时，V对应的是水库滞洪库容)；Q为流量；α为恢复饱和系数；V/Q为洪水滞留系数；ω为泥沙沉速；S_0为进口断面含沙量；S为出口断面含沙量。

式(2.8)给出了沙峰沿程变化的理论结构形式，公式结构表明出口断面含沙量取决于进口断面含沙量、进口断面水流挟沙力、出口断面水流挟沙力、河段长度、恢复饱和系数及单宽流量等。公式结构还表明[22]，出口断面含沙量由三部分组成，对应公式中的三项内容，即本断面的水流挟沙力、进口断面剩余含沙量和经过衰减后的剩余部分。这三项中，一般情况下以第一项占主要份量，第二项所占份量的大小取决于剩余含沙量，若进口断面实际来沙量较大，而该断面的挟沙力较小，则该项所占份量较大；第三项则取决于非均匀的程度，若计算河段越接近于均匀流，则其所占的份量就越小。当水流为均匀流时，进出口断面挟沙力之差为零，最后一项将完全消失。

由式(2.10)可见，沙峰出库率与洪水滞留系数V/Q成反比，或者说与研究河段蓄水体积V成反比，与流量Q成正比。

4)小结

沙峰传播时间和沙峰出库率的理论分析表明，当研究河段为水库库区时，水库沙峰传播时间$T_{沙}$的主要影响因素包括：水库滞洪库容V、库区流量Q、含沙量S等，且沙峰传播时间$T_{沙}$与水库滞洪库容V呈正比，与含沙量S成正比，与库区流量Q成反比。水库沙峰出库率的主要影响因素包括：水库滞洪库V、库区流量Q等，且沙峰出库率与水库滞洪库容V成反比，与库区流量Q成正比。

2. 三峡水库蓄水后沙峰输移实测资料选取

为了研究沙峰从入库寸滩站到出库黄陵庙站的传播时间和沿程衰减情况，首先在寸滩水文站实测日均水沙过程中挑选较为明显的沙峰过程，其中可被选中研究的沙峰必须在清溪场、万县、黄陵庙站中依次出现，同一沙峰在下游站的出现时间应不早于上游站，要能够呈现出一个较为完整的库区输移过程，各水文站资料均统一采用日均水沙过程，洪水含沙量过程资料可作为参考。最终从三峡水库蓄水运用以来的库区实测水沙资料中，选取了28组沙峰输移资料。所选沙峰资料的时间范围为2003年6月～2013年12月，寸滩至黄陵庙实测沙峰传播时间变化范围为2～8天，入库寸滩站沙峰变化范围为0.842～5.45kg/m^3，出库黄陵庙站沙峰变化范围为0.007～1.4kg/m^3，沙峰入库时寸滩流量变化范围为13100～63200m^3/s，沙峰入库时黄陵庙流量变化范围为12900～43800m^3/s，沙峰入库时坝前水位变化范围为135.1～162m，沙峰输移过程中坝前水位变化幅度范围为−1.18~11.37m。这套沙峰输移资料的沙峰含沙量、沙峰传播时间、入库流量、坝前水位变化范围较广，能够体现不同的沙峰状况，代表性较强，研究成果具有较大的适用范围。

2.2.4 三峡库区沙峰传播时间公式研究

1. 沙峰传播时间与各影响因素关系研究

水库泥沙颗粒是随着水流运动而运动的，水流流速越大，泥沙运动速度就越快。水库沙峰传播时间与入库水沙、库区河道边界及水库运用方式等密切相关，对三峡水库实测沙峰传播时间 T 与流量 Q、沙峰含沙量 S、滞洪库容 V(为坝前某一水位下的总库容，可根据水位库容曲线求出)等主要影响因素关系进行了统计分析(图 2.8)。以 $T_{寸黄}$表示入库寸滩站至出库黄陵庙站沙峰传播时间(下同)，以 $Q_{寸1}$表示寸滩站出现沙峰当日的寸滩实测日均流量，以 $Q_{黄1}$表示寸滩站出现沙峰当日的黄陵庙站实测日均流量，以 $Q_{黄沙}$ 表示黄陵庙站出现沙峰当日的黄陵庙站实测日均流量，以 $Q_{寸洪}$ 表示与沙峰过程相对应的洪峰过程中的寸滩站洪峰流量，以 $Q_{黄沙}$ 表示与沙峰过程相对应的洪峰过程中的黄陵庙站洪峰流量。

1)沙峰传播时间与流量的关系

由图 2.8(a)、图 2.8(b)可见，三峡水库沙峰传播时间 $T_{寸黄}$与沙峰入库时寸滩站日均流量 $Q_{寸1}$、黄陵庙站日均流量 $Q_{黄1}$的大小均呈反比关系，即其他条件不变，入出库流量越大，沙峰传播时间越短，这在定性上与理论分析结果是相符的，但二者的相关关系比较差，相关关系点分布也比较散乱，这说明三峡库区沙峰传播时间除受入出库流量影响，还受到了其他因素的较大影响。

由图 2.8(c)、(d)、(e)可见，沙峰传播时间 $T_{寸黄}$与黄陵庙站出现沙峰当日的黄陵庙站实测日均流量 $Q_{黄沙}$、寸滩站洪峰流量 $Q_{寸洪}$、黄陵庙站洪峰流量 $Q_{黄沙}$的相关关系也均比较差，相关关系点分布均较为散乱。

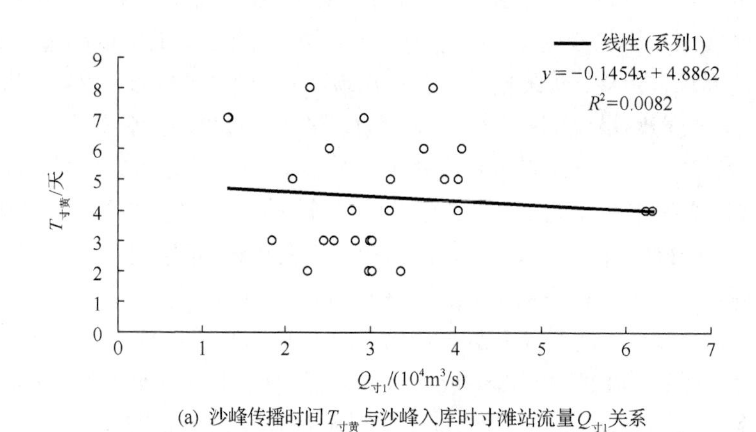

(a) 沙峰传播时间 $T_{寸黄}$与沙峰入库时寸滩站流量 $Q_{寸1}$关系

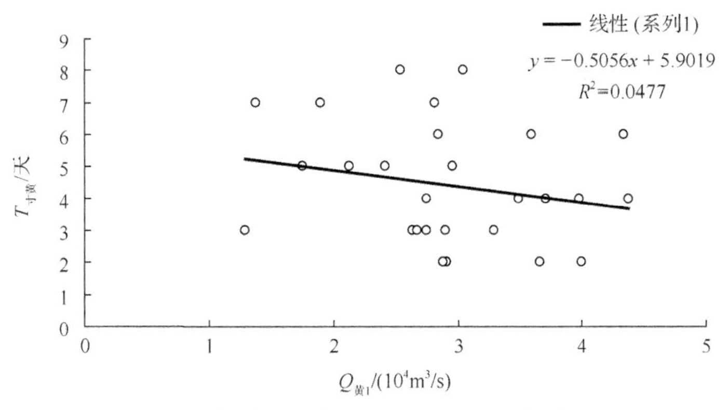

(b) 沙峰传播时间$T_{寸黄}$与沙峰入库时黄陵庙站流量$Q_{黄1}$关系

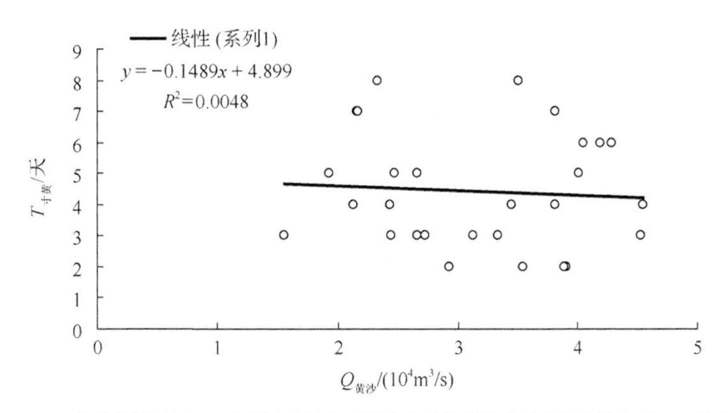

(c) 沙峰传播时间$T_{寸黄}$与黄陵庙站出现沙峰当日的黄陵庙站实测日均流量$Q_{黄沙}$关系

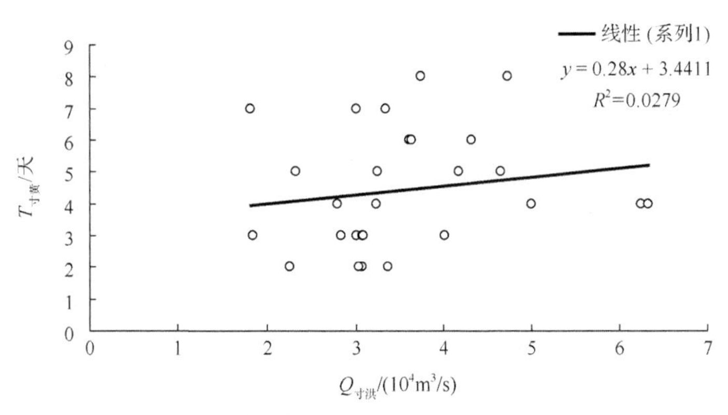

(d) 沙峰传播时间$T_{寸黄}$与寸滩站洪峰流量$Q_{寸洪}$关系

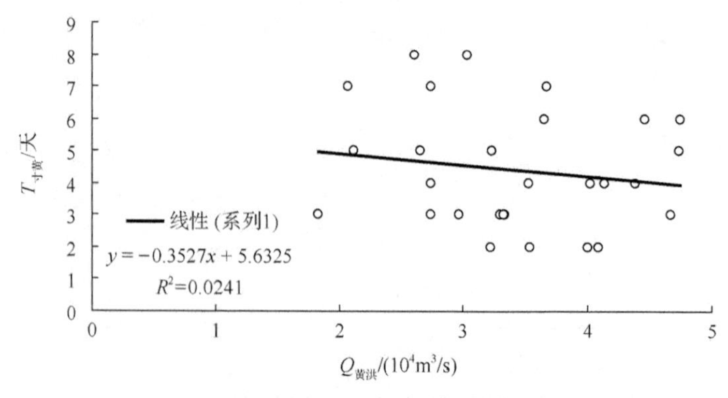

(e) 沙峰传播时间$T_{寸黄}$与黄陵庙站洪峰流量$Q_{黄洪}$关系

图 2.8　三峡水库沙峰传播时间 $T_{寸黄}$与流量 Q 关系

2) 沙峰传播时间与含沙量的关系

图 2.9 给出了沙峰传播时间与寸滩、清溪场、万县、庙河、黄陵庙 5 站沙峰含沙量的相关关系。由图可见，相比较而言，沙峰传播时间 $T_{寸黄}$ 与寸滩站沙峰含沙量 $S_{寸}$ 之间的相关关系是相对最好的，其次是清溪场站和万县站，而与庙河站和黄陵庙站的沙峰含沙量的相关关系比较差；沙峰传播时间与干流入库寸滩站沙峰大小呈正比关系，即入库寸滩站沙峰含沙量越大，三峡库区沙峰传播时间越长。图 2.9(a)中沙峰传播时间 $T_{寸黄}$与寸滩站沙峰含沙量 $S_{寸}$ 的线性回归决定系数 R^2 达到了 0.5952，可见除了库区流量，寸滩站沙峰含沙量 $S_{寸}$ 也是三峡库区沙峰传播时间 $T_{寸黄}$ 的一个重要影响因素。

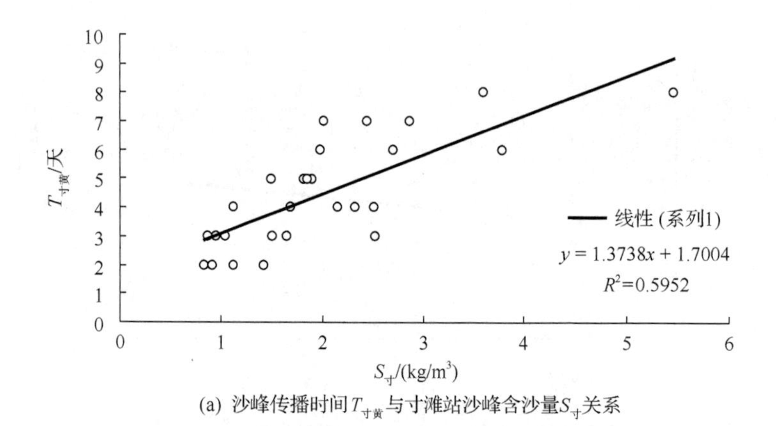

(a) 沙峰传播时间$T_{寸黄}$与寸滩站沙峰含沙量$S_{寸}$关系

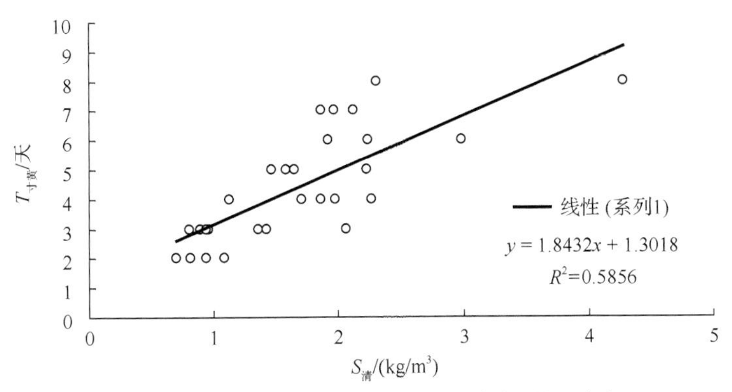

(b) 沙峰传播时间$T_{寸黄}$与清溪场站沙峰含沙量$S_{清}$关系

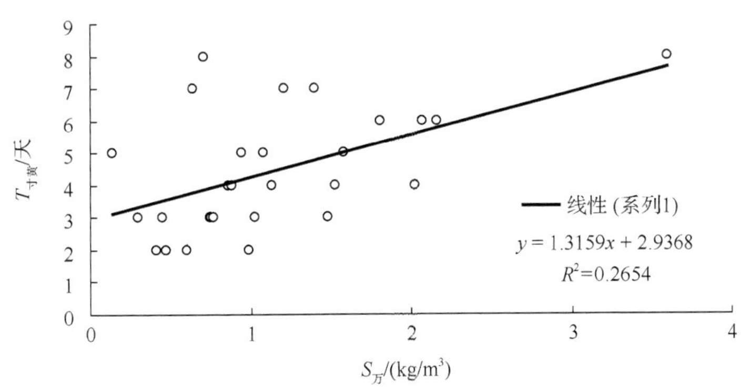

(c) 沙峰传播时间$T_{寸黄}$与万县站沙峰含沙量$S_{万}$关系

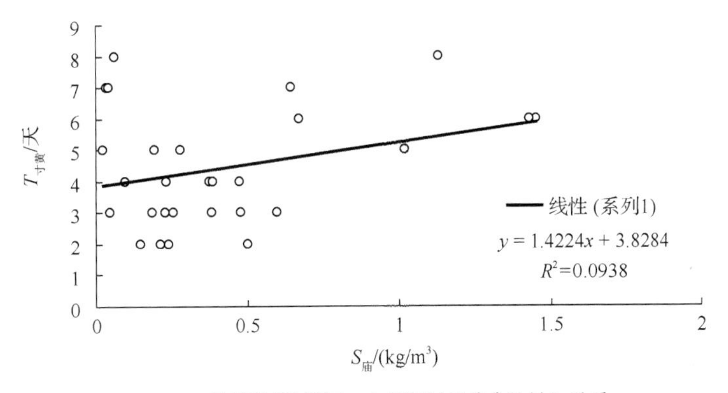

(d) 沙峰传播时间$T_{寸黄}$与庙河站沙峰含沙量$S_{庙}$关系

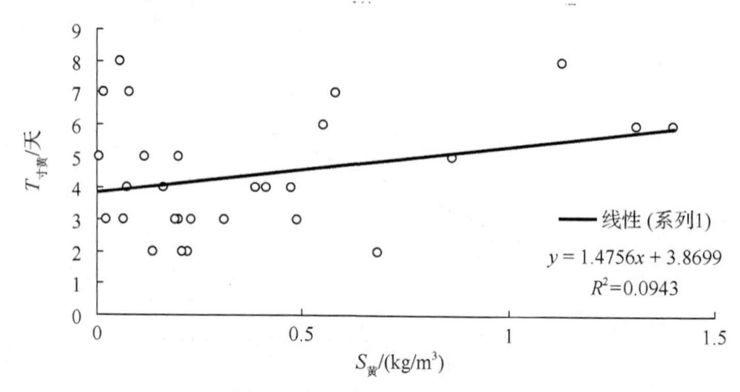

(e) 沙峰传播时间$T_{寸黄}$与黄陵庙站沙峰含沙量$S_{黄}$关系

图 2.9 三峡水库沙峰传播时间 $T_{寸黄}$ 与含沙量 S 关系

3)沙峰传播时间与滞洪库容的关系

以 $V_{起始}$ 表示与沙峰入库时坝前水位对应的滞洪库容，以 $V_{结束}$ 表示与沙峰出库时坝前水位对应的滞洪库容，以 $V_{平均}$ 表示与沙峰入出库过程中坝前水位平均值对应的滞洪库容，以 $V_{最大}$ 表示与沙峰入出库过程中坝前最高水位对应的滞洪库容(下同)。滞洪库容主要由坝前水位决定，从沙峰传播时间 $T_{寸黄}$与滞洪库容 V 的关系看(图 2.10)，随着滞洪库容的增大，沙峰传播时间整体上呈明显增大趋势，同时，相同滞洪库容条件下沙峰传播时间的变化幅度很大，这主要是由入库流量和入库沙峰等其他影响因素变化很大所致。从 $V_{起始}$、$V_{结束}$、$V_{平均}$、$V_{最大}$等不同滞洪库容结果对比看，滞洪库容 V 取不同值时二者的线性回归决定系数均很小且均很接近。

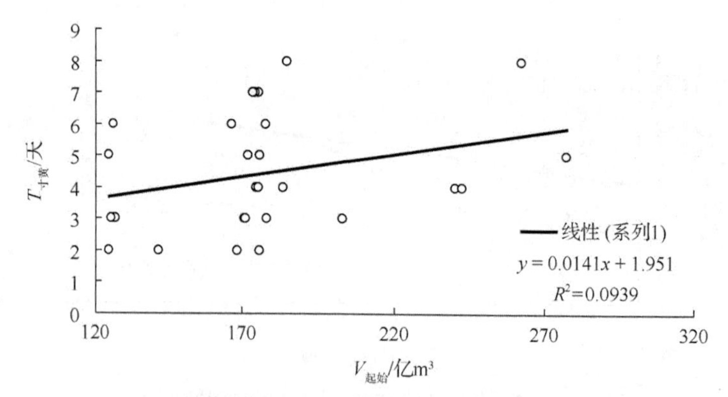

(a) 沙峰传播时间$T_{寸黄}$与沙峰入库时的滞洪库容$V_{起始}$关系

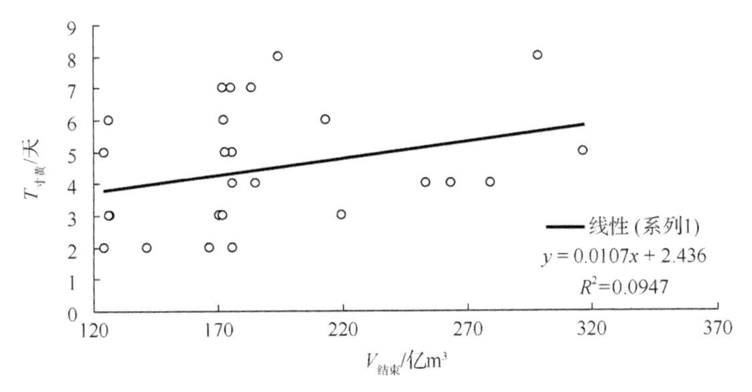

(b) 沙峰传播时间 $T_{寸黄}$ 与沙峰出库时的滞洪库容 $V_{结束}$ 关系

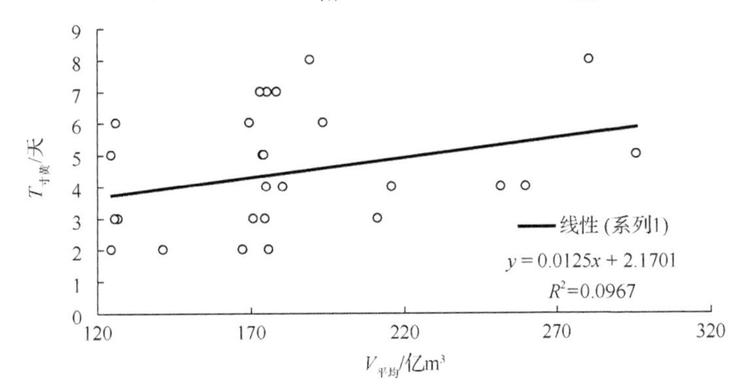

(c) 沙峰传播时间 $T_{寸黄}$ 与沙峰入出库过程中的平均滞洪库容 $V_{平均}$ 关系

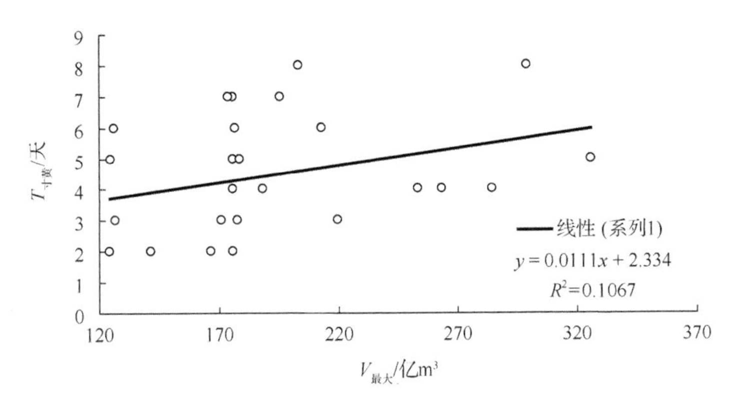

(d) 沙峰传播时间 $T_{寸黄}$ 与沙峰入出库过程中的最大滞洪库容 $V_{最大}$ 关系

图 2.10　三峡水库沙峰传播时间 $T_{寸黄}$ 与滞洪库容 V 关系

4) 沙峰传播时间与各影响因素组合的关系

影响三峡水库沙峰传播时间的因素较多，为寻找其中的主要影响因素并确定他们之间的相互作用关系，从有利于沙峰传播时间公式使用和有利于主要问题研究的角度出发，根据前面研究成果，对部分主要影响因素进行了组合，初步选择的两个组合变量为洪水滞留系数 V/Q（V 为滞洪库容，Q 为库区流量）、沙峰含沙量 S。图 2.11 给出了沙峰传播时间与所选各组合变量的相关关系。

洪水滞留系数 V/Q 表征入库洪水在水库中滞留时间的长短，当入库流量一定时，坝前水位越高，相应滞洪库容越大，洪水在水库中滞留的时间就越长，沙峰在库区的传播时间就越长；当坝前水位一定时，相应滞洪库容不变，若入库流量越大，则库区平均流速就越大，相应滞洪历时就越短，沙峰传播时间也就越短。

由图 2.11(a)、(b)可见，沙峰传播时间 $T_{寸黄}$与洪水滞留系数 V/Q 的大小呈正比关系，即随着洪水滞留系数 V/Q 的增大，沙峰传播时间有增大趋势，但二者之间的相关关系较为散乱。

从库区流量 Q 的不同取值来看(图 2.11(a)、(b)、(c))，分别取 Q 为 $Q_{寸1}$和 $Q_{黄1}$，二者的线性回归决定系数差别不大，其中取 Q 为 $Q_{寸1}$时的线性回归决定系数相对较大，而取 Q 等于 $0.5(Q_{寸1}+Q_{黄1})$后沙峰传播时间与洪水滞留系数的相关程度有所提高。

从滞洪库容 V 的取值来看(图 2.11(c)、(d)、(e))，滞洪库容 V 分别取 $V_{起始}$、$V_{结束}$、$V_{平均}$，取滞洪库容 V 为 $V_{起始}$时的线性回归决定系数 R^2 相对较大。显然，洪水滞留系数 V/Q 的取值形式以 $V_{起始}/(0.5(Q_{寸1}+Q_{黄1}))$较为合适，即洪水滞留系数的分子 V 以取沙峰入库时水位对应的滞洪库容 $V_{起始}$为宜，洪水滞留系数的分母 Q 以取沙峰入库时寸滩站和黄陵庙站流量平均值 $0.5(Q_{寸1}+Q_{黄1})$为宜。

从图 2.11(f)、图 2.11(g)和图 2.11(h)看，将沙峰含沙量 S 与洪水滞留系数 V/Q 进行组合作为自变量后，沙峰传播时间 $T_{寸黄}$ 与组合变量 $S\ V/Q$ 的相关关系较好，且当 S 取 $S_{寸}$不变，V/Q 中分母 Q 取$(0.5(Q_{寸1}+Q_{黄1})$不变时，分子 V 分别取 $V_{起始}$、$V_{结束}$、$V_{平均}$，沙峰传播时间 $T_{寸黄}$与组合变量 $S\cdot V/Q$ 的线性回归决定系数相差很小(回归决定系数 R^2 在 0.67~0.68)，且二者呈明显的正相关关系。

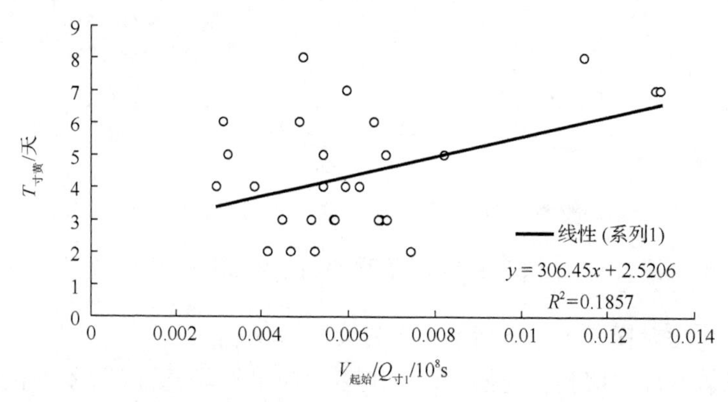

(a) 沙峰传播时间$T_{寸黄}$与洪水滞留系数$V_{起始}/Q_{寸1}$关系

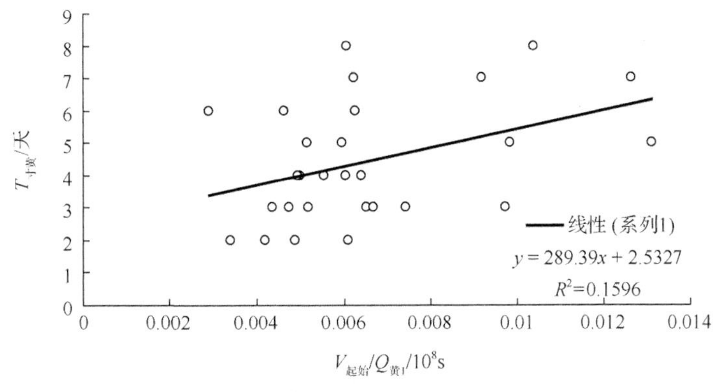

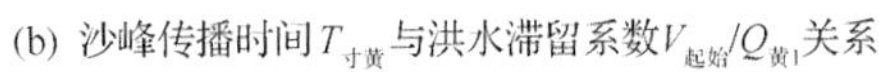
(b) 沙峰传播时间$T_{寸黄}$与洪水滞留系数$V_{起始}/Q_{黄1}$关系

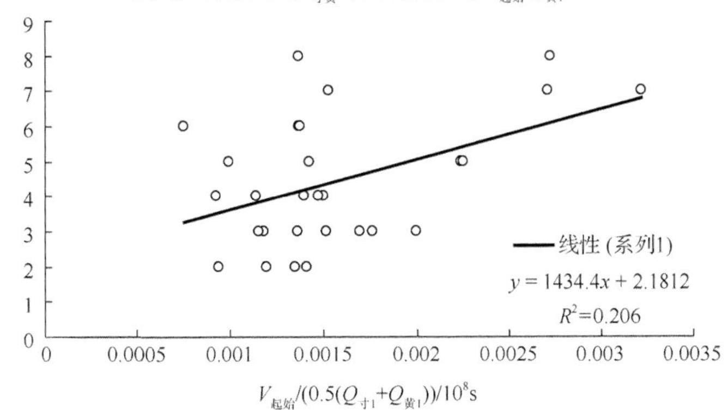

(c) 沙峰传播时间$T_{寸黄}$与洪水滞留系数$V_{起始}/(0.5(Q_{寸1}+Q_{黄1}))$关系

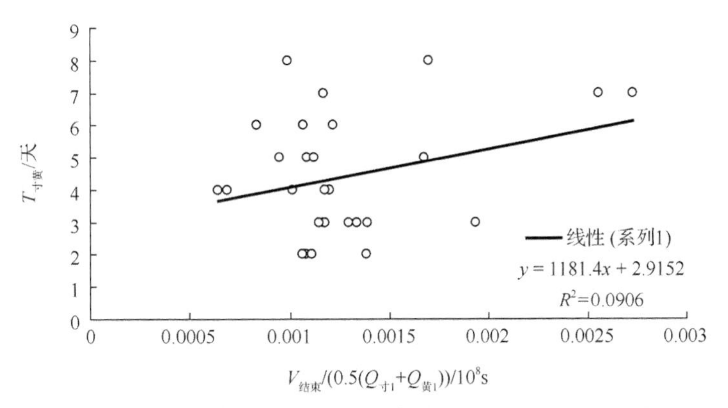

(d) 沙峰传播时间$T_{寸黄}$与洪水滞留系数$V_{结束}/(0.5(Q_{寸1}+Q_{黄1}))$关系

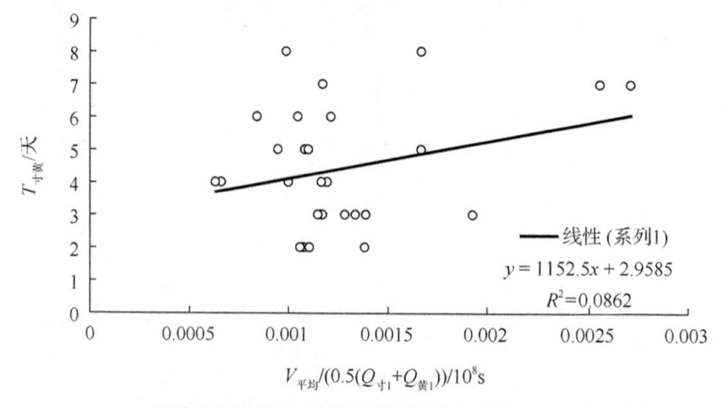

(e) 沙峰传播时间$T_{寸黄}$与洪水滞留系数$V_{平均}/(0.5(Q_{寸1}+Q_{黄1}))$关系

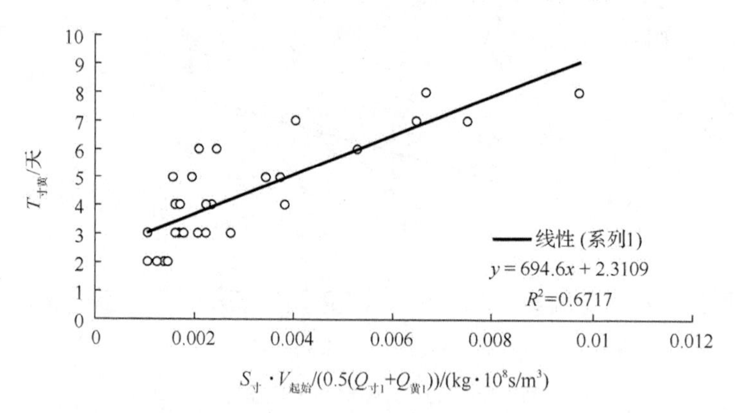

(f) 沙峰传播时间$T_{寸黄}$与影响因素组合$S_{寸} \cdot V_{起始}/(0.5(Q_{寸1}+Q_{黄1}))$的关系

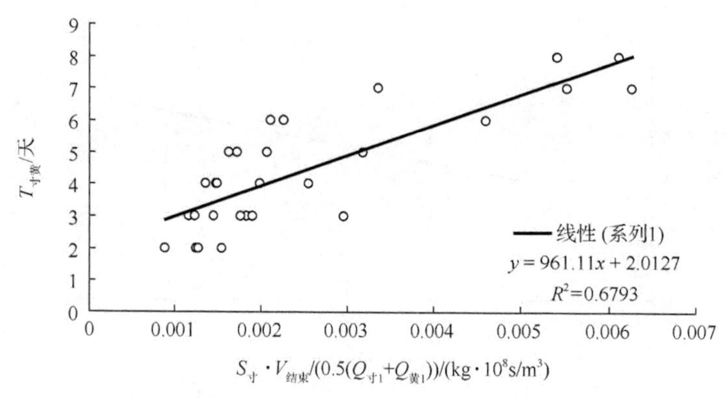

(g) 沙峰传播时间$T_{寸黄}$与影响因素组合$S_{寸} \cdot V_{结束}/(0.5(Q_{寸1}+Q_{黄1}))$的关系

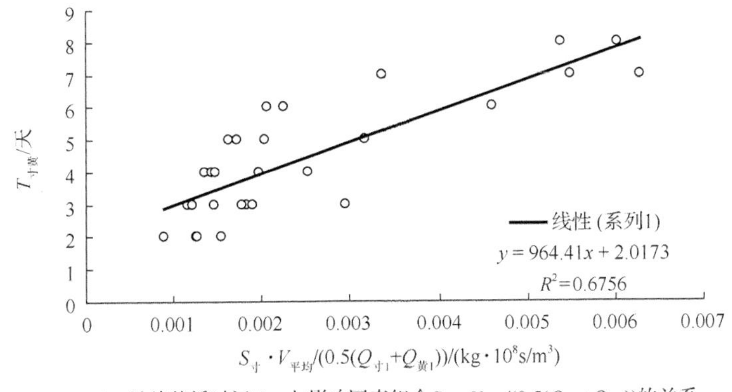

(h) 沙峰传播时间 $T_{寸黄}$ 与影响因素组合 $S_{寸} \cdot V_{平均}/(0.5(Q_{寸1}+Q_{黄1}))$ 的关系

图 2.11　三峡水库沙峰传播时间 $T_{寸黄}$ 与各影响因素组合的关系

2. 沙峰传播时间公式研究

由前面研究可知，三峡水库库区沙峰传播时间 $T_{寸黄}$ 与组合变量 $S \cdot V/Q$ 的相关关系相对最好，其次是入库沙峰含沙量 S 和洪水滞留系数 V/Q。从回归决定系数看，入库沙峰含沙量 S 和洪水滞留系数 V/Q 显然是沙峰传播时间的两个相对主要的影响因素。从散点图看，沙峰传播时间 $T_{寸黄}$ 与入库沙峰含沙量 S 和洪水滞留系数 V/Q 之间不存在共线关系。下一步就需要通过逐步回归，挑选出对沙峰传播时间 $T_{寸黄}$ 影响显著的影响因素，研究它们之间的相互作用形式，并最终确定三峡水库沙峰传播时间公式的结构形式。考虑到沙峰传播时间 $T_{寸黄}$ 与组合变量 $S \cdot V/Q$ 的相关关系较好，幂函数回归决定系数 R^2 在 0.67~0.68（图 2.11（f）、图 2.11（g）和图 2.11（h））。经综合分析后初步选择以沙峰传播时间 $T_{寸黄}$ 为因变量，以入库沙峰含沙量 $S_{寸}$ 和洪水滞留系数 V/Q 为自变量进行沙峰传播时间公式研究，首先构建多元非线性回归方程表达式如下:

$$y = \alpha_0 x_1^{\alpha_1} x_2^{\alpha_2} \tag{2.11}$$

式中，y 为沙峰传播时间 $T_{寸黄}$；x_1 为寸滩沙峰含沙量 $S_{寸}$；x_2 为洪水滞留系数 V/Q（V 为滞洪库容，Q 为库区流量）；$\alpha_i(i=0,1,2)$为模型参数。

为便于采用 SPSS 统计分析软件进行回归分析，将公式（2.11）中方程左右两边取自然对数后可得多元线性回归表达式如下：

$$\ln y = \ln \alpha_0 + \alpha_1 \ln x_1 + \alpha_2 \ln x_2 \tag{2.12}$$

采用逐步回归的方法，可从所建立的多元回归模型中挑选出对因变量影响显著的自变量，剔除不显著自变量及与其他显著变量存在共线性的自变量。根据前面研究成果，将自变量中的含沙量 S 取为入库沙峰含沙量 $S_{寸}$，将自变量中的洪水

滞留系数 V/Q 取为 $V_{起始}/(0.5(Q_{寸1}+Q_{黄1}))$，即洪水滞留系数 V/Q 的分子 V 取为沙峰入库时库水位对应的滞洪库容 $V_{起始}$，分母 Q 取为沙峰入库时寸滩站和黄陵庙站流量平均值 $0.5(Q_{寸1}+Q_{黄1})$。逐步回归计算结果表明入库沙峰含沙量 $S_{寸}$和洪水滞留系数 $V_{起始}/(0.5(Q_{寸1}+Q_{黄1}))$均为三峡水库沙峰传播时间 $T_{寸黄}$的主要影响因素，模型回归决定系数 R^2 值大小为 0.843，方差的无偏估计值 S^2 等于 0.059，回归方程和回归系数都通过了 0.05 的显著性检验，逐步回归得到的多元非线性回归方程形式如下：

$$T_{寸黄}=22.153S_{寸}^{0.685}\left(V_{起始}/\left(0.5(Q_{寸1}+Q_{黄1})\right)\right)^{0.407},(0.842\leqslant S_{寸}\leqslant 5.45,\ 0.0030\leqslant V_{起始}/(0.5(Q_{寸1}+Q_{黄1}))\leqslant 0.0128) \quad (2.13)$$

$$T_{寸黄95\%预测上限}=95.202S_{寸}^{0.885}\left(V_{起始}/\left(0.5(Q_{寸1}+Q_{黄1})\right)\right)^{0.688} \quad (2.14)$$

$$T_{寸黄95\%预测下限}=5.160S_{寸}^{0.486}\left(V_{起始}/\left(0.5(Q_{寸1}+Q_{黄1})\right)\right)^{0.126} \quad (2.15)$$

式中，$T_{寸黄}$为入库寸滩站至出库黄陵庙站沙峰传播时间，天；$S_{寸}$为寸滩站沙峰含沙量，kg/m^3；$V_{起始}$为与沙峰入库时坝前水位对应的滞洪库容，亿 m^3；$Q_{寸1}$和 $Q_{黄1}$分别为入库寸滩站出现沙峰当日的寸滩站和黄陵庙站实测日均流量，m^3/s。

洪水滞留系数 V/Q 的单位为 10^8s，显然洪水滞留系数是一个时间变量；假设库区平均过水面积为 A，库长为 L，库区平均流速为 U，库区平均流量为 Q，水流输移时间为 t，则滞洪库容 $V=AL$，流量 $Q=AU$，洪水滞留系数 $V/Q=(AL)/(AU)=L/U=t$，显然洪水滞留系数与库区水流输移时间是一个概念，故公式(2.13)可表示为 $T_{寸黄}=f(s,t)$，即理论上沙峰传播时间 T 可看作入库沙峰含沙量 S 和库区水流输移时间 t 的函数，且与沙峰含沙量 S 和水流输移时间 t 的大小成正比。

式(2.13)给出了一个拟合度较好的三峡水库库区沙峰传播时间公式的结构形式，但体现调度的坝前水位起迄变化幅度、河床组成、入库泥沙级配、洪峰沙峰峰型等在公式(2.13)中未能体现，而沙峰传播时间与寸滩沙峰含沙量及洪水滞留系数关系点群的带状分布(图 2.11)，也反映了其他因素的影响，因此沙峰传播时间公式(2.13)还存在一定程度的不确定性。为了反映沙峰传播时间的这种不确定性，本书给出了公式(2.13)的沙峰传播时间 95%预测区间，式(2.14)和式(2.15)为公式(2.13)的 95%预测区间上、下限的多元非线性回归方程的表达式，对于给定的寸滩沙峰含沙量和洪水滞留系数，用公式(2.13)所预测的沙峰传播时间将以 95%的置信度落入到相应的预测上限和预测下限之间。

进一步量化水库调度过程、河床边界等更多因素对沙峰传播时间的影响，将有可能会降低回归方程结构的不确定性，但也可能会增加回归方程的复杂性和由此增加的参数不确定性，一般认为当回归决定系数 R^2 在 0.8 以上就可认为拟合优度较高，本书得到的三峡水库沙峰传播时间回归模型的回归决定系数达到了 0.843，拟合优度较高。

沙峰传播时间的这种不确定性，与回归得到的沙峰传播时间公式一起，共同反映了三峡水库库区沙峰的输移特性。本书通过统计回归得到了沙峰传播时间公式，公式结构形式表明入库沙峰含沙量和洪水滞留系数是影响库区沙峰传播时间的控制性主导因子。公式结构揭示了三峡水库沙峰传播时间与主要影响因素之间的多元非线性关系，并反映出了各主要影响因素对沙峰传播时间的影响程度和作用机制。前面研究表明，沙峰传播时间 $T_{寸黄}$与入库寸滩站沙峰含沙量 $S_{寸}$和洪水滞留系数 $V_{起始}/(0.5(Q_{寸1}+Q_{黄1}))$的线性回归决定系数 R^2 分别为 0.5952 和 0.206，因此，公式(2.13)中入库寸滩站沙峰含沙量 $S_{寸}$对沙峰传播时间 $T_{寸黄}$的影响程度要大于洪水滞留系数 $V_{起始}/(0.5(Q_{寸1}+Q_{黄1}))$。

3. 考虑实时调度需求的沙峰传播时间公式分析

在整个沙峰入出库过程中，反映整个坝前调度过程的坝前水位包含了沙峰入库时的起始水位、沙峰出库时的结束水位、最高水位以及平均水位等特征水位，它们对应的滞洪库容分别为起始滞洪库容 $V_{起始}$、沙峰出库时滞洪库容 $V_{结束}$、最高水位对应滞洪库容 $V_{最大}$、平均水位对应滞洪库容 $V_{平均}$。分别针对 $V_{结束}$、$V_{最大}$、$V_{平均}$进行了逐步回归，得到回归方程式(2.16)、式(2.17)、式(2.18)如下：

$$T_{寸黄}=21.977S_{寸}^{0.665}\left(V_{结束}/\left(0.5(Q_{寸1}+Q_{黄1})\right)\right)^{0.407} \tag{2.16}$$

$$T_{寸黄}=21.867S_{寸}^{0.662}\left(V_{最大}/\left(0.5(Q_{寸1}+Q_{黄1})\right)\right)^{0.406} \tag{2.17}$$

$$T_{寸黄}=22.578S_{寸}^{0.675}\left(V_{平均}/\left(0.5(Q_{寸1}+Q_{黄1})\right)\right)^{0.411} \tag{2.18}$$

方程式(2.16)~式(2.18)回归决定系数 R^2 分别为 0.845、0.846、0.845，回归决定系数均与方程(2.13)的回归决定系数 0.843 非常接近。本书所选样本实测沙峰传播时间平均值为 4.429 天，根据回归方程式(2.13)、式(2.16)、式(2.17)、式(2.18)计算出的沙峰传播时间的平均值分别为 4.452 天、4.352 天、4.343 天、4.415 天，与实测值平均值 4.429 天的差值分别为 0.023 天、−0.077 天、−0.086 天、−0.014 天，各回归方程的沙峰传播时间计算值的平均值也很接近。在实时调度决策中，由于公式(2.13)中沙峰入库时的滞洪库容 $V_{起始}$相对最容易获得，同时沙峰入库时的寸滩沙峰含沙量 $S_{寸}$、沙峰入库时的寸滩流量 $Q_{寸1}$和黄陵庙流量 $Q_{黄1}$等资料也都容易首先得到，因此，在实时调度决策时推荐公式(2.13)。

利用汛期沙峰过程尽量多排沙出库以减少水库淤积，是三峡水库汛期调度的重要目标之一，掌握库区沙峰输移规律和沙峰传播时间的快速测算技术，有利于提前预估沙峰传播时间，把握水库排沙有利时机，增大水库排沙量。从研究结果看，对沙峰传播时间起主要作用的是入库沙峰含沙量大小和洪水滞留系数的大小，由于洪水滞留系数与库区水流输移时间是等同的，因此，在入库沙峰已知的情况下，尽量减小库区水流输移时间，有助于沙峰的快速出库。本书研究成果可为三峡水库汛期沙峰排沙调度方案制订和实时调度决策提供技术支撑，同时，本书给出的三峡库区沙峰传播时间的主要影响因素及公式的结构形式还可为今后的进一步深入研究奠定良好的基础。由于本书实测数据有限，且采用的是实测日均数据，时间尺度是“天”，所得沙峰传播时间公式仍然存在一定的不确定性，故今后还需要更多的调度实践及更多的实测资料对公式进行验证、修正及完善。

2.2.5 三峡库区沙峰出库率公式研究

1. 沙峰出库率与各影响因素关系研究

定义 $S_{黄}$为出库黄陵庙站沙峰含沙量值，定义 $S_{寸}$为入库寸滩站沙峰含沙量值，定义出库黄陵庙站沙峰值 $S_{黄}$与入库寸滩站沙峰值 $S_{寸}$的比值“$S_{黄}/S_{寸}$”为“沙峰出库率”。

1）沙峰出库率与流量的关系

由图 2.12 可见，三峡水库沙峰出库率 $S_{黄}/S_{寸}$与库区流量 Q 的大小呈正比关系，且随 Q 的增大而呈加速增大趋势；沙峰出库率 $S_{黄}/S_{寸}$与寸滩站出现沙峰当日的寸滩站流量 $Q_{寸1}$ 的相关关系较差(图 2.12(a))，而与寸滩站出现沙峰当日的黄陵庙站实测日均流量 $Q_{黄1}$和黄陵庙站出现沙峰当日的黄陵庙站实测日均流量 $Q_{黄沙}$的相关关系较好，其中相关关系最好的是 $Q_{黄沙}$(图 2.12(c))，二者的幂函数回归决定系数 R^2 为 0.6838；沙峰出库率 $S_{黄}/S_{寸}$与 $Q_{黄沙}$相关关系图上的点群分布呈一定宽度的带状，这说明沙峰出库率除受沙峰出库时的黄陵庙站出库流量 $Q_{黄沙}$影响，还受到其他因素的较大影响。

2）沙峰出库率与沙峰传播时间和进出库洪峰流量变化系数的关系

以 $Q_{黄洪}/Q_{寸洪}$表示进出库洪峰流量变化系数，由图 2.13(a)可见，沙峰出库率 $S_{黄}/S_{寸}$ 整体上与沙峰传播时间 $T_{寸黄}$成反比，即库区沙峰传播时间越长，沙峰出库率就越低，这与一般规律性认识是一致的，但二者的相关关系点较为散乱，其幂函数回归决定系数 R^2 仅为 0.0803，相关程度很低。可见，库区沙峰传播时间在定性上对沙峰出库率有影响，但并不是主要影响因素。由图 2.13(b)可见，沙峰出库率 $S_{黄}/S_{寸}$与进出库洪峰流量变化系数 $Q_{黄洪}/Q_{寸洪}$成正比，即出库流量相对入库流量越大，沙峰出库率就越高，这也与一般规律性认识是一致的，二者的相关关系点也较为散乱，其幂函数回归决定系数 R^2 为 0.2185，二者的相关程度也比较低，但比 $T_{寸黄}$要稍好。可见，进出库洪峰流量变化系数在定性上对沙峰出库率有影响，但也不是主要影响因素。

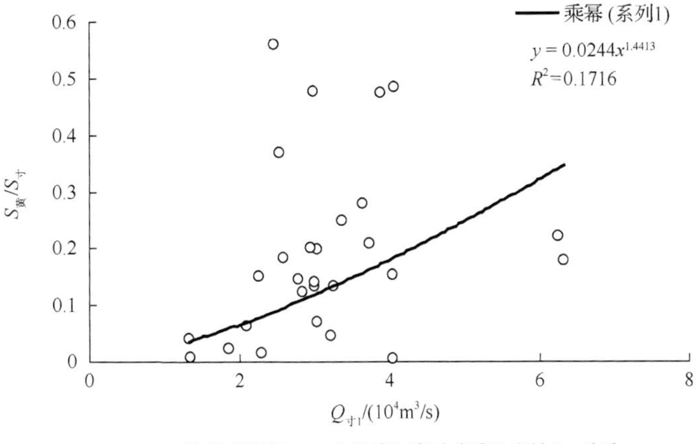

(a) 沙峰出库率$S_黄/S_寸$与沙峰入库时寸滩站流量$Q_{寸1}$关系

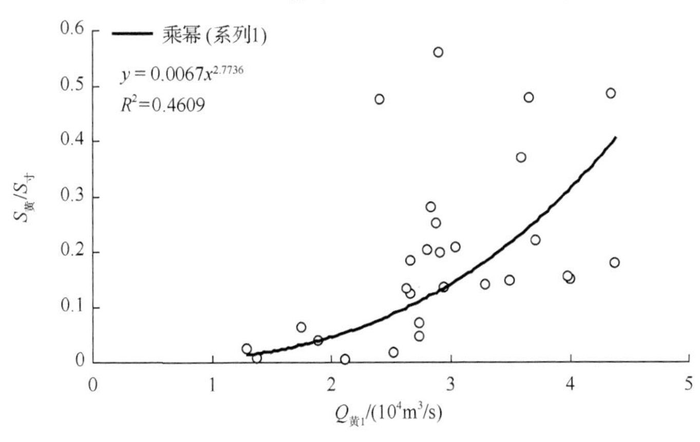

(b) 沙峰出库率$S_黄/S_寸$与沙峰入库时黄陵庙站流量$Q_{黄1}$关系

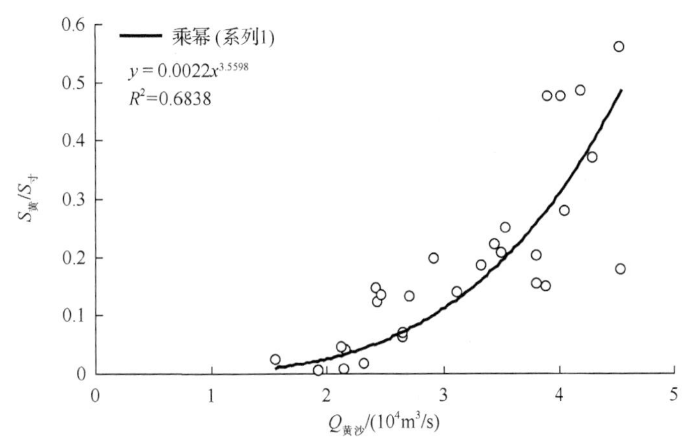

(c) 沙峰出库率$S_黄/S_寸$与黄陵庙站出现沙峰当日的黄陵庙站实测日均流量$Q_{黄沙}$关系

图 2.12　三峡水库沙峰出库率 $S_黄/S_寸$与流量 Q 关系

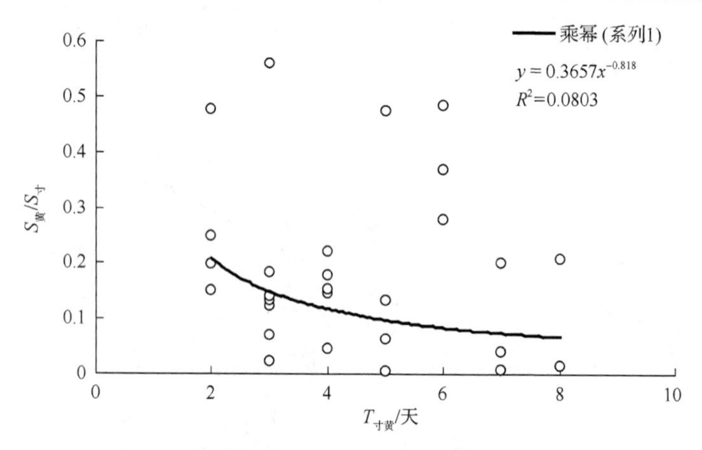

(a) 沙峰出库率 $S_{黄}/S_{寸}$与沙峰传播时间 $T_{寸黄}$关系

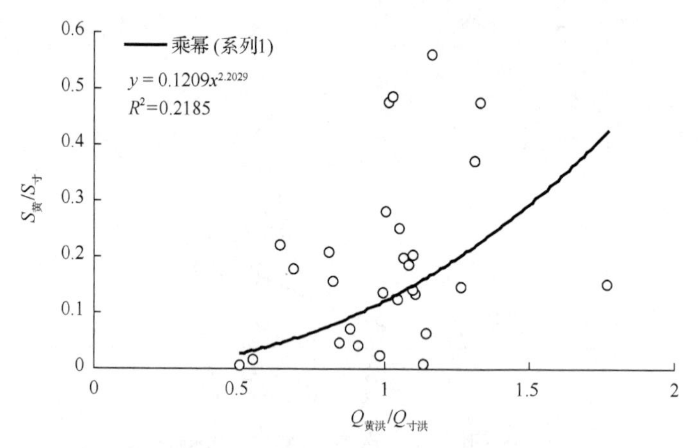

(b) 沙峰出库率 $S_{黄}/S_{寸}$与进出库洪峰流量变化系数 $Q_{黄洪}/Q_{寸洪}$关系

图 2.13 沙峰出库率与传播时间和进出库洪峰流量变化系数关系

3) 沙峰出库率与含沙量的关系

由图 2.14 可见，沙峰出库率 $S_{黄}/S_{寸}$整体上与入库寸滩站沙峰含沙量 $S_{寸}$成反比，与出库黄陵庙站沙峰含沙量 $S_{黄}$成正比，但相关关系点均较为散乱。

4) 沙峰出库率与滞洪库容的关系

滞洪库容主要由坝前水位决定，由图 2.15 可见，沙峰出库率 $S_{黄}/S_{寸}$整体上与滞洪库容 V 均成反比关系，随着滞洪库容的增大，沙峰传播时间整体上呈明显减小趋势。同时，相同滞洪库容条件下沙峰出库率的变化幅度很大，这主要是因为沙峰出库率还受到入库流量等其他影响因素的较大影响。从 $V_{起始}$、$V_{结束}$、$V_{平均}$、$V_{最大}$等不同滞洪库容结果对比看，滞洪库容 V 取不同值时二者的幂函数回归决定系数均较小且差别相对不大，其中回归决定系数最大的是 $V_{起始}$，其回归决定系数 R^2 等于 0.2484。

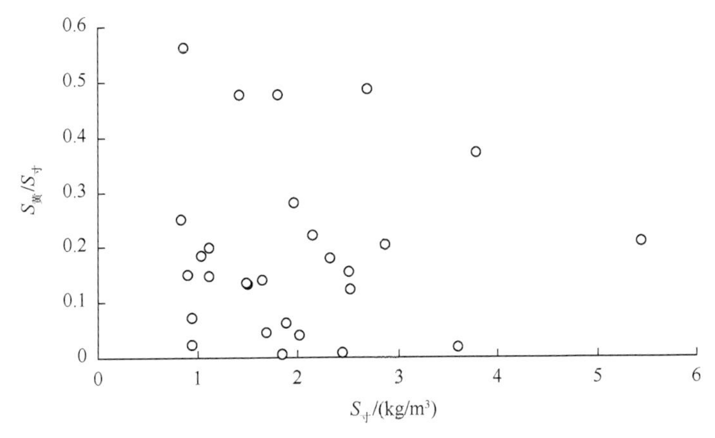

(a) 沙峰出库率$S_黄/S_寸$与寸滩站沙峰含沙量$S_寸$关系

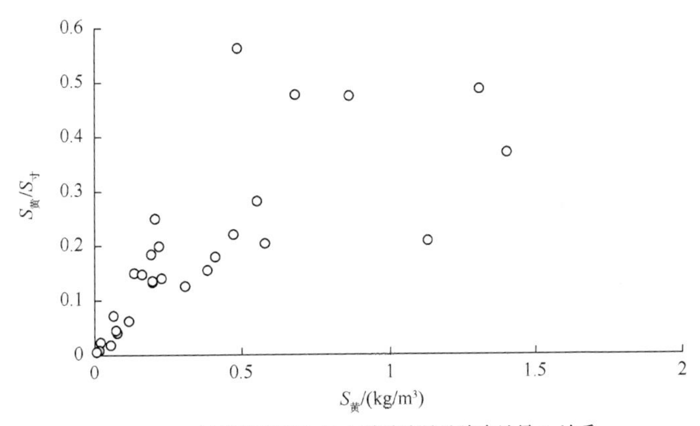

(b) 沙峰出库率$S_黄/S_寸$与黄陵庙站沙峰含沙量$S_黄$关系

图 2.14　三峡水库沙峰出库率 $S_黄/S_寸$与含沙量 S 关系

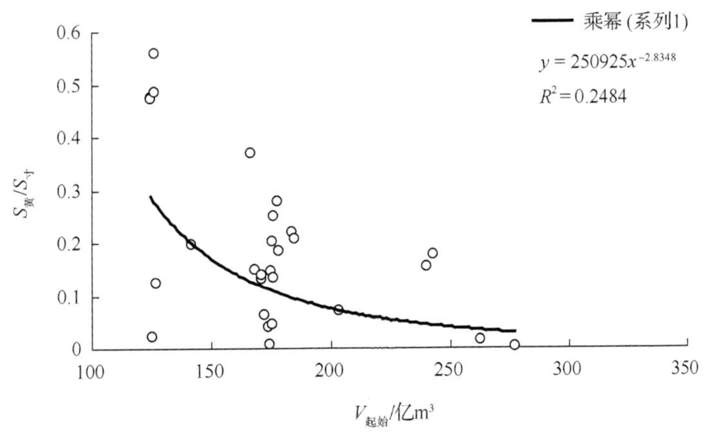

(a) 沙峰出库率$S_黄/S_寸$与沙峰入库时的滞洪库容$V_{起始}$关系

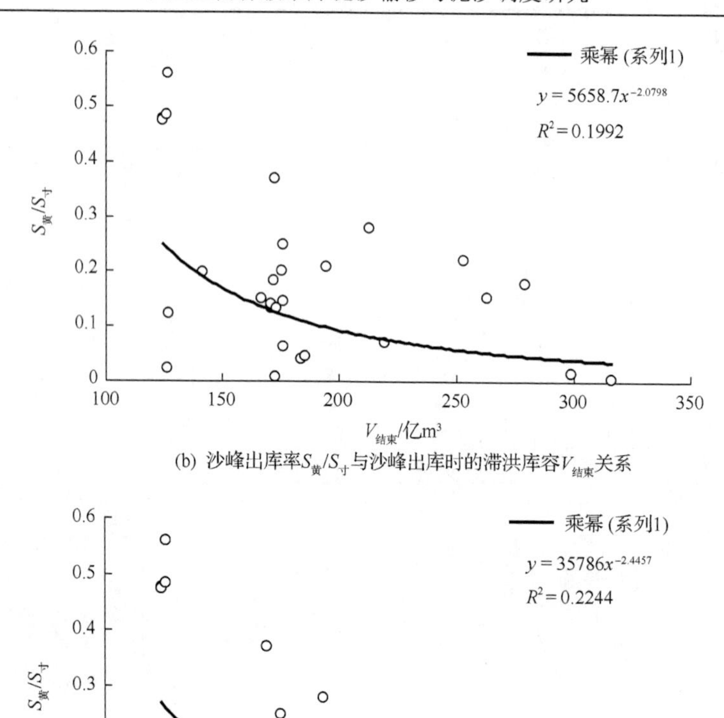

(b) 沙峰出库率$S_黄/S_寸$与沙峰出库时的滞洪库容$V_{结束}$关系

(c) 沙峰出库率$S_黄/S_寸$与沙峰入出库过程中的平均滞洪库容$V_{平均}$关系

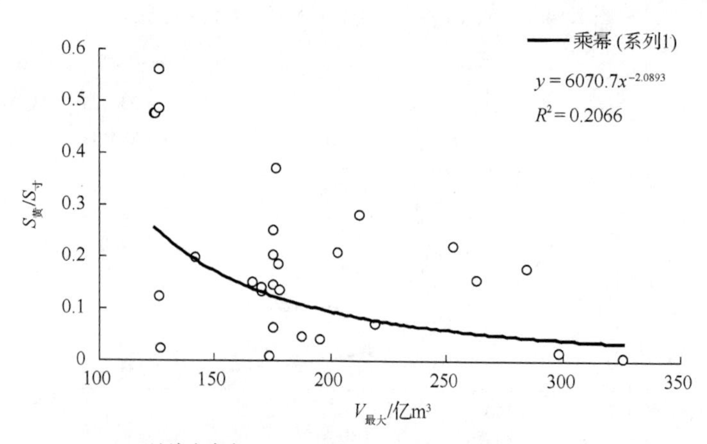

(d) 沙峰出库率$S_黄/S_寸$与沙峰入出库过程中的最大滞洪库容$V_{最大}$关系

图 2.15　三峡水库沙峰出库率 $S_黄/S_寸$与滞洪库容 V 关系

5) 沙峰出库率与各影响因素组合的关系

影响三峡水库沙峰出库率的因素较多，为寻找其中的主要影响因素并确定它们之间的相互作用关系，根据前面的研究成果，对部分主要影响因素进行了组合，初步选择的组合变量为洪水滞留系数 V/Q（V 为滞洪库容，Q 为库区流量）。前面研究中发现，沙峰出库率与滞洪库容的关系中，沙峰出库率与滞洪库容 $V_{起始}$的相关关系相对最好，因此，这里将洪水滞留系数 V/Q 中分子 V 固定为沙峰入库时对应的滞洪库容 $V_{起始}$，然后对分母 Q 分别取不同值进行了对比。图 2.16 给出了沙峰出库率与所选组合变量 $V_{起始}/Q$ 的相关关系。

由图 2.16 的对比结果看，沙峰出库率 $S_{黄}/S_{寸}$与洪水滞留系数 $V_{起始}/Q$ 的大小成反比关系，即随着洪水滞留系数 $V_{起始}/Q$ 的增大，沙峰出库率有减小趋势，且二者之间的相关关系较好。当洪水滞留系数 $V_{起始}/Q$ 的分母 Q取值为整个沙峰入出库过程中黄陵庙站的平均流量 $Q_{黄平均}$时，幂函数回归决定系数 R^2 等于 0.8513；当分母 Q 取值为沙峰入库时黄陵庙站日均流量 $Q_{黄1}$时，幂函数回归决定系数 R^2 等于 0.7728；当分母 Q 取值为沙峰出库时黄陵庙站日均流量 $Q_{黄沙}$时，幂函数回归决定系数 R^2 等于 0.8107；当分母 Q取值为 $Q_{黄1}$ 和 $Q_{黄沙}$的平均值 $0.5(Q_{黄1}+Q_{黄沙})$时，幂函数回归决定系数 R^2 等于 0.866。可见，洪水滞留系数 V/Q 分子 V 取值为沙峰入库时库水位对应的滞洪库容 $V_{起始}$，分母 Q 取值为 $0.5(Q_{黄1}+Q_{黄沙})$时，沙峰出库率 $S_{黄}/S_{寸}$与洪水滞留系数 V/Q 的相关关系相对最好。

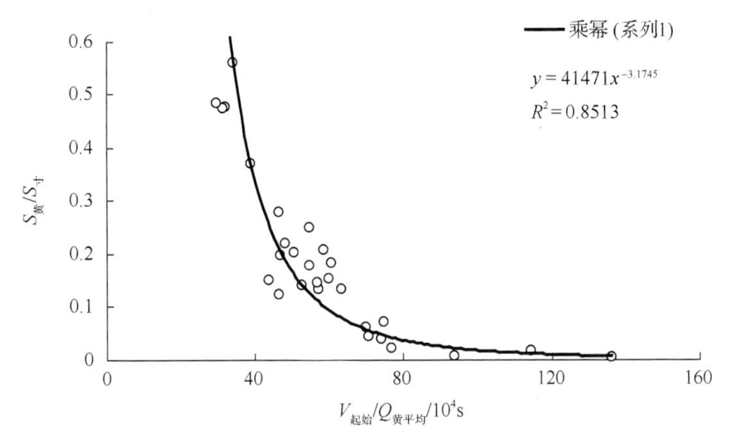

(a) 沙峰出库率$S_{黄}/S_{寸}$与洪水滞留系数$V_{起始}/Q_{黄平均}$关系

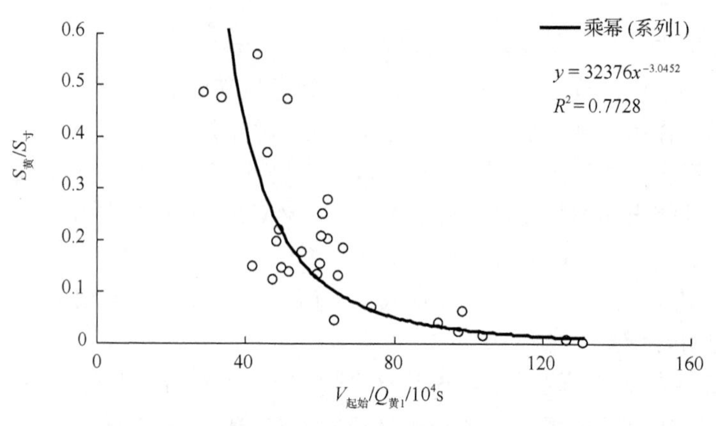

(b) 沙峰出库率$S_{黄}/S_{寸}$与洪水滞留系数$V_{起始}/Q_{黄1}$关系

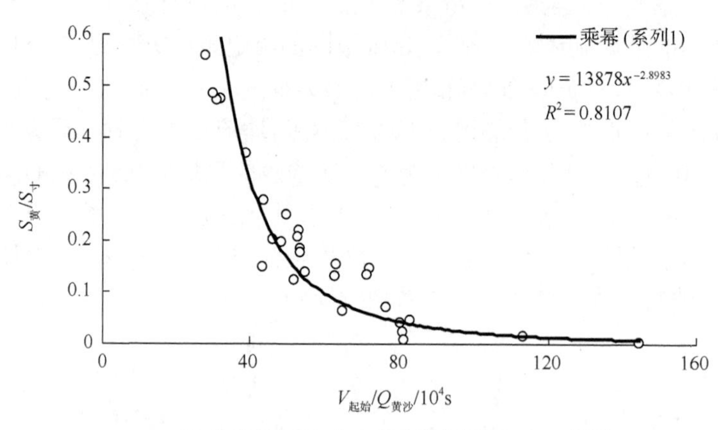

(c) 沙峰出库率$S_{黄}/S_{寸}$与洪水滞留系数$V_{起始}/Q_{黄沙}$关系

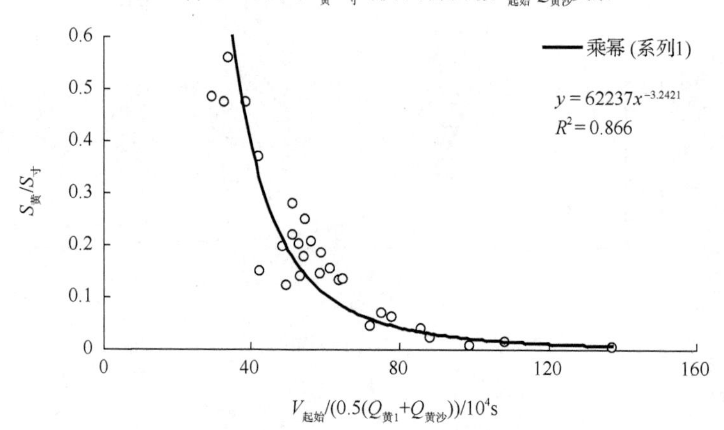

(d) 沙峰出库率$S_{黄}/S_{寸}$与洪水滞留系数$V_{起始}/(0.5(Q_{黄1}+Q_{黄沙}))$关系

图 2.16　三峡水库沙峰出库率与各影响因素组合的关系

2. 沙峰出库率公式研究

影响三峡水库沙峰出库率的因素很多，由前面研究可知，三峡水库沙峰出库率 $S_{黄}/S_{寸}$与组合变量洪水滞留系数 V/Q 的相关关系相对最好，幂函数回归决定系数 R^2 在 0.7728~0.866（图 2.16），拟合优度已经比较好了，洪水滞留系数 V/Q 显然是沙峰出库率 $S_{黄}/S_{寸}$的一个主要影响因素。但同时还增加考虑其他因素的影响理论有助于进一步提高沙峰出库率公式的拟合优度，考虑到之前的研究中，沙峰出库率 $S_{黄}/S_{寸}$与沙峰传播时间 $T_{寸黄}$和进出库洪峰流量变化系数 $Q_{黄洪}/Q_{寸洪}$均存在一定的相关关系，且洪水滞留系数 V/Q 中并不包含 $T_{寸黄}$和 $Q_{黄洪}/Q_{寸洪}$，从寻找更优的沙峰出库率公式的角度出发，初步选择以下 3 个变量进行研究：洪水滞留系数 V/Q、沙峰传播时间 $T_{寸黄}$、进出库洪峰流量变化系数 $Q_{黄洪}/Q_{寸洪}$，其中洪水滞留系数 V/Q 使用相关程度最高的 $V_{起始}/(0.5(Q_{黄1}+Q_{黄沙}))$。

为研究所选各因素是否沙峰出库率的主要影响因子，并确定它们的相互作用机制以及它们对沙峰出库率的影响，首先将各影响因素的高阶项及交叉项引入到多项式回归表达式中，以上述 3 个变量为自变量，以沙峰出库率为因变量，构建多项式回归表达式如下：

$$
\begin{aligned}
y = \alpha_0 + \alpha_1 x_1 + \alpha_2 x_2 + \alpha_3 x_3 + \alpha_4 x_1^2 + \alpha_5 x_2^2 + \alpha_6 x_3^2 \\
+ \alpha_7 x_1 x_2 + \alpha_8 x_1 x_3 + \alpha_9 x_2 x_3 + \varepsilon
\end{aligned}
\tag{2.19}
$$

式中，y 为沙峰出库率；x_1 为洪水滞留系数；x_2 为沙峰传播时间；x_3 为进出库洪峰流量变化系数；$\alpha_i (i = 0,1,\cdots,9)$ 为模型参数；ε 为随机误差。

本书采用逐步回归的方法，从所建立的多元回归模型中挑选出对因变量影响显著的自变量，剔除不显著变量，回归分析采用的是 SPSS 统计分析软件，得到如下两个回归方程。

回归方程 a：$y = 0.507 - 50.743x_1$，相关系数 R 为 0.791，校正的决定系数 Ra^2 为 0.611，方差的无偏估计值 S^2 等于 0.009，方差膨胀因子 VIF 等于 1.0，回归方程和回归系数都通过了 0.05 的显著性检验。

回归方程 b：$y = 0.963 - 186.332x_1 + 8738.494x_1^2$，相关系数 R 为 0.917，校正的决定系数 Ra^2 为 0.827，方差的无偏估计值 S^2 等于 0.004，方差膨胀因子 VIF 等于 21.747，回归方程和回归系数都通过了 0.05 的显著性检验。

回归方程 b 中自变量 x_1 与 x_1^2 是高度相关的，相关系数 R 达到了 0.977，方差膨胀因子 VIF 为 21.747，显然，两自变量之间存在着较强的共线性问题；沙峰出库率与洪水滞留系数是成反比关系的，而共线性问题导致回归方程 b 中自变量 x_1^2 的回归系数 10012.25 的正负方向与实际情况相反。综合以上分析可知，回归方程

a 为“最优”回归方程。

逐步回归结果说明洪水滞留系数是三峡水库沙峰出库率的主要影响因素，且沙峰出库率可以近似看成是洪水滞留系数的单值函数。上面通过逐步回归得到了沙峰出库率关于洪水滞留系数的线性表达式，但排沙比是否还有关于洪水滞留系数的其他更优的表达形式呢？由图 2.16 可见，沙峰出库率与洪水滞留系数呈非线性相关关系，以洪水滞留系数为自变量，以沙峰出库率为因变量，采用 SPSS 软件提供的线性函数、对数函数、指数函数、幂函数等 11 种模型进行曲线回归，并根据拟合结果进行回归模型优选，结果表明指数函数回归效果最好，回归决定系数 R^2 等于 0.919，方差的无偏估计值 S^2 等于 0.132，回归方程和回归系数都通过了 0.05 的显著性检验，指数函数回归方程形式如下：

$$S_{黄} / S_{寸} = 2.572\mathrm{e}^{-496.546\frac{V_{起始}}{0.5(Q_{黄1}+Q_{黄沙})}},\quad (0.002962 \leqslant V_{起始} / (0.5(Q_{黄1} + Q_{黄沙})) \leqslant 0.013734) \tag{2.20}$$

$$(S_{黄} / S_{寸})_{95\%预测上限} = 3.821\mathrm{e}^{-437.2\frac{V_{起始}}{0.5(Q_{黄1}+Q_{黄沙})}} \tag{2.21}$$

$$(S_{黄} / S_{寸})_{95\%预测下限} = 1.731\mathrm{e}^{-555.9\frac{V_{起始}}{0.5(Q_{黄1}+Q_{黄沙})}} \tag{2.22}$$

式中，$S_{黄}/S_{寸}$为沙峰出库率；$V_{起始}$为与沙峰入库时坝前水位对应的滞洪库容，亿 m^3；$Q_{黄1}$和 $Q_{黄沙}$分别为沙峰入库当日和沙峰出库当日黄陵庙站实测日均流量，m^3/s。

式(2.20)给出了一个拟合度较优的三峡水库沙峰出库率公式的结构形式，但反映调度的坝前水位变化、入库泥沙特性的来沙级配及沉速、河床边界的河床组成、进出库流量变化系数以及沙峰传播历时等在公式(2.20)中未能体现，而沙峰出库率与洪水滞留系数关系点群的带状分布(图 2.16)，也反映了其他因素的影响，因此沙峰出库率公式(2.20)还存在一定程度的不确定性。为了反映沙峰出库率的这种不确定性，图 2.17(a)给出了公式(2.20)的沙峰出库率 95%预测区间。统计获得的预测区间上、下限也可用指数函数的形式表示，式(2.21)和式(2.22)为公式(2.20)的 95%预测区间上、下限的指数函数形式的表达式，对于给定的洪水滞留系数，用公式(2.20)所预测的沙峰出库率将以 95%的置信度落入到相应的预测上限和预测下限之间。

进一步量化水库调度过程、河床边界等更多因素对沙峰出库率的影响，将有可能会降低回归方程结构的不确定性，但也可能会增加回归方程的复杂性和由此增加的参数不确定性，一般当回归决定系数 R^2 在 0.8 以上就可认为拟合优度较高，本书得到的三峡水库沙峰出库率回归模型的回归决定系数达到了 0.919，拟合优度较高。

本书通过统计回归得到了三峡水库沙峰出库率公式，公式结构表明洪水滞留系数是影响沙峰出库率的控制性主导因子，且三峡水库沙峰出库率可用以洪水滞留系数为唯一自变量的指数函数形式回归方程表示。公式结构揭示了三峡水库沙峰出库率与主要影响因素之间的非线性作用关系。

3. *考虑实时调度需求的沙峰出库率公式分析*

从图 2.16 看，当自变量洪水滞留系数取 $V_{起始}/Q_{黄沙}$时，虽然回归决定系数比取 $V_{起始}/(0.5(Q_{黄1}+Q_{黄沙}))$要小，但所需资料也减少了一个，因此，从便于沙峰出库率公式在三峡水库汛期实时调度中使用的角度出发，作为一种尝试，本书将前面已经通过回归得到沙峰出库率公式(2.20)中的自变量由 $V_{起始}/(0.5(Q_{黄1}+Q_{黄沙}))$改为 $V_{起始}/Q_{黄沙}$，采用 SPSS 软件进行回归分析，得到指数函数形式回归方程如下：

$$S_{黄}/S_{寸}=1.804\mathrm{e}^{-450.575\frac{V_{起始}}{Q_{黄沙}}},(0.002792\leqslant V_{起始}/Q_{黄沙}\leqslant 0.01445) \tag{2.23}$$

$$(S_{黄}/S_{寸})_{95\%置信上限}=3.031\mathrm{e}^{-371.7\frac{V_{起始}}{Q_{黄沙}}} \tag{2.24}$$

$$(S_{黄}/S_{寸})_{95\%置信下限}=1.074\mathrm{e}^{-529.5\frac{V_{起始}}{Q_{黄沙}}} \tag{2.25}$$

方程式(2.23)回归决定系数 R^2 为 0.841，方差的无偏估计值 S^2 为 0.259，回归方程和回归系数均通过了 0.05 的显著性检验，虽然回归决定系数与方程式(2.20)的回归决定系数 0.919 相比有所减小，但 0.841 的拟合优度仍然属于比较好的。本书所选样本实测沙峰出库率平均值为 0.190，根据回归方程式(2.20)、式(2.23)计算出的沙峰出库率的平均值分别为 0.185、0.178，与实测沙峰出库率平均值 0.190 的差值分别为–0.005、–0.012，各回归方程的沙峰出库率计算值的平均值较为接近，其中回归方程式(2.20)的计算值与实测值更为接近。在实时调度决策中，由于公式(2.20)中沙峰入库时的滞洪库容 $V_{起始}$相对最容易获得，同时沙峰入库时的黄陵庙站流量 $Q_{黄1}$和沙峰出库时的黄陵庙站流量 $Q_{黄沙}$也都比较容易获得(其中沙峰出库时的黄陵庙站流量 $Q_{黄沙}$可由调度决策者提前给出)，因此，在实时调度决策时推荐公式(2.20)。与公式(2.20)相比，公式(2.23)只需要 $V_{起始}$和 $Q_{黄沙}$两个变量，所需资料相对更少，在实时调度决策中，作为一种较为粗略的预估，也可选择公式(2.23)进行排沙预测和调度决策，图 2.17(b)给出了对应于公式(2.23)形式的沙峰出库率回归曲线及其 95%预测区间。

从研究结果看，对沙峰出库率起主要作用的是洪水滞留系数的大小，由于洪水滞留系数体现的是入库水流在库区的输移时间，因此，尽量减小库区水流输移时间，有助于增大沙峰的出库率。同时，研究结果表明，沙峰出库率主要受沙峰入库时的滞洪库容和出库流量影响，即洪水滞留系数中滞洪库容宜取为沙峰入库时的滞洪库容，库区流量宜取出库流量。

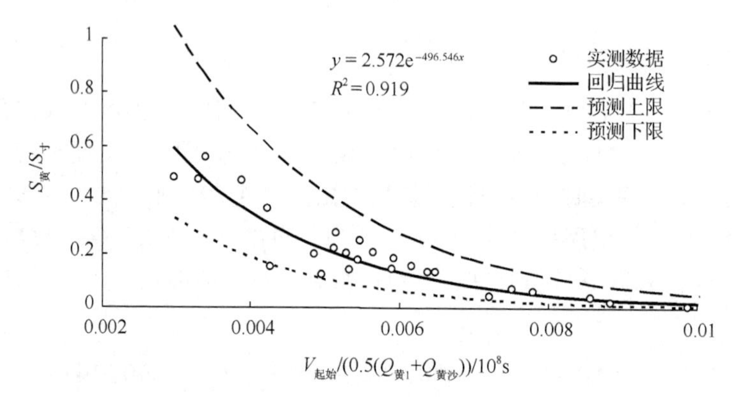

(a) 以$V_{起始}/(0.5(Q_{黄1}+Q_{黄沙}))$为自变量的沙峰出库率回归曲线及其95%预测区间

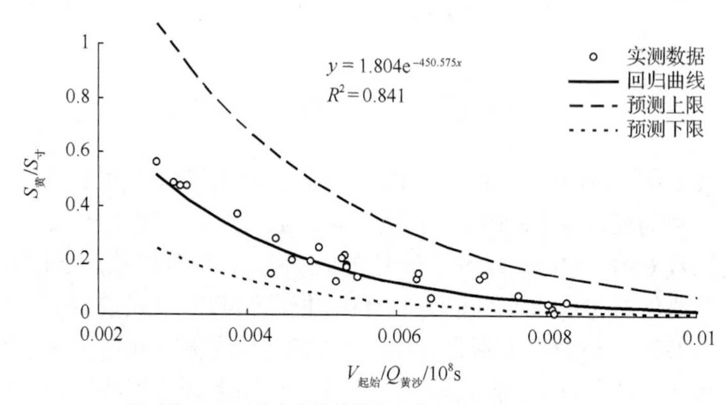

(b) 以$V_{起始}/Q_{黄沙}$为自变量的沙峰出库率回归曲线及其95%预测区间

图 2.17　沙峰出库率回归曲线及其 95%预测区间

2.3　三峡水库汛期场次洪水排沙比研究

三峡水库自 2003 年 6 月蓄水运用以来，分别经历了围堰发电期(2003 年 6 月~2006 年 8 月)、初期运行期(2006 年 9 月~2008 年 9 月)、试验性蓄水期(2008

年 10 月~2014 年 12 月)三个阶段。由于入库沙量与论证阶段相比明显减小，库区淤积大为减轻，这为三峡水库实施优化调度进一步提高综合效益创造了有利条件，但在不同蓄水阶段，随着水库蓄水位的逐步上升和水库运用方式的不断优化，三峡水库排沙比出现了明显的减小，围堰发电期、初期运行期、试验性蓄水期三峡水库年排沙比分别为 37.0%、18.8%、17.6%[24]。新的水沙条件和水库运用条件下三峡水库排沙比变化机理及其变化趋势，正日益引起三峡泥沙研究者及工程运行管理层的关注。三峡入库泥沙主要集中在汛期，汛期主要的 1~3 次大的洪水水沙过程排出的泥沙可占主汛期和全年出库沙量的 50%~90%，汛期洪水过程(场次洪水)排沙量在水库汛期总排沙量中占有很大比重，及时开展汛期洪水排沙比问题研究，对三峡水库汛期运行方式优化、泥沙调度、充分发挥综合效益，具有十分重要的意义[24]。

2.3.1　汛期场次洪水资料的选取

将水文站实测水沙资料中具有明显洪水波形状的过程线部分视为一个洪水场次，所选汛期场次洪水过程的起止时间点分别为相邻洪水过程的起涨点；在水沙过程方面，要求起止时间点内应能包括相对完整的洪峰和沙峰的入出库过程，且入出库水沙过程起止时间点相同；在坝前水位方面，要求整个洪水过程中坝前水位基本不变，或者坝前水位是一个完整的涨落过程，即所选场次洪水起止时间点的坝前水位相差很小。在场次洪水过程中，当入出库平均流量相差较大时，由于影响因素复杂，会对排沙比的研究产生较大影响，而入出库平均流量基本相等的情况研究起来相对更为容易，因此本书主要选取入出库平均流量相差较小的场次洪水过程进行研究。最终从三峡水库蓄水运用以来的库区实测洪水资料中，选取了 34 组场次洪水资料。所选场次洪水资料的时间范围为 2003 年 6 月～2011 年 12 月，排沙比变化范围为 3.4%～78.2%，入库平均流量变化范围为 11069～35500m^3/s，入库洪峰流量变化范围为 14600～64060m^3/s，入库平均含沙量变化范围为 0.303～1.683kg/m^3，坝前平均水位变化范围为 135.12～158.96m。所选场次洪水起止时间点的坝前水位变化一般在 1m 以内，出库与入库平均流量比值的变化范围为 0.99～1.19，洪水过程历时一般在 50 天以内。这套场次洪水资料的入库流量、含沙量及坝前水位范围较广，能够体现不同的组合状况，代表性较强，研究成果具有较大的适用范围。

2.3.2　汛期场次洪水排沙比与主要影响因素关系研究

水库排沙比与入库水沙、库区河道边界及水库运用方式等密切相关，对三峡水库实测汛期场次洪水排沙比 SDR 与入库平均流量 Q_{in}、入库平均沙量 S、平均滞

洪库容 V(为坝前某一水位下的总库容，可根据水位库容曲线求出)等主要影响因素关系进行了统计分析(图 2.18)。根据三峡水库蓄水位逐步抬升情况，并考虑与长江委水文局三峡工程水文泥沙观测年度分析报告保持一致，本书在三峡水库场次洪水排沙比研究中设定的入库站为：2003 年 6 月~2006 年 8 月以清溪场站为入库控制站，2006 年 9 月~2008 年 9 月以寸滩站+武隆站为入库控制站，2008 年 10 月以后以朱沱站+北碚站+武隆站为入库控制站。

1. 排沙比与入库平均流量的关系

由图 2.18(a)可见，三峡水库汛期场次洪水排沙比SDR与入库平均流量 Q_{in} 的大小呈正比关系，且随 Q_{in} 的增大而呈加速增大趋势，二者的幂函数回归决定系数 R^2 为 0.7381；二者关系图上的点群分布呈一定宽度的带状，这说明排沙比除受入库平均流量影响，还受到滞洪库容大小等其他因素的影响；入库平均流量越大，点群分布越散乱，点群分布的带状也越宽，这说明入库流量越大，其对应排沙比对滞洪库容等其他影响因素的反应也越敏感，排沙比变幅也就越大。

当 Q_{in} 小于 15000m^3/s 时，排沙比较小，且基本小于 10%，排沙比与其他影响因素的关系不大；当 Q_{in} 小于 20000m^3/s 时，排沙比一般在 20%以内；当 Q_{in} 小于 25000m^3/s 时，排沙比一般在 30%以内；当 Q_{in} 大于 25000m^3/s 时，相关关系点分布变得较为散乱，同流量排沙比变化较大，这主要是坝前水位变化较大所致，同时，当坝前水位较低时，排沙比增加速度明显加快。

2. 排沙比与入库洪峰流量的关系

由图 2.18(b)可见，场次洪水排沙比SDR与入库洪峰流量 Q_{max} 之间同样呈正比关系，二者的幂函数回归决定系数为 0.6365。当 Q_{max} 小于 25000m^3/s 时，排沙比基本小于 10%；当 Q_{max} 小于 35000m^3/s 时，排沙比一般在 20%以内；当 Q_{max} 小于 40000m^3/s 时，排沙比一般在 30%以内；Q_{max} 大于 40000m^3/s 时，同流量排沙比变化较大，当坝前水位在 135～145m 时，可将 Q_{max} 大于 40000m^3/s 视为排沙比加速增大的临界洪峰流量，坝前水位越高，使排沙比加速增大所需的临界洪峰流量也越大。

3. 排沙比与入库平均含沙量和平均滞洪库容的关系

由图 2.18(c)可见，场次洪水排沙比SDR与入库平均含沙量 S 的关系较为散乱，但是二者之间也存在正比关系，即随着入库含沙量的增加，排沙比有增加趋势。滞洪库容主要由坝前水位决定，从排沙比与平均滞洪库容 V 的关系看(图 2.18(d))，随着平均滞洪库容的增大，水库排沙比整体上呈明显减小趋势，同时，相同滞洪库容条件下排沙比变化幅度很大，这主要是入库流量变化很大所致。

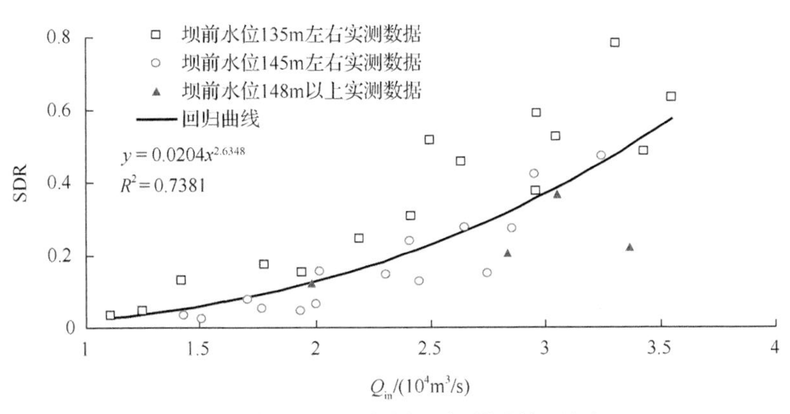

(a) 排沙比SDR与场次洪水入库平均流量Q_{in}关系

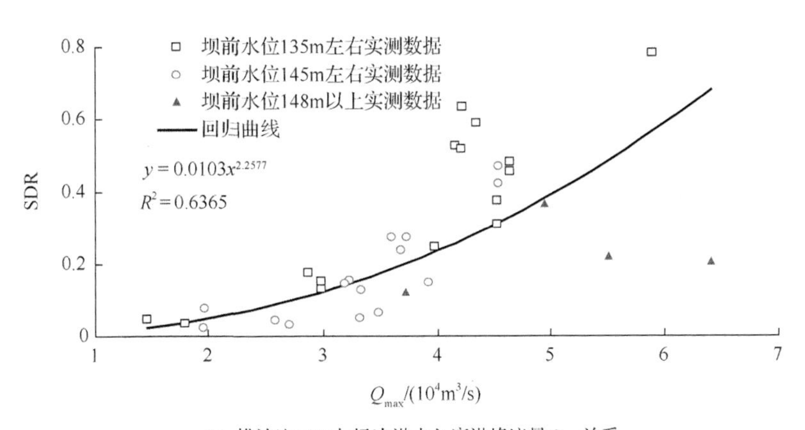

(b) 排沙比SDR与场次洪水入库洪峰流量Q_{max}关系

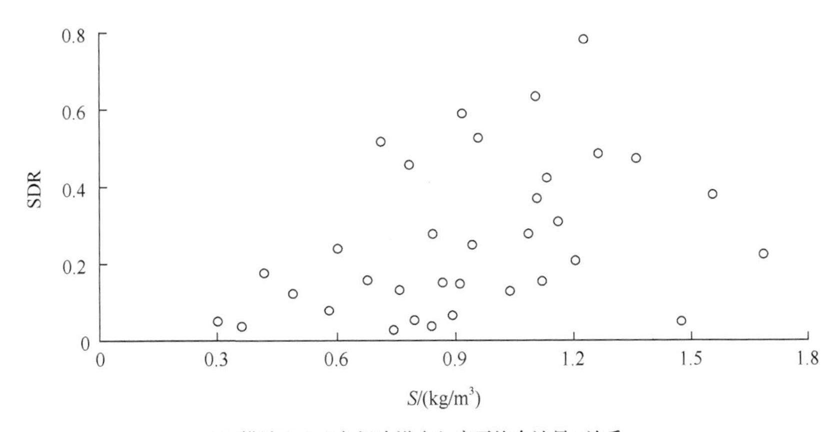

(c) 排沙比SDR与场次洪水入库平均含沙量S关系

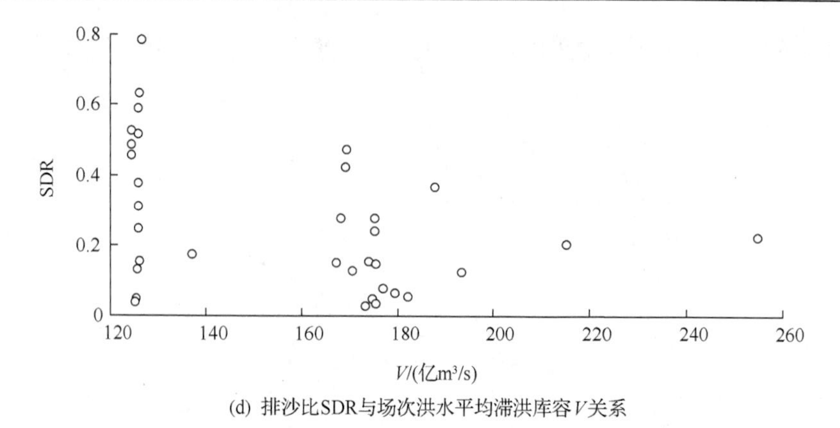

(d) 排沙比SDR与场次洪水平均滞洪库容V关系

图 2.18　三峡水库排沙比 SDR 与各影响因素关系

2.3.3　汛期场次洪水排沙比公式研究

影响三峡水库汛期场次洪水排沙比的因素很多，除入库平均流量、入库洪峰流量、平均含沙量和平均滞洪库容，还有洪水历时 T 和出库平均流量 Q_{out} 等。从有利于排沙比公式使用和有利于主要问题研究的角度出发，通过简化和组合，初步选择以下 5 个变量进行研究：洪水滞留系数 V/Q_{in}、平均含沙量 S、洪水历时 T、洪水峰型系数 Q_{max}/Q_{in}、进出库平均流量变化系数 Q_{out}/Q_{in}。这 5 个变量能够反映洪水的基本水沙特征，能够综合体现以上多个因素对排沙比的影响，图 2.19 给出了排沙比与所选各变量的关系。

洪水滞留系数表征入库洪水在水库中滞留时间的长短，坝前水位越高，相应滞洪库容越大，洪水在水库中滞留的时间就越长，越不利于水库排沙；滞洪历时越短，对水库排沙越有利。洪水历时和洪水峰型系数能进一步反映入库洪水特性，而进出库平均流量变化系数反映的是输沙水量的沿程变化。

由图 2.19 可见，排沙比与洪水滞留系数的非线性相关关系较好，二者的指数函数模型回归决定系数 R^2 达到了 0.888；排沙比与洪水历时、洪水峰型系数及进出库流量变化系数之间的关系散乱，很难判断它们之间是否存在线性或曲线关系。显然，从排沙比与所选各变量的拟合关系看，洪水滞留系数是主要影响因素，但能否剔除其他影响因素，而将三峡水库场次洪水排沙比近似看成是洪水滞留系数的单值函数呢？为进一步研究各因素的非线性作用以及相互叠加作用对排沙比的影响，将各影响因素的高阶项及交叉项引入到多项式回归表达式中，以上述 5 个变量为自变量，以排沙比为因变量，构建多项式回归表达式如下[25]:

$$
\begin{aligned}
y = {} & \alpha_0 + \alpha_1 x_1 + \alpha_2 x_2 + \alpha_3 x_3 + \alpha_4 x_4 + \alpha_5 x_5 + \alpha_6 x_1^2 + \alpha_7 x_2^2 + \alpha_8 x_3^2 \\
& + \alpha_9 x_4^2 + \alpha_{10} x_5^2 + \alpha_{11} x_1 x_2 + \alpha_{12} x_1 x_3 + \alpha_{13} x_1 x_4 + \alpha_{14} x_1 x_5 + \alpha_{15} x_2 x_3 \\
& + \alpha_{16} x_2 x_4 + \alpha_{17} x_2 x_5 + \alpha_{18} x_3 x_4 + \alpha_{19} x_3 x_5 + \alpha_{20} x_4 x_5 + \varepsilon
\end{aligned}
\tag{2.26}
$$

式中，y 为排沙比；x_1 为洪水滞留系数；x_2 为平均含沙量；x_3 为洪水历时；x_4 为洪水峰型系数；x_5 为流量变化系数；$\alpha_i(i=0,1,\cdots,20)$为模型参数；$\varepsilon$ 为随机误差。

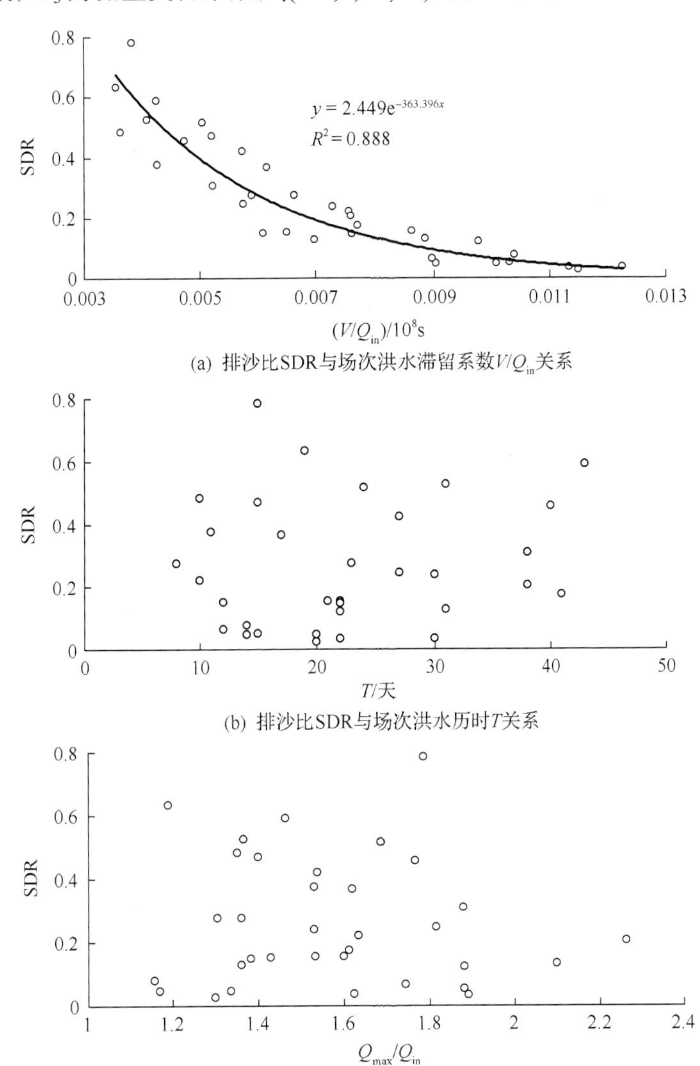

(a) 排沙比SDR与场次洪水滞留系数V/Q_{in}关系

(b) 排沙比SDR与场次洪水历时T关系

(c) 排沙比SDR与场次洪水峰型系数Q_{max}/Q_{in}关系

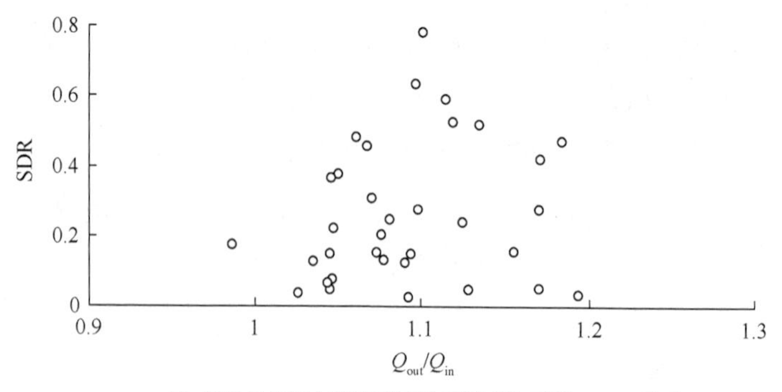

(d) 排沙比SDR与进出库平均流量变化系数Q_{out}/Q_{in}关系

图 2.19 三峡水库排沙比 SDR 与所选各变量关系

回归分析的任务就是用数学表达式来描述相关变量之间的关系，找出哪些是重要因素，哪些是次要因素，这些因素之间又有什么关系。本书采用逐步回归的方法，从所建立的多元回归模型中挑选出对因变量影响显著的自变量，剔除不显著变量，回归分析采用的是 SPSS 统计分析软件，得到如下两个回归方程。

回归方程 a：y=0.771－71.29x_1，相关系数 R 为 0.877，校正的决定系数 Ra^2 为 0.762，方差的无偏估计值 S^2 等于 0.009，方差膨胀因子 VIF 等于 1.0，回归方程和回归系数都通过了 0.05 的显著性检验。

回归方程 b：y=1.285－223.063x_1+10012.25 x_1^2，相关系数 R 为 0.926，校正的决定系数 Ra^2 为 0.848，方差的无偏估计值 S^2 等于 0.006，方差膨胀因子 VIF 等于 40.757，回归方程和回归系数都通过了 0.05 的显著性检验。

回归方程 b 中自变量 x_1 与 x_1^2 是高度相关的，相关系数 R 达到了 0.988，方差膨胀因子 VIF 为 40.757，显然，两自变量之间存在着较强的共线性问题；排沙比与洪水滞留系数是呈反比关系的，而共线性问题导致回归方程 b 中自变量 x_1^2 的回归系数 10012.25 的正负方向与实际情况相反。综合以上分析可知，回归方程 a 为“最优”回归方程。

逐步回归结果说明洪水滞留系数是三峡水库汛期场次洪水排沙比的主要影响因素，且排沙比可以近似看成是洪水滞留系数的单值函数。上面通过逐步回归得到了排沙比关于洪水滞留系数的线性表达式，但排沙比是否还有关于洪水滞留系数的其他更优的表达形式呢？由图 2.19(a)可见，排沙比与洪水滞留系数呈非线性相关关系，以洪水滞留系数为自变量，以排沙比为因变量，采用 SPSS 软件提供的线性函数、对数函数、指数函数、幂函数等 11 种模型进行曲线回归，并根据拟合结果进行回归模型优选，结果表明指数函数回归效果最好，回归决定系数 R^2 等于 0.888，方差的无偏估计值 S^2 等于 0.104，回归方程和回归系数都通过了 0.05 的显著性检验，指数函数回归方程形式如下：

$$\mathrm{SDR} = 2.449\mathrm{e}^{-363.396\frac{V}{Q_{\mathrm{in}}}}, 0.0036 \leqslant V / Q_{\mathrm{in}} \leqslant 0.0123 \tag{2.27}$$

$$\mathrm{SDR}_{95\%预测上限} = 3.477\mathrm{e}^{-316.885\frac{V}{Q_{\mathrm{in}}}} \tag{2.28}$$

$$\mathrm{SDR}_{95\%预测下限} = 1.725\mathrm{e}^{-409.908\frac{V}{Q_{\mathrm{in}}}} \tag{2.29}$$

式中，SDR 为场次洪水排沙比；Q_{in} 为入库平均流量，$\mathrm{m^3/s}$；V 为平均滞洪库容(为坝前平均水位下的总库容，可根据水位库容曲线插值求出)，亿 $\mathrm{m^3}$。

式(2.27)给出了一个拟合度较优的三峡水库汛期场次洪水排沙比公式的结构形式，但反映洪水特性的峰型系数、进出库流量变化系数以及洪水历时等在式(2.27)中未能体现，而排沙比与洪水滞留系数关系点群的带状分布(图 2.19(a))，也反映了其他因素的影响，因此排沙比式(2.27)还存在一定程度的不确定性。为了反映排沙比关系的这种不确定性，图 2.20(a)给出了式(2.27)的排沙比 95%预测区间。统计获得的预测区间上、下限也可用指数函数的形式表示，式(2.28)和(2.29)为式(2.27)的 95%预测区间上、下限的指数函数形式的表达式，对于给定的洪水滞留系数，用式(2.27)所预测的排沙比将以 95%的置信度落入到相应的预测上限和预测下限之间[26]。

2.3.4　考虑实时调度的汛期场次洪水排沙比公式

为便于排沙比公式在三峡水库汛期实时调度中的使用，根据三峡水库中短期水文预报时限和预报水平情况，作为一种尝试，本书将排沙比式(2.27)中平均滞洪库容 V 改为洪水过程中的最大滞洪库容 V_{max}，将入库洪水平均流量 Q_{in} 分别改为洪水过程中的最大 6 日平均流量 $Q_{6\mathrm{max}}$、最大 3 日平均流量 $Q_{3\mathrm{max}}$ 和洪峰流量 Q_{max}，采用 SPSS 软件进行回归分析，通过优选分别得到 3 个回归方程如下：

$$\mathrm{SDR} = 1.893\mathrm{e}^{-400.978\frac{V_{\mathrm{max}}}{Q_{6\mathrm{max}}}}, 0.0027 \leqslant V_{\mathrm{max}} / Q_{6\mathrm{max}} \leqslant 0.0104 \tag{2.30}$$

$$\mathrm{SDR} = 1.752\mathrm{e}^{-435.107\frac{V_{\mathrm{max}}}{Q_{3\mathrm{max}}}}, 0.0024 \leqslant V_{\mathrm{max}} / Q_{3\mathrm{max}} \leqslant 0.0095 \tag{2.31}$$

$$\mathrm{SDR} = 1.0 \times 10^{-6} \left(\frac{V_{\mathrm{max}}}{Q_{\mathrm{max}}}\right)^{-2.243}, 0.0022 \leqslant V_{\mathrm{max}} / Q_{\mathrm{max}} \leqslant 0.0092 \tag{2.32}$$

式(2.30)~式(2.32)的回归决定系数 R^2 分别等于 0.846、0.819、0.781，方差的无偏估计值 S^2 分别等于 0.142、0.168、0.203，各回归方程和回归系数都通过了 0.05

的显著性检验。与回归方程(2.27)相比，在排沙比对应统计时段不变(仍对应一个完整的洪水过程)，而将自变量对应的时段缩短后，所采用的自变量对应的时段越短，其“最优”回归方程的回归决定系数越小，方差的无偏估计值越大。

一般认为当回归决定系数 R^2 在 0.8 以上可认为拟合优度较高，各回归方程中式(2.27)相对最优，式(2.32)相对最差，因此，推荐式(2.27)作为三峡水库汛期场次洪水排沙比公式。在实时调度决策中，综合考虑水文预报水平和排沙比公式使用的方便，作为一种较为粗略的预估，可选择式(2.30)和式(2.31)进行排沙预测和调度决策，其中，式(2.31)所需资料的预报精度相对较高且更容易获得，使用起来更为方便，因此，在实时调度决策时推荐式(2.31)，图 2.20(b)给出了对应于式(2.31)形式的排沙比回归曲线及其 95%预测区间。

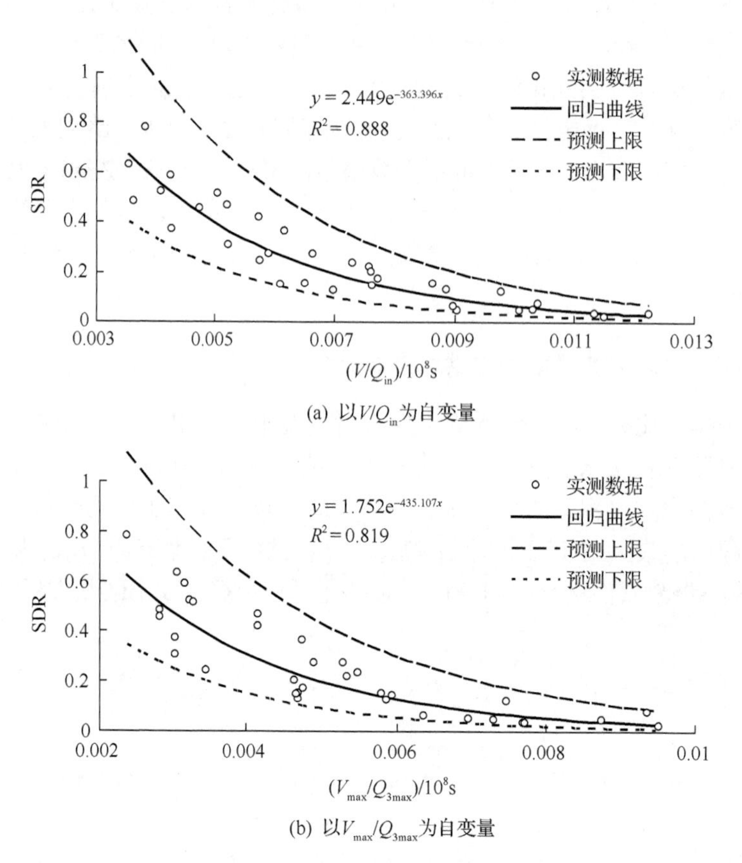

(a) 以 V/Q_{in} 为自变量

(b) 以 V_{max}/Q_{3max} 为自变量

图 2.20 三峡水库排沙比回归曲线及其 95%预测区间

2.3.5 考虑实时调度的汛期场次洪水排沙比公式应用

由公式(2.27)可得：当 V/Q_{in} 小于 0.0088 时，三峡水库场次洪水排沙比小于10%,而排沙比 20%、30%、40%和 50%对应的 V/Q_{in} 临界值分别为 0.0069、0.0058、0.0050 和 0.0044；由公式(2.30)可得：当 $V/Q_{6\text{max}}$ 小于 0.0073 时，三峡水库场次洪水排沙比小于 10%，而排沙比 20%、30%、40%和 50%对应的 $V/Q_{3\text{max}}$ 临界值分别为 0.0056、0.0046、0.0039 和 0.0033；由公式(2.31)可得：当 $V/Q_{3\text{max}}$ 小于 0.0066 时，三峡水库场次洪水排沙比小于 10%,而排沙比 20%、30%、40%和 50%对应的 $V/Q_{3\text{max}}$ 临界值分别为 0.0050、0.0040、0.0034 和 0.0029。

为便于排沙比公式在实际调度中的使用，根据水位库容曲线将滞洪库容 V 转化为对应的坝前水位 Zs，根据式(2.27)、式(2.30)和式(2.31)对不同坝前水位和不同入库流量对应的三峡水库场次洪水排沙比进行了计算，并将计算结果绘制成图 2.21。由图 2.21 可见，在入库流量相同的条件下，在流量较小时，由坝前水位不同而带来的排沙比差别并不大，随着流量的增大，由坝前水位不同而带来的排沙比差别呈逐步增大趋势。实际调度中，根据某时段内的预报流量，按需要选定适当的排沙比，即可查出满足所需滞洪库容的坝前水位[27]。

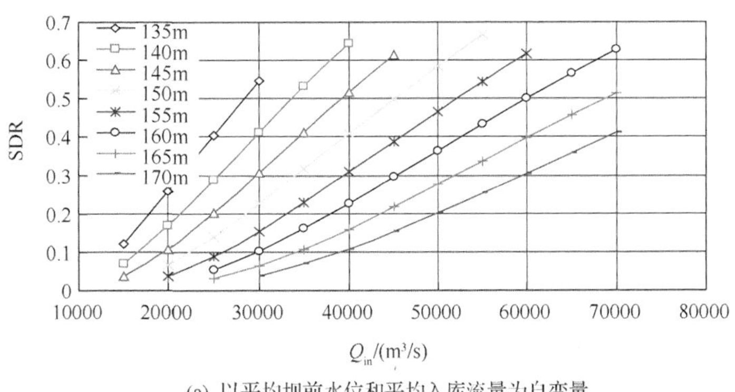

(a) 以平均坝前水位和平均入库流量为自变量

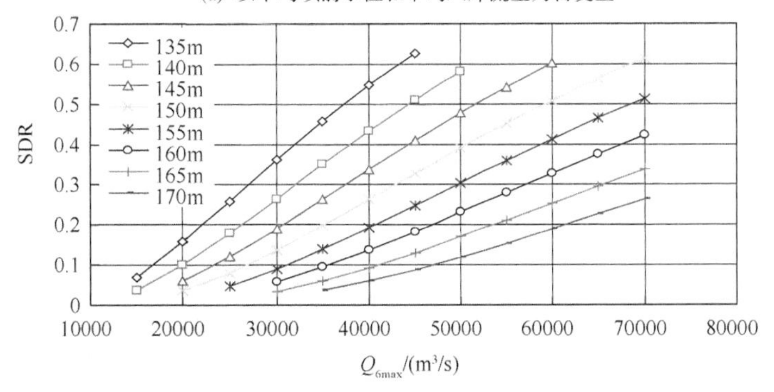

(b) 以最大坝前水位和最大6日入库平均流量为自变量

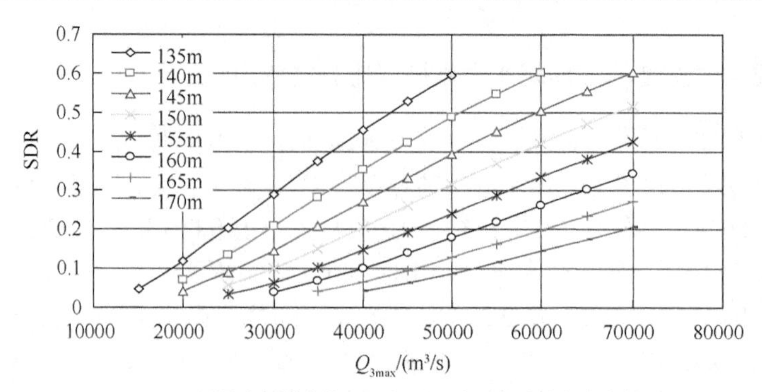

(c) 以最大坝前水位和最大3日入库平均流量为自变量

图 2.21　不同坝前水位和入库流量下三峡水库排沙比计算

若以三峡运用初期排沙比的初步设计值30%为比较目标，分别采用式(2.27)、式(2.30)、式(2.31)和式(2.32)对不同入库流量在场次洪水排沙比要达到30%时所需的坝前水位进行了计算，计算结果见表2.6。

表 2.6　排沙比为 30%时不同场次洪水入库流量对应的坝前水位统计

入库流量/(m³/s)	库水位/m			
	式(2.27)	式(2.30)	式(2.31)	式(2.32)
20000	134.0	127.0	124.1	121.3
30000	145.4	138.0	134.4	131.2
40000	153.6	147.4	143.1	139.5
50000	163.5	153.4	151.0	146.8
60000	170.3	161.8	157.3	153.2
70000	176.1	168.1	162.9	158.7

追求汛期场次洪水的较高排沙比，是三峡水库汛期调度的重要目标之一，从上面的研究结果看，若以排沙比为调度目标，由于对排沙比起主要作用的是入库流量和滞洪库容大小，所以三峡水库汛期场次洪水排沙比调度应以调节入库流量和坝前水位为主；若以水库排沙量为调度目标，则在预报和决策时，除了对入库流量和坝前水位进行调度，还应同时考虑入库含沙量及其过程的影响。由于三峡水库汛期场次洪水排沙比的影响因素较多且本书采用的实测数据仍然有限，所以，在揭示三峡水库汛期场次洪水排沙比的主要影响因素及它们之间的相互作用关系方面，本书虽然做了初步尝试但研究成果仍属初步，本书得到的汛期场次洪水排沙比公式在应用于三峡水库汛期排沙预测和调度实践方面，其定性上的积极作用仍然大于定量，今后还需要更多的实测资料对公式进行验证及修正，并在公式的验证、理论基础、各因素对排沙比作用机理等方面开展进一步的深入研究。

2.4　三峡水库蓄水期及消落期排沙比研究

2.4.1　三峡水库蓄水期排沙比分析

初步设计阶段考虑防洪以及有利于排沙，安排水库汛后 10 月初开始蓄水；三峡水库试验性蓄水以来，由于汛后天然来水来沙量与初步设计时期相比有所减少，而下游各用水方面对水库下泄流量又提出了更高的要求，为减少水库汛后蓄水的不利影响，充分保障三峡水库综合效益的全面发挥，三峡水库试验性蓄水以来，将汛末蓄水时间逐步提前到了 9 月份。因此，为了研究三峡水库蓄水期排沙比变化规律，综合考虑来水来沙和水库调度情况，分别选取 9 月和 10 月的水库月平均排沙比进行分析[28]。

影响月均排沙比的可能因素有很多，如入库平均流量 Q_{in}、入库平均含沙量 S、洪峰流量 Q_{max}、平均库容 V、出库平均流量 Q_{out} 等，通过组合形成的影响因素还有水沙系数 Q_{in}/S、进出库流量变化系数 Q_{out}/Q_{in}、洪水滞留系数 V/Q_{in} 和 $V \cdot Q_{in}/Q_{out}/Q_{out}$ 等，根据三峡蓄水后实测水沙资料，对蓄水期 9 月和 10 月三峡水库月均排沙比与不同影响因素之间的关系进行了分析研究。

1. 9 月月均排沙比分析

2003～2012 年三峡水库 9 月月均排沙比分别为 47.49%、72.44%、40.15%、2.96%、17.16%、19.12%、8.16%、11.75%、1.24%、6.44%，研究表明 9 月月均排沙比 SDR 与入库平均流量 Q_{in}、入库平均含沙量 S、平均库容 V、进出库流量变化系数 Q_{out}/Q_{in} 及洪水滞留系数等关系相对较好(图 2.22)，呈现出较为明显的曲线关系。

从 9 月月均排沙比 SDR 与入库平均流量 Q_{in} 关系看(图 2.22(a))，排沙比与入库平均流量 Q_{in} 的大小呈正比关系，且随 Q_{in} 的增大而呈加速增大趋势，二者关系图上的点群分布呈一定宽度的带状，这说明排沙比除受入库平均流量影响，还受到坝前水位等其他因素的影响。

从 9 月月均排沙比 SDR 与入库平均含沙量 S 关系看(图 2.22(b))，二者关系较为散乱，但是二者之间也存在正比关系，即随着入库含沙量的增加，排沙比有增加趋势。

水库库容主要由坝前水位决定，从排沙比与平均库容 V 的关系看(图 2.22(c))，随着平均库容的增大(对应坝前水位抬高)，水库排沙比整体上呈明显减小趋势，坝前平均水位在 135m 附近时，排沙比一般在 40%以上，坝前平均水位在 145m 以上时，排沙比一般在 20%以内。

从排沙比与进出库流量变化系数 Q_{out}/Q_{in} 关系看(图 2.22(d))，排沙比与 Q_{out}/Q_{in} 的大小呈正比关系，且随 Q_{out}/Q_{in} 的增大而呈加速增大趋势，二者的非线性相关关系较好，排沙比与 Q_{out}/Q_{in} 的指数函数回归决定系数 R^2 达到了 0.7833。当 Q_{out}/Q_{in} 小于 1.0 时，排沙比一般在 10%以内，当 Q_{out}/Q_{in} 小于 1.05 时，排沙比一般在 20%以内，当 Q_{out}/Q_{in} 大于 1.0 后，排沙比增大速度明显加快，可将 Q_{out}/Q_{in} 等于 1.0 视为 9 月月均排沙比加速增大的进出库流量变化系数临界值。

从排沙比与洪水滞留系数 V/Q_{in} 和 $V \cdot Q_{in}/Q_{out}/Q_{out}$ 关系看(图 2.22(e)、(f))，排沙比与洪水滞留系数呈反比关系，随着洪水滞留系数的增大，排沙比呈加速减小趋势，二者的非线性相关关系较好，排沙比与 V/Q_{in} 的指数函数回归决定系数 R^2 达到了 0.8424，排沙比与 $V \cdot Q_{in}/Q_{out}/Q_{out}$ 的幂函数回归决定系数 R^2 达到了 0.8835。

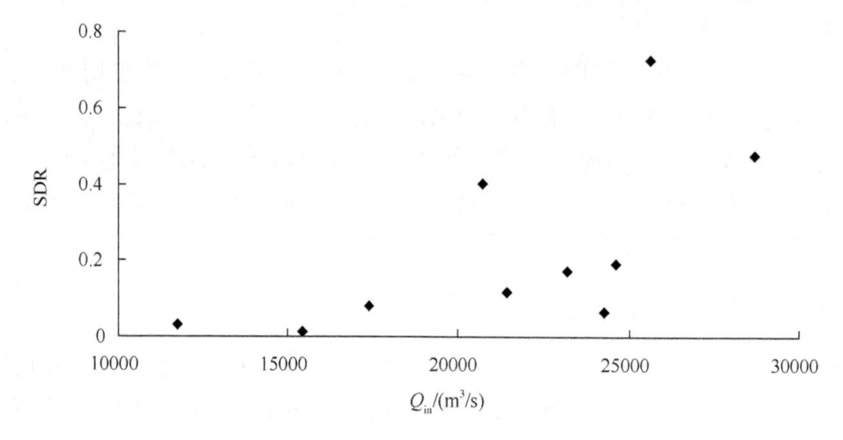

(a) 月均排沙比SDR与入库平均流量Q_{in}关系

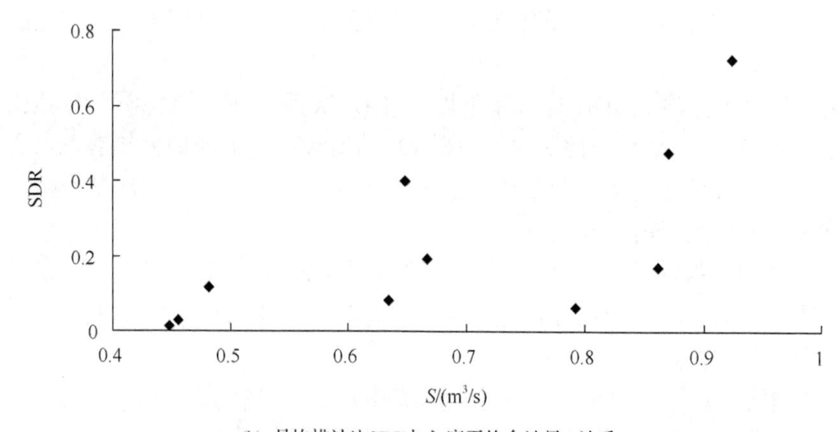

(b) 月均排沙比SDR与入库平均含沙量S关系

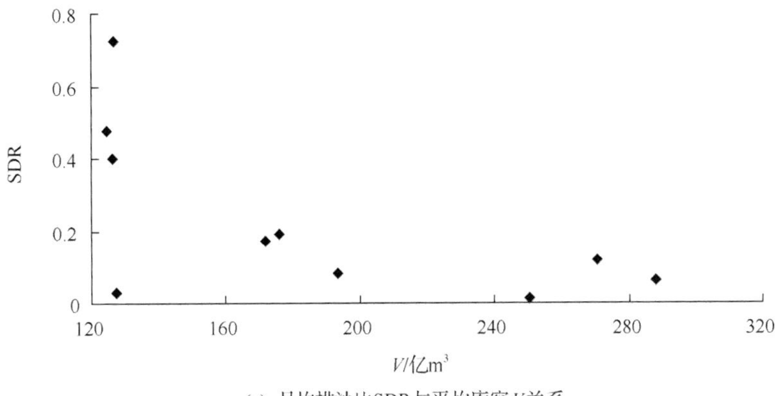

(c) 月均排沙比SDR与平均库容V关系

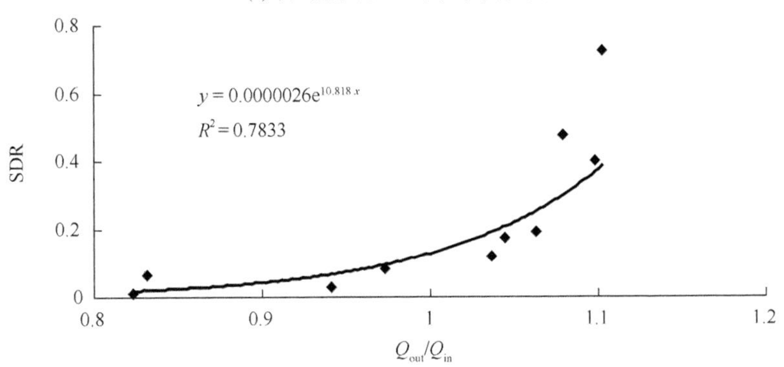

(d) 月均排沙比SDR与进出库流量变化系数Q_{out}/Q_{in}关系

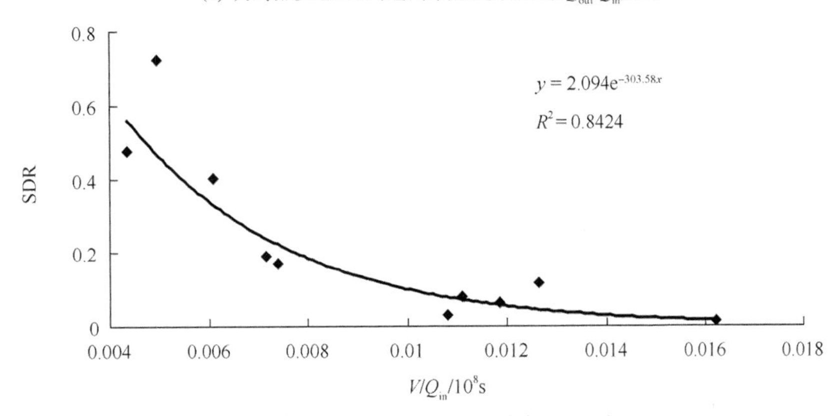

(e) 月均排沙比SDR与洪水滞留系数V/Q_{in}关系

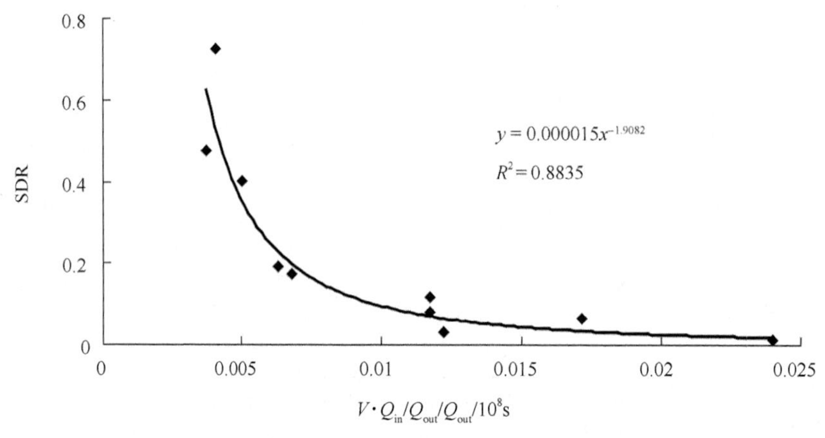

(f) 月均排沙比SDR与洪水滞留系数$V \cdot Q_{in}/Q_{out}/Q_{out}$关系

图 2.22　三峡水库 9 月月均排沙比与各影响因素关系

2. 10 月月均排沙比分析

2003～2012 年三峡水库 10 月月均排沙比分别为 22.7%、15.2%、19.8%、1.6%、4.3%、5.9%、2.5%、1.4%、4.7%、3.62%，研究表明 10 月月均排沙比 SDR 与入库平均流量 Q_{in}、平均库容 V、进出库流量变化系数 Q_{out}/Q_{in} 及洪水滞留系数等关系相对较好(图 2.23)，呈现出较为明显的曲线关系。

从 10 月月均排沙比 SDR 与入库平均流量 Q_{in} 关系看(图 2.23(a))，排沙比与入库平均流量 Q_{in} 的关系较为散乱，但二者之间存在正比关系，即随着 Q_{in} 的增大，排沙比有增大趋势。

从 10 月月均排沙比 SDR 与入库平均含沙量 S 关系看(图 2.23(b))，二者关系散乱，很难判断它们之间是否存在线性或曲线关系。

从排沙比与平均库容 V 的关系看(图 2.23(c))，随着平均库容的增大(对应坝前水位抬高)，水库排沙比整体上呈明显减小趋势，坝前平均水位在 138m 附近时，排沙比一般在 15%以上，坝前平均水位在 150m 以上时，排沙比一般在 6%以内。

从排沙比与进出库流量变化系数 Q_{out}/Q_{in} 关系看(图 2.23(d))，排沙比与 Q_{out}/Q_{in} 的大小呈正比关系，且随 Q_{out}/Q_{in} 的增大而呈加速增大趋势，二者的非线性相关关系较好，排沙比与 Q_{out}/Q_{in} 的指数函数回归决定系数 R^2 达到了 0.7292。当 Q_{out}/Q_{in} 小于 0.9 时，排沙比一般在 10%以内，当 Q_{out}/Q_{in} 大于 0.9 后，排沙比增大速度明显加快，可将 Q_{out}/Q_{in} 等于 0.9 视为 10 月月均排沙比加速增大的进出库流量变化系数临界值。

从排沙比与洪水滞留系数 V/Q_{in} 和 $V \cdot Q_{in}/Q_{out}/Q_{out}$ 关系看(图 2.23(e)和图 2.23(f))，排沙比与洪水滞留系数呈反比关系，随着洪水滞留系数的增大，排沙比呈加速减小趋势，二者的非线性相关关系较好，但与 9 月份相比，二者的回归拟合优度相对较差，排沙比与 V/Q_{in} 的幂函数回归决定系数 R^2 为 0.5957，排沙比与 $V\cdot Q_{in}/Q_{out}/Q_{out}$ 的幂函数回归决定系数 R^2 为 0.7384。

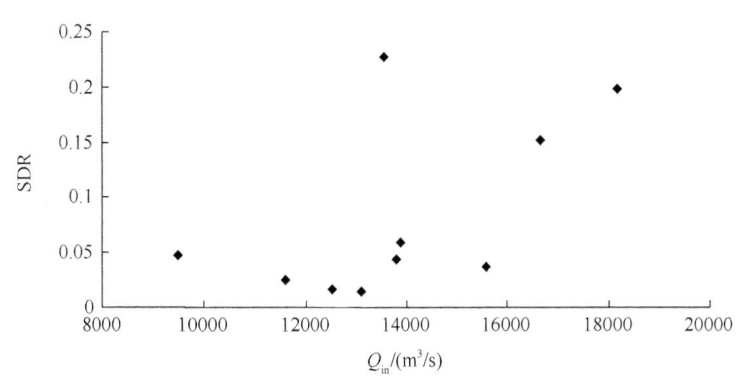

(a) 月均排沙比SDR与入库平均流量Q_{in}关系

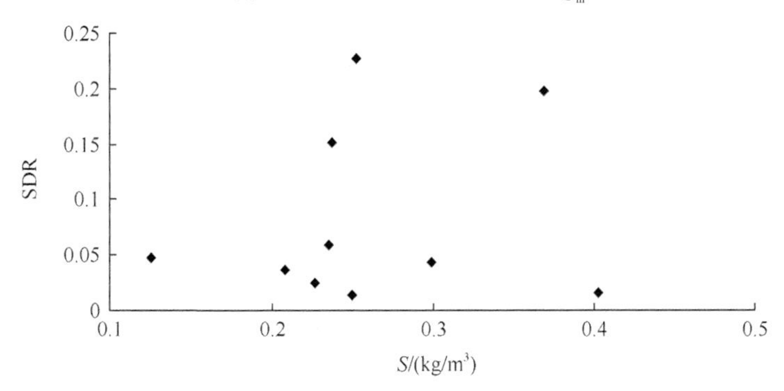

(b) 月均排沙比SDR与入库平均含沙量S关系

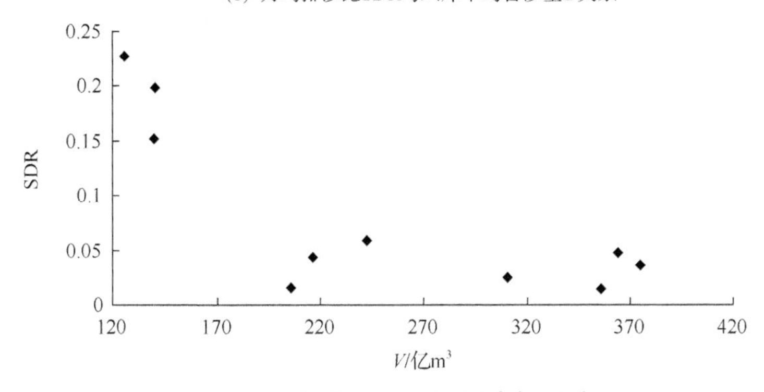

(c) 月均排沙比SDR与平均库容V关系

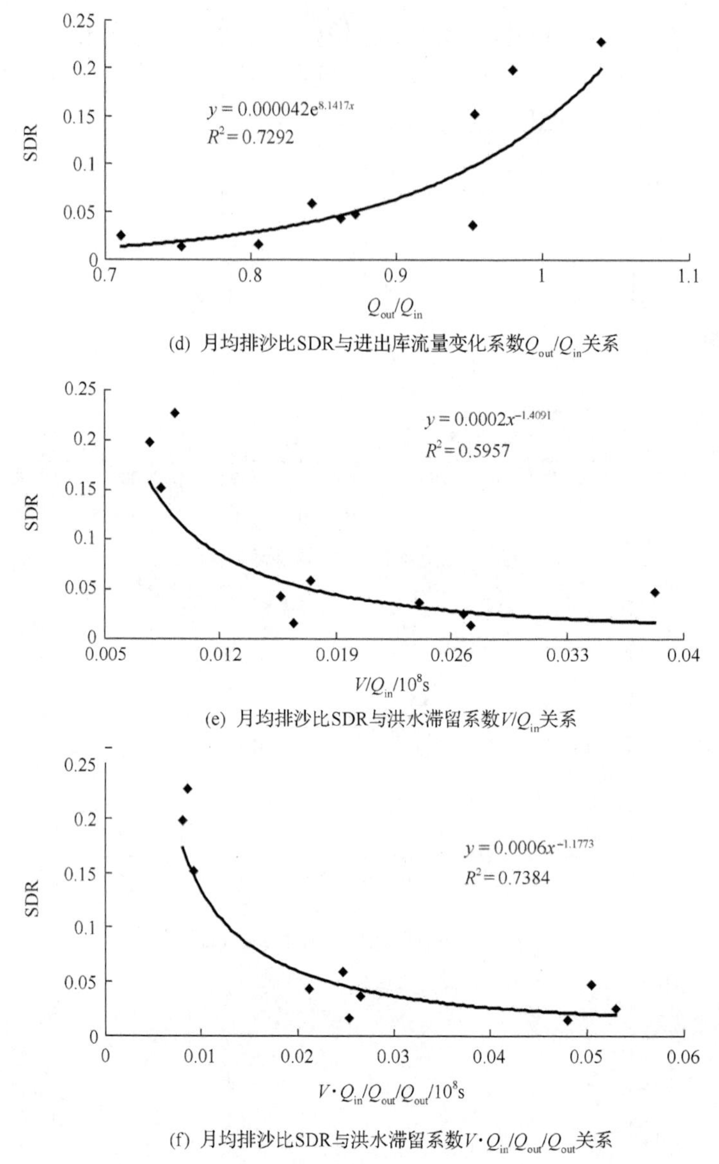

(d) 月均排沙比SDR与进出库流量变化系数Q_{out}/Q_{in}关系

(e) 月均排沙比SDR与洪水滞留系数V/Q_{in}关系

(f) 月均排沙比SDR与洪水滞留系数$V\cdot Q_{in}/Q_{out}/Q_{out}$关系

图 2.23　三峡水库 10 月月均排沙比与各影响因素关系

2.4.2　三峡水库消落期排沙比分析

三峡水库蓄水运用以来，特别是试验性蓄水运行以来，随着坝前水位的逐渐抬高，重庆主城区河段 9 月中旬至 12 月中旬天然情况下的冲刷逐渐被淤积所替代，汛后的河床冲刷期相应后移至汛前库水位的消落期。因此，为了研究三峡水库蓄水运用以来汛前消落期排沙比变化规律，综合考虑来水来沙和水库调度情况，分别选取 4 月、5 月和 6 月的水库月平均排沙比进行分析。影响月均排沙比的可能因素有很多，如入库平均流量 Q_{in}、入库平均含沙量 S、平均库容 V（可根据水位库容曲线由坝前水位 Zs 插值求出）、出库平均流量 Q_{out} 等，通过组合形成的影响因素还有水沙系数 Q_{in}/S、进出库流量变化系数 Q_{out}/Q_{in}、洪水滞留系数 V/Q_{in} 和 $V \cdot Q_{in}/Q_{out}/Q_{out}$ 等，根据三峡蓄水后实测水沙资料，对消落期 4 月、5 月、6 月三峡水库月均排沙比与不同影响因素之间的关系进行分析研究。

1. 4 月月均排沙比分析

2004～2012 年三峡水库 4 月月均排沙比分别为 6.52%、7.32%、5.81%、6.37%、5.07%、12.91%、7.66%、16.04%、7.28%，研究表明 4 月月均排沙比 SDR 与入库平均含沙量 S 和水沙系数 Q_{in}/S 的关系相对较好（图 2.24），呈现出较为明显的曲线关系或线性关系，而与入出库平均流量、坝前水位等其他影响因素的关系则较为散乱。从 4 月月均排沙比 SDR 与入库平均含沙量 S 关系看（图 2.24(a)），排沙比与入库平均含沙量呈反比关系，且随 S 的增大而呈加速减小趋势，4 月份各年水库月均排沙比一般均在 5%以上，当 S 大于 0.05kg/m³ 时，排沙比较小，且基本小于 10%，

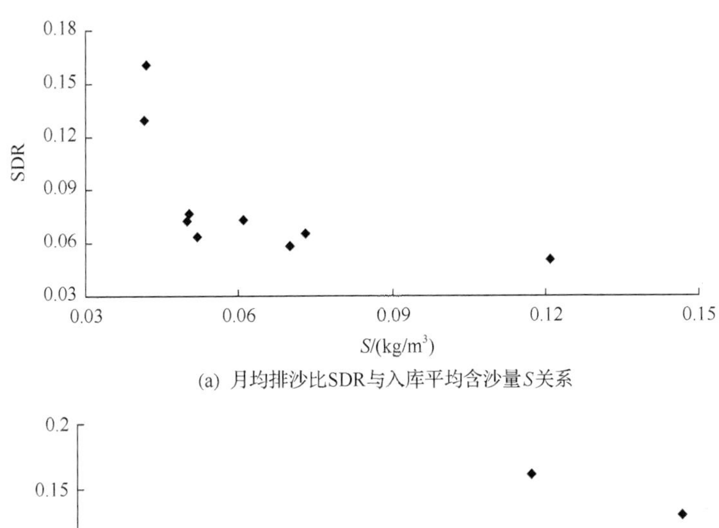

(a) 月均排沙比SDR与入库平均含沙量S关系

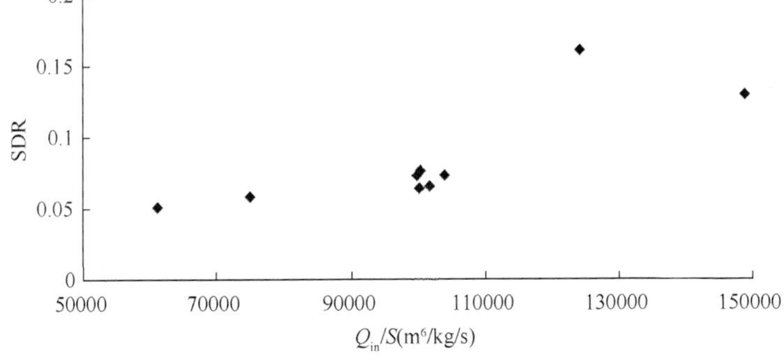

(b) 月均排沙比SDR与水沙系数Q_{in}/S关系

图 2.24　三峡水库 4 月月均排沙比与各影响因素关系

排沙比与其他影响因素的关系不大；当 S 小于 0.05kg/m^3 时，排沙比可达 10%以上。可将 S 等于 0.05kg/m^3 视为 4 月月均排沙比变化的一个临界含沙量。从 4 月月均排沙比 SDR 与水沙系数 Q_{in}/S 关系看(图 2.24(b))，二者之间存在正比关系，即随着水沙系数 Q_{in}/S 值的增大，排沙比有增加趋势。

2. 5 月月均排沙比分析

2004～2012 年三峡水库 5 月月均排沙比分别为 4.07%、6.49%、5.34%、2.07%、3.16%、18.79%、3.82%、7.46%、4.81%，研究表明 5 月月均排沙比 SDR 与入库平均含沙量 S 和水沙系数 Q_{in}/S 的关系相对较好(图 2.25)，呈现出较为明显的曲线关系或线性关系，而与入出库平均流量、坝前水位等其他影响因素的关系则较为散乱。从 5 月月均排沙比 SDR 与入库平均含沙量 S 关系看(图 2.25(a))，排沙比与入库平均含沙量呈反比关系，且随 S 的减小而呈加速减小趋势，5 月份各年水库月均排沙比及其变化均较小，排沙比一般在 2%～8%，排沙比与其他影响因素的关系不大。从 5 月月均排沙比 SDR 与水沙系数 Q_{in}/S 关系看(图 2.25(b))，二者之间也存在正比关系，二者的线性相关系数达到了 0.936，随着水沙系数 Q_{in}/S 值的增大，排沙比有增加趋势。

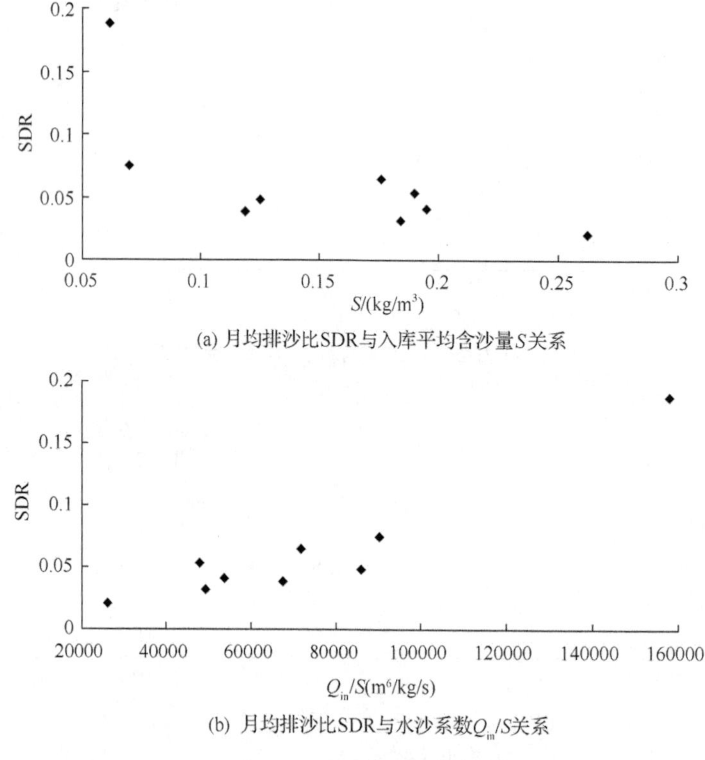

(a) 月均排沙比SDR与入库平均含沙量S关系

(b) 月均排沙比SDR与水沙系数Q_{in}/S关系

图 2.25 三峡水库 5 月月均排沙比与各影响因素关系

3.6 月月均排沙比分析

2003～2012 年三峡水库 6 月月均排沙比分别为 17.77%、14.16%、9.63%、5.04%、15.98%、2.70%、2.66%、4.31%、5.21%、4.24%，研究表明 6 月月均排沙比 SDR 与入库平均流量 Q_{in} 和洪水滞留系数 V/Q_{in} 的关系相对较好(图 2.26)。从 6 月月均排沙比 SDR 与入库平均流量 Q_{in} 关系看(图 2.26(a))，排沙比与入库平均流量呈正比关系，随 Q_{in} 的增大而增大，当 Q_{in} 小于 16000m³/s 时，排沙比较小，且基本小于 10%，排沙比与其他影响因素的关系不大；当 Q_{in} 大于 15000m³/s 时，排沙比随入库平均流量 Q_{in} 的增大而呈加速增大趋势。从 6 月月均排沙比 SDR 与洪水滞留系数 V/Q_{in} 关系看(图 2.26(b))，二者之间呈反比关系，随着洪水滞留系数 V/Q_{in} 值的增大，排沙比呈明显减小趋势。

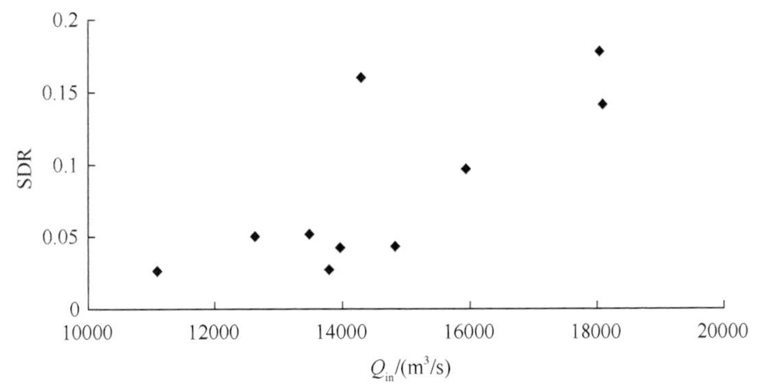

(a) 月均排沙比SDR与入库平均流量Q_{in}关系

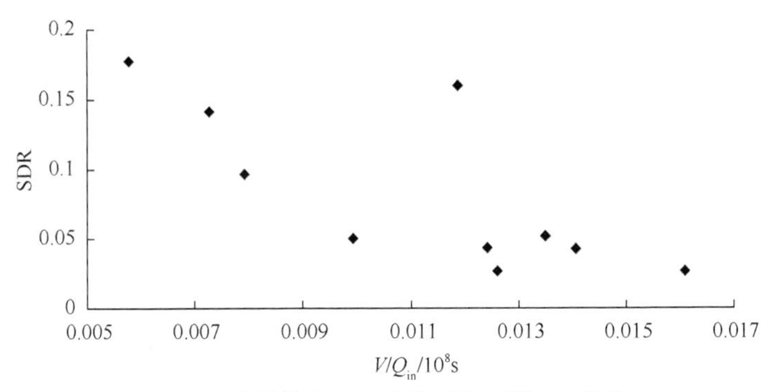

(b) 月均排沙比SDR与洪水滞留系数V/Q_{in}关系

图 2.26　三峡水库 6 月月均排沙比与各影响因素关系

2.5 本章小结

(1)建库后，三峡水库汛期沙峰传播时间从蓄水前 2~3 天增加到蓄水后 3~8 天，泥沙在库区滞留时间延长，增加了库区泥沙淤积。建库后，三峡水库汛期洪峰传播时间从蓄水前的约 54h，缩短为蓄水后的 6~12h，库区洪水传播速度加快，增大了洪水预报和水库调度的难度，不利于防洪。

(2)理论分析表明，水库沙峰传播时间 $T_{沙}$的主要影响因素包括：水库滞洪库容 V、库区流量 Q、含沙量 S 等，且沙峰传播时间 $T_{沙}$与水库滞洪库容 V 成正比，与含沙量 S 成正比，与库区流量 Q 成反比；水库沙峰出库率的主要影响因素包括：水库滞洪库容 V、库区流量 Q 等，且沙峰出库率与水库滞洪库容 V 成反比，与库区流量 Q 成正比。

(3)三峡水库沙峰传播时间的主要影响因子是入库沙峰含沙量和洪水滞留系数，沙峰传播时间可近似采用以入库沙峰含沙量$S_{寸}$和洪水滞留系数为自变量的式(2.13)来表达；式(2.13)中洪水滞留系数推荐采用的形式为 $V_{起始}/(0.5(Q_{寸1}+Q_{黄1}))$；式(2.13)中入库寸滩站沙峰含沙量 $S_{寸}$对沙峰传播时间 $T_{寸黄}$的影响程度要大于洪水滞留系数 $V_{起始}/(0.5(Q_{寸1}+Q_{黄1}))$。

(4)三峡水库沙峰出库率的主要影响因子是洪水滞留系数，沙峰出库率可近似采用以洪水滞留系数为单一自变量的式(2.20)来表达；式(2.20)中洪水滞留系数推荐采用的形式为 $V_{起始}/(0.5(Q_{黄1}+Q_{黄沙}))$。

(5)三峡水库汛期场次洪水排沙比公式可近似采用以洪水滞留系数为单一自变量的式(2.27)来表达；考虑到水文预报精度和公式使用的方便，以式(2.27)为基础，提出了一个便于实时调度决策使用的排沙比式(2.31)。

(6)本章在三峡水库沙峰传播时间、沙峰出库率和场次洪水排沙比等方面作了初步研究，给出的公式物理意义明确、结构简单、拟合优度较高，研究成果可为三峡水库泥沙调度提供参考，但鉴于问题的复杂性，本书还有待今后进一步的改进与完善，并在公式的验证、理论基础、各因素对沙峰输移作用机理等方面开展进一步的深入研究。

参考文献

[1] 长江水利委员会长江科学院. 三峡水库蓄水位逐步上升方案水库淤积计算分析报告. 2006.

[2] 长江水利委员会水文局. 2014 年度三峡水库进出库水沙特性、水库淤积及坝下游河道冲刷分析. 2015.

[3] 长江水利委员会水文局. 2013 年度三峡水库进出库水沙特性、水库淤积及坝下游河道冲刷分析. 2014.

[4] 郭倩，武学毅，姚伟涛，等. 梯级水库对洪水特性的影响研究. 人民长江，2010, 41(10)：48-51.

[5] 万强，江恩惠，张林忠. 小浪底水库运用以来黄河下游洪水演进特性. 人民黄河，2010, 32(7)：23-24.

[6] 翟媛. 河道洪水传播时间影响因素分析. 人民黄河，2007, 29(8)：27-29.

[7] 李强，尚志荣，郭洪财. 洪水传播时间分析. 东北水利水电，2003, 21(8)：41-42.

[8] 张晓华，郝中州，王广峰，等. 花园口至孙口河段洪水传播规律研究. 人民黄河，2000, 22(11)：11-22.

[9] 周建伟，王庆斌，王欣，等. 影响黄河下游洪峰传播时间因素的分析. 水利电力机械，2005, 27(2)：56-60.

[10] 武周虎，张宗孝，赵乃熊. 安康水库洪水传播特性水槽实验研究. 水利学报，1997, 5(5)：7-14.

[11] 张宗孝，魏文礼，武周虎. 用水槽试验研究水库洪水传播特性. 西安理工大学学报，2001, 17(2)：190-194.

[12] 李记泽. 河道洪水波波型识别. 水利学报，1994, 4(8)：27-35.

[13] 李记泽. 洪峰衰减与预报. 武汉水利电力大学学报，1994, 27(4)：376-381.

[14] 李记泽. 洪水波模型的动力特性分析与应用研究. 水电能源科学，1988, 6(1)：28-40.

[15] 李记泽，叶守泽. 三峡建库后库区洪水波动力特性初步分析. 水电能源科学，1991, 9(4)：265-273.

[16] 李记泽. 水库洪水波模型识别研究. 武汉水利电力学院学报，1991, 24(5)：525-532.

[17] 江恩惠，董其华，张清，等. 黄河下游洪水期沙峰滞后特性研究. 人民黄河，2006, 3(3)：19-20.

[18] 陈建国，周文浩，孙高虎. 黄河下游宽河段水沙运行及其对窄河段的影响. 泥沙研究，2008, 2(1)：1-8.

[19] 金双彦，秦毅，李雪梅. 黄河下游夹河滩站洪水最大含沙量预报研究. 泥沙研究，2008, 4(2)：58-61.

[20] 程进豪，谷源泽，李祖正，等. 山东黄河泥沙特性及沙峰运移规律. 人民黄河，1994, 4(4)：1-4.

[21] 黄仁勇，张细兵. 三峡水库蓄水后水沙输移若干规律研究//三峡工程运用10年长江中游江湖演变与治理学术研讨会论文集. 武汉：长江水利委员会长江科学院, 2013：260-264.

[22] 谢鉴衡. 河流模拟. 北京：水利电力出版社, 1990.

[23] 张羽，王鸿翔. 紊流中泥沙颗粒的跟随性分析. 太原理工大学学报，2010, 41(4)：392-394.

[24] 黄仁勇，谈广鸣，范北林. 三峡水库蓄水运用后汛期洪水排沙比初步研究. 水力发电学报，2013, 32(5)：129-135.

[25] 张艳艳，吴保生，傅旭东. 黄河下游河道场次洪水输沙特性分析. 水力发电学报，2012, 31(3)：70-76.

[26] 傅旭东，姜立伟，吴保生，等. 黄河下游河道场次洪水排沙比及其不确定性. 中国科学：技术科学，2010, 40(4)：349-357.

[27] Huang R Y, Fan B L. Sediment delivery ratio on flood event scale in Three Gorges Reservoir. The 12th International Symposium on River Sedimentation (ISRS), Kyoto, 2013：1303-1308.

[28] 长江勘测规划设计研究有限责任公司. 三峡水库减淤调度方案研究. 2013.

第3章　三峡水库干支流河道一维非恒定流水沙数学模型研究

3.1　模型方程及求解

三峡库区支流众多，建立三峡水库干支流河道一维非恒定流水沙数学模型应同时考虑干支流水沙运动，将水库干支流河道分别视为单一河道，河道汇流点称为汊点，则水沙数学模型应包括单一河道水沙运动方程、汊点连接方程和边界条件三部分[1]。

3.1.1　数学模型方程组

1. 单一河道水沙运动方程

单一河道水流与泥沙运动的基本方程如下[2]。

水流连续方程

$$\frac{\partial A_i}{\partial t}+\frac{\partial Q_i}{\partial x}=0 \tag{3.1}$$

水流运动方程

$$\frac{\partial Q_i}{\partial t}+\frac{\partial}{\partial x}\left(\frac{Q_i^2}{A_i}\right)+gA_i\left(\frac{\partial Z_i}{\partial x}+\frac{|Q_i|Q_i}{K_i^2}\right)=0 \tag{3.2}$$

悬移质泥沙连续方程

$$\frac{\partial Q_i S_i}{\partial x}+\frac{\partial A_i S_i}{\partial t}+\alpha_i\omega_i B_i\left(S_i-S_{*i}\right)=0 \tag{3.3}$$

推移质输沙率方程

$$G_b=G_b(U,Z,d,\cdots) \tag{3.4}$$

悬移质河床变形方程

$$\rho'\frac{\partial A_d}{\partial t}=\alpha_i\omega_i B_i\left(S_i-S_{*i}\right) \tag{3.5}$$

推移质河床变形方程

$$\frac{\partial(G_b)}{\partial x}+\frac{\partial(\rho' A_b)}{\partial t}=0 \tag{3.6}$$

式中，ω 为泥沙沉速，角标 i 为断面号；Q 为流量；A 为过水面积；t 为时间；x 为沿流程坐标；Z 为水位；K 为断面流量模数；S 为含沙量；S_*为水流挟沙力；ρ' 为淤积物干容重；B 为断面宽度；g 为重力加速度；u 为平均流速；α 为恢复饱和系数；A_d 为悬移质河床冲淤面积；G_b 为推移质输沙率；d 为粒径；U 为流速；A_b 为推移质河床冲淤面积。

2. 汊点连接方程

1) 流量衔接条件

进出每一汊点的流量必须与该汊点内实际水量的增减率相平衡，即

$$\sum Q_i=\frac{\partial \Omega}{\partial t} \tag{3.7}$$

式中，Ω 为汊点的蓄水量。如果将该点概化为一个几何点，则 $\Omega=0$。

2) 动力衔接条件

如果汊点可以概化为一个几何点，出入各个汊道的水流平缓，不存在水位突变的情况，则各汊道断面的水位应相等，即

$$Z_i=Z_j=\cdots=\overline{Z} \tag{3.8}$$

3. 边界条件

计算中不对某单一河道单独给出边界条件，而是将纳入计算范围的所有干支流河道作为一个整体给出边界条件，各干支流进口给出流量和含沙量过程，模型出口给出水位过程、流量过程或水位流量关系。

3.1.2 模型求解

1. 水流方程求解

采用三级解法对水流方程进行求解，首先对水流方程式(3.1)和式(3.2)采用普列斯曼(Preissmann)的四点隐式差分格式进行离散，可得差分方程如下：

$$B_{i1}Q_i^{n+1}+B_{i2}Q_{i+1}^{n+1}+B_{i3}Z_i^{n+1}+B_{i4}Z_{i+1}^{n+1}=B_{i5} \tag{3.9}$$

$$A_{i1}Q_i^{n+1} + A_{i2}Q_{i+1}^{n+1} + A_{i3}Z_i^{n+1} + A_{i4}Z_{i+1}^{n+1} = A_{i5} \tag{3.10}$$

式中，系数均按实际条件推导得出。

假设某河段中有 mL 个断面，将该河段中通过差分得到的微段方程式(3.9)和式(3.10)依次进行自相消元，再通过递推关系式将未知数集中到汊点处，即可得到该河段首尾断面的水位流量关系：

$$Q_1 = \alpha_1 + \beta_1 Z_1 + \delta_1 Z_m \tag{3.11}$$

$$Q_{mL} = \theta_{mL} + \eta_{mL} Z_1 + \gamma_{mL} Z_{mL} \tag{3.12}$$

式中，系数 α_1、β_1、δ_1、θ_{mL}、η_{mL}、γ_{mL} 由递推公式求解得出。

将边界条件和各河段首尾断面的水位流量关系代入汊点连接方程，就可以建立起以三峡水库干支流河道各汊点水位为未知量的代数方程组,求解此方程组得各汊点水位，逐步回代可得到河段端点流量以及各河段内部的水位和流量。

2. 泥沙方程求解

1) 悬移质泥沙方程求解

对悬移质泥沙连续方程式(3.3)用显格式离散得

$$S_i^{j+1} = \frac{\Delta t \alpha_i^{j+1} B_i^{j+1} \omega_i^{j+1} S_{*i}^{j+1} + A_i^j S_i^j + \dfrac{\Delta t}{\Delta x_{i-1}} Q_{i-1}^{j+1} S_{i-1}^{j+1}}{A_i^{j+1} + \Delta t \alpha_i^{j+1} B_i^{j+1} \omega_i^{j+1} + \dfrac{\Delta t}{\Delta x_{i-1}} Q_i^{j+1}} \tag{3.13}$$

将方程式(3.3)代入方程式(3.5)，然后对河床变形方程式(3.5)进行离散得

$$\Delta A_{di} = \frac{\Delta t (Q_{i-1}^{j+1} S_{i-1}^{j+1} - Q_i^{j+1} S_i^{j+1})}{\Delta x \rho'} + \frac{A_i^j S_i^j - A_i^{j+1} S_i^{j+1}}{\rho'} \tag{3.14}$$

式中，Δx 为空间步长；Δt 为时间步长；ΔA_{di} 为悬移质河床变形面积；角标 j 为时间层。

在求出干支流河道所有断面的水位与流量后，即可根据式(3.13)自上而下依次推求各断面的含沙量，汊点分沙计算采用分沙比等于分流比的模式，最后根据式(3.14)进行河床变形计算。

2) 推移质泥沙方程求解

推移质输沙率采用长江科学院研究的推移质输沙经验曲线求得，输沙曲线的关系式为[3]

$$\frac{V_d}{\sqrt{gd}} \sim \frac{q_b}{d\sqrt{gd}} \tag{3.15}$$

式中

$$V_d = \frac{m+1}{m} \Bigg/ \left(\frac{h}{d}\right)^{-\frac{1}{m}} U$$

$$m = 4.7\left(\frac{h}{d_{50}}\right)^{0.06}$$

推移质引起的河床变形

$$\Delta A_{bi} = \sum_{i=9}^{16} \frac{(G_{bi-1} - G_{bi})\Delta t}{\rho_i' \Delta x} \tag{3.16}$$

式中，Δx 为空间步长；Δt 为时间步长；G_b 为推移质总输沙率；d 为粒径；U 为流速；A_b 为推移质河床冲淤面积；V_d 为近床面流速；h 为水深；q_b 为推移质单宽输沙率；ΔA_{bi} 为悬移质河床变形面积；ρ' 为淤积物干容重。

3.2　模型中若干关键技术问题的处理

3.2.1　床沙交换及级配调整

关于床沙交换及级配调整，本模型采用三层模式[4]，即把河床淤积物概化为表、中、底三层，表层为泥沙的交换层，中间层为过渡层，底层为泥沙冲刷极限层。规定在每一计算时段内，各层间的界面都固定不变，泥沙交换限制在表层内进行，中层和底层暂时不受影响。在时段末，根据床面的冲刷或淤积向下或向上输送表层和中层级配，但这两层的厚度不变，而底层厚度随冲淤厚度的变化而变化。

3.2.2　水流挟沙力计算

水流挟沙力公式为[2,5,6]

$$S_* = k\frac{u^{2.76}}{h^{0.92}\omega_m^{0.92}} \tag{3.17}$$

$$\omega_m^{0.92} = \sum_{L=1}^{8} p_L \omega_L{}^{0.92} \tag{3.18}$$

式中，p_L 为第 L 组泥沙的级配；ω_L 为第 L 组泥沙的沉速；S_* 为水流总挟沙力；k 为挟沙力系数，取值为 0.03。

3.2.3 恢复饱和系数 α

恢复饱和系数是泥沙数学模型计算的重要参数，是一个综合系数，需要由实测资料反求。但是影响因素很多，既与水流条件有关，又与泥沙条件有关，随时随地都在变化，在大多数泥沙冲淤计算中都假定为一正的常数，通过验证资料逐步调整。本模型对泥沙冲淤采用分粒径组算法，如果对各粒径组都取同样的 α 值，由于各组间的沉速相差可达几倍甚至几百倍，因而，从计算结果看，在同一断面上小粒径组相对于大粒径组其冲淤量常常可忽略不计，这往往与实际不尽相符。从三峡水库蓄水运用以来进出库的各粒径组泥沙实测资料来看，各粒径组泥沙的沿程分选现象均非常突出。目前对恢复饱和系数 α 取值的研究非常多[7~20]，基本上有如下共识：①不同粒径组泥沙的恢复饱和系数值不同；②恢复饱和系数取值应随泥沙粒径的增大而减小；③恢复饱和系数值应随空间和时间而变化。在前人研究[7~20]的基础上，本书提出了一个计算不同粒径组泥沙恢复饱和系数 α_L 的经验公式，公式形式如下：

$$\alpha_L = 0.25\left(\frac{\omega_5}{\omega_L}\right)^{\frac{0.833\times10^{-10}\overline{Q}}{J}} \tag{3.19}$$

式中，ω_L 为第 L 粒径组泥沙的沉速；ω_5 为第 5 粒径组泥沙的沉速；$\overline{Q}$ 为坝址处多年平均流量，m^3/s；J 为水力坡度，由曼宁(Manning)公式求出。式中相关变量、系数及指数是根据三峡水库和丹江口水库实测淤积资料通过率定得到的。水力坡度 J 是流量、水位和河道地形变化的综合反映，水力坡度 J 的引入，实现了恢复饱和系数取值随空间和时间变化的要求。

3.2.4 糙率系数 n 的确定

糙率系数是反映水流条件与河床形态的综合系数，其影响主要与河岸、主槽、滩地、泥沙粒径、沙波以及人工建筑物等相关。阻力问题通过糙率反映出来，河道发生冲淤变形时，床沙级配和糙率都会做出相应的调整。当河道发生冲刷时，河床粗化，糙率增大；反之，河道发生淤积，河床细化，糙率减小。长系列年计算中需要考虑在初始糙率的基础上对 n 值进行修正。本模型根据实测水位流量资料进行初始糙率率定，各河段分若干个流量级逐级试糙。

3.2.5　节点分沙

进出节点各河段的泥沙分配，主要由各河段临近节点断面的边界条件决定，并受上游来沙条件的影响。本模型采用分沙比等于分流比的模式：

$$S_{j,\text{out}} = \frac{\sum Q_{i,\text{in}} S_{i,\text{in}}}{\sum Q_{i,\text{in}}} \tag{3.20}$$

3.2.6　区间流量

三峡水库库区长度超过 700km，区间支流众多，除嘉陵江和乌江来流外仍然存在着较大的区间流量，以三峡干支流入库控制站干流朱沱站、支流嘉陵江北碚站和支流乌江武隆站三站实测资料为基础统计，三峡库区的区间流量占出口宜昌站流量的百分比：20 世纪 60 年代系列为 12.2%；90 年代系列为 13.3%；2003~2013 年为出口黄陵庙站流量的 9.1%。区间流量往往会集中汇入，其影响不容忽视，在非恒定流计算中必须考虑区间流量的汇入。区间流量计算改进：本模型针对库区区间流量较大的特点，以库区各小支流流域面积、水库水位库容曲线和库区水文站逐日流量过程等资料为基础，基于水量平衡原则，采用水流水动力逐日演进计算的方法，将区间流量按各支流流域面积比例合理分配到各入汇支流上以加入计算河段，以解决进出库水量闭合及区间流量分配问题，提高库区洪水演进计算精度。模型计算中没有考虑区间入库沙量。

3.3　模 型 验 证

3.3.1　验证计算条件

计算范围：计算范围为干流朱沱—三峡坝址(图 3.1)，长约 760km。考虑嘉陵江、乌江、綦江、木洞河、大洪河、龙溪河、渠溪河、龙河、小江(支流小江又包含南河、东河、普里河、彭河等支流)、梅溪河、大宁河、沿渡河、清港河、香溪河共 14 条支流。

起始计算地形：朱沱—李渡为 1996 年实测地形(李渡位于涪陵上游约 10km 处)，李渡—三峡坝址为 2003 年三峡水库蓄水前实测地形，断面平均间距约 2km。

验证计算进出口水沙条件：进口采用干流朱沱站、嘉陵江北碚站、乌江武隆站三站 2003 年 6 月 1 日~2013 年 12 月 31 日逐日平均流量和含沙量(该时段内计算河段来水来沙情况见表 3.1)。出口控制水位采用水库坝前逐日平均水位。区间来流量在计算河段内通过分配到入汇支流上加入。

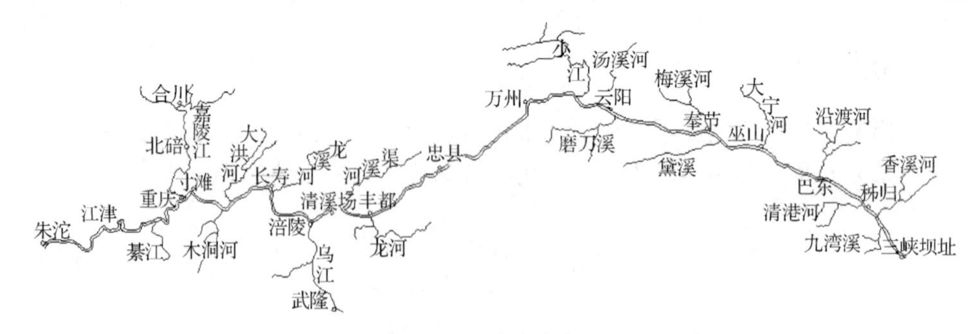

图 3.1　三峡水库库区

表 3.1　2003 年 6 月 1 日～2013 年 12 月 31 日计算河段来水来沙量

年份	朱沱		北碚		武隆		朱沱+北碚+武隆	
	水量/亿 m^3	沙量/亿 t	水量/亿 m^3	沙量/亿 t	水量/亿 m^3	沙量/亿 t	水量/亿 m^3	沙量/亿 t
2003	2205	1.891	597	0.304	335.8	0.126	3137.8	2.322
2004	2676	1.64	516	0.175	510	0.108	3702	1.923
2005	2994	2.31	810	0.423	373	0.044	4177	2.777
2006	2009	1.13	381	0.03	288	0.03	2678	1.19
2007	2384	2.015	665	0.273	524.8	0.104	3573.8	2.392
2008	2751	2.133	586	0.143	491.5	0.038	3828.5	2.314
2009	2430	1.519	672	0.296	361.4	0.014	3463.4	1.829
2010	2544	1.613	762	0.622	415	0.056	3721	2.291
2011	1934	0.646	767	0.355	314	0.015	3015	1.016
2012	2920	1.886	760	0.288	485	0.012	4165	2.186
2013	2296	0.683	718	0.576	331	0.009	3345	1.268
总计	27143	17.466	7234	3.485	4429.5	0.556	38806.5	21.508
年平均	2468	1.588	658	0.317	402.7	0.050	3527.9	1.955

注：表中 2003 年为 2003 年 6 月 1 日～2003 年 12 月 31

3.3.2　验证时段内三峡水库运用情况概述

三峡工程自 2003 年 5 月 25 日起，进入蓄水准备期，6 月 1 日正式下闸蓄水，坝前水位逐步抬高，6 月 10 日 22 时，坝前水位蓄至 135m，至此汛期按 135m 运行，枯季按 139m 运行，工程开始进入围堰蓄水发电运行期；2006 年 9 月 20 日 22 时三峡水库开始二期蓄水，至 10 月 27 日 8 时蓄水至 155.36m，至此汛期按 144~145m 运行，枯季按 156m 运行，工程进入初期运行期。

经国务院批准，长江三峡水利枢纽 2008 年汛末进行试验性蓄水，2008 年 9 月 28 日 0 时(坝前水位为 145.27m)三峡水库进行试验性蓄水，至 11 月 4 日 22 时蓄水结束时坝前水位达到 172.29m。2009 年水库试验性蓄水后，2009 年 9 月 15

日开始试验性蓄水(8 时坝前水位为 146.25m)，至 11 月 24 日 8 时水库坝前水位达到 171.41m，坝前水位呈缓慢下降状态，至 12 月 31 日 20 时，坝前水位降至 169.39m。2010 年汛期三峡水库进行了 7 次防洪运用，三峡汛期平均库水位为 151.54m，较汛限水位抬高了 6.54m，汛期最高库水位 161.02m，2010 年 9 月 10 日 0 时三峡工程开始汛末蓄水，起蓄水位承接前期防洪运用水位 160.2m，9 月底蓄水至 162.84m，10 月 26 日 9 时，三峡工程首次蓄水至 175m。2011 年汛期，三峡水库先后进行了 4 次防洪运用，汛期三峡坝前最高蓄洪水位为 168.0m(9 月 23 日)，2011 年 9 月 10 日正式启动第四次 175m 试验性蓄水，起蓄库水位 152.24m，9 月 30 日 24 时，水库库水位达到 166.16m，并于 10 月 30 日再次成功蓄至 175m 水位。三峡水库于 2012 年 5 月 7 日~18 日进行了库尾减淤调度试验，2012 年汛期，三峡水库先后进行了 4 次防洪运用，三峡水库最高库水位分别为 152.67m、158.88m、163.11m、160.12m，防洪运用期间，三峡水库还进行了 2 次沙峰排沙调度试验。2012 年 9 月中、上旬，三峡水库相继迎来峰值达 51500m^3/s 和 40000m^3/s 的秋季洪峰，加快了蓄水进程，10 月 2 日，三峡水库水位就已突破了 170m，蓄水进度为历年最快，至 10 月 30 日 8 时，三峡坝前水位达 175m，三峡工程顺利实现 2012 年试验性蓄水目标。这也是继 2010 年和 2011 年后，三峡工程第三次成功蓄水至 175m。2013 年 1 月份三峡水库坝前水位即开始从 173.61m 逐步消落，至 6 月 22 日坝前水位下降至最低 145.06m，7 月份开始，三峡水库进行中小洪水调度，考虑到上游水库群汛末蓄水，三峡水库自 8 月底开始抬升水位，9 月 10 日开始正式蓄水，9 月底库水位蓄至 167m，10 月 31 日蓄水至 173.84m，11 月 11 日 14 时成功蓄至 175m，此后水库开始为坝下游河段补水，坝前水位缓慢消落，至 2013 年 12 月 31 日，坝前水位消落至 173.36m。图 3.2 为三峡水库蓄水运用以来坝前水位过程图。

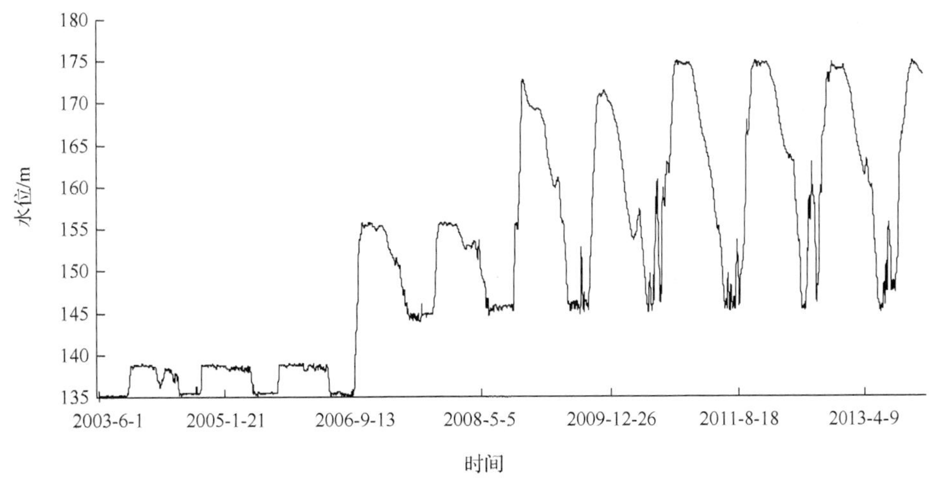

图 3.2　2003 年 6 月 1 日 ~ 2013 年 12 月 31 日三峡水库坝前水位过程

3.3.3 水位流量验证

根据现有实测资料，选用沿程各主要水文站的 2003~2013 年实测水位流量过程与模型的计算结果进行了验证比较，结果见图 3.3。由图可见，模型计算的沿程各水文站洪水演进传播过程及水位变化过程与实测情况基本一致，最高洪峰水位的出现时间计算值与实测值几乎同步，模型验证结果与实测值符合较好。

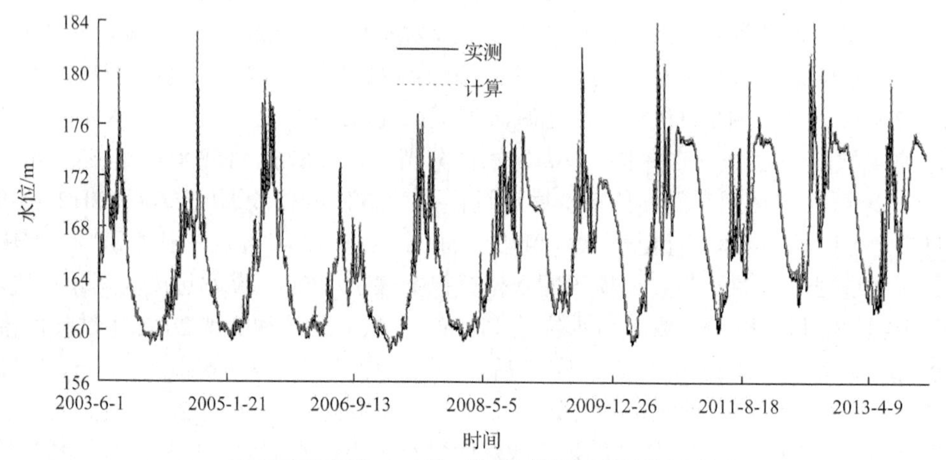

(a) 2003年6月1日~2013年12月31日寸滩站水位过程验证结果

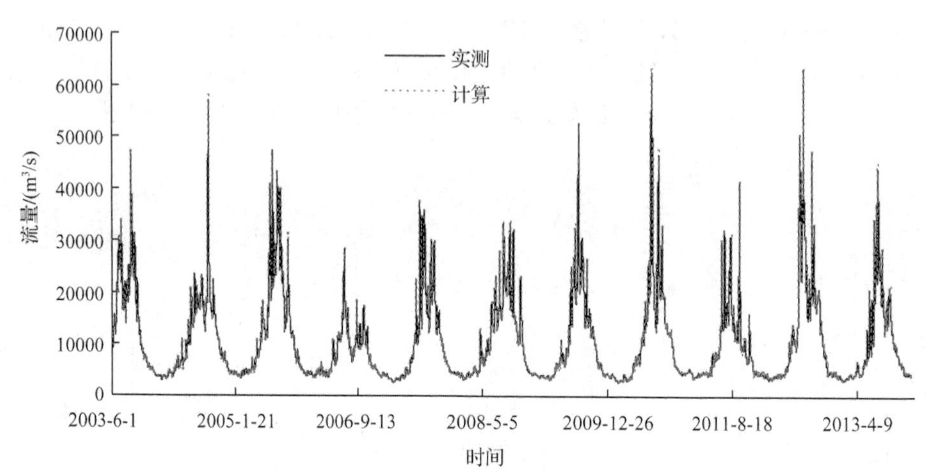

(b) 2003年6月1日~2013年12月31日寸滩站流量过程验证结果

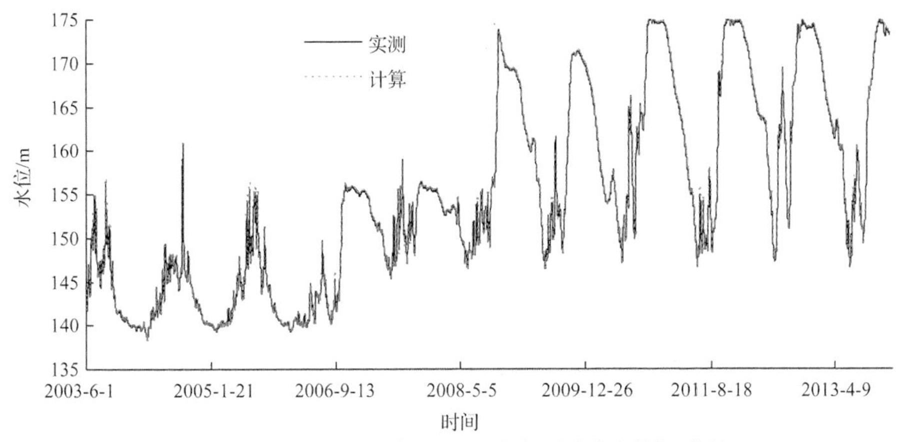

(c) 2003年6月1日~2013年12月31日清溪场站水位过程验证结果

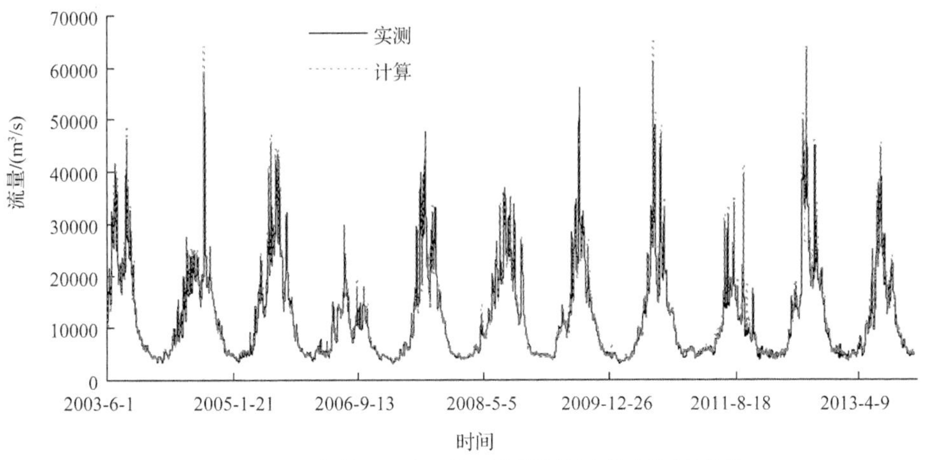

(d) 2003年6月1日~2013年12月31日清溪场站流量过程验证结果

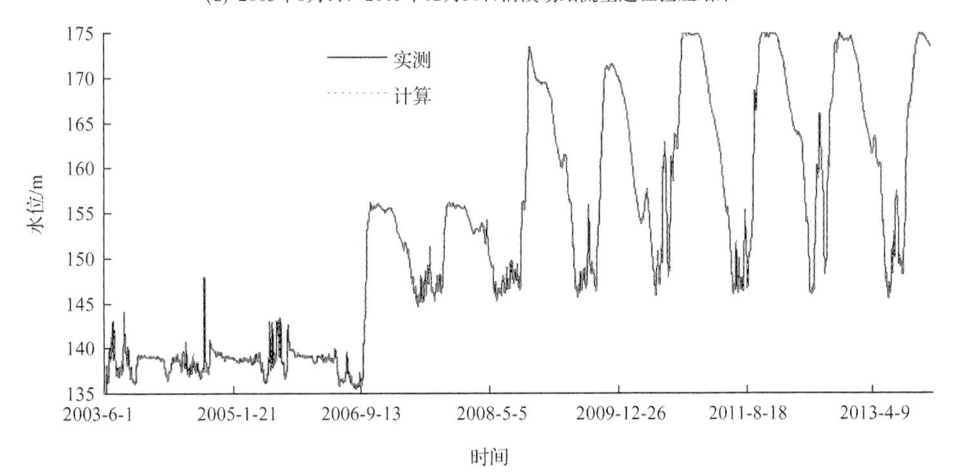

(e) 2003年6月1日~2013年12月31日万县站水位过程验证结果

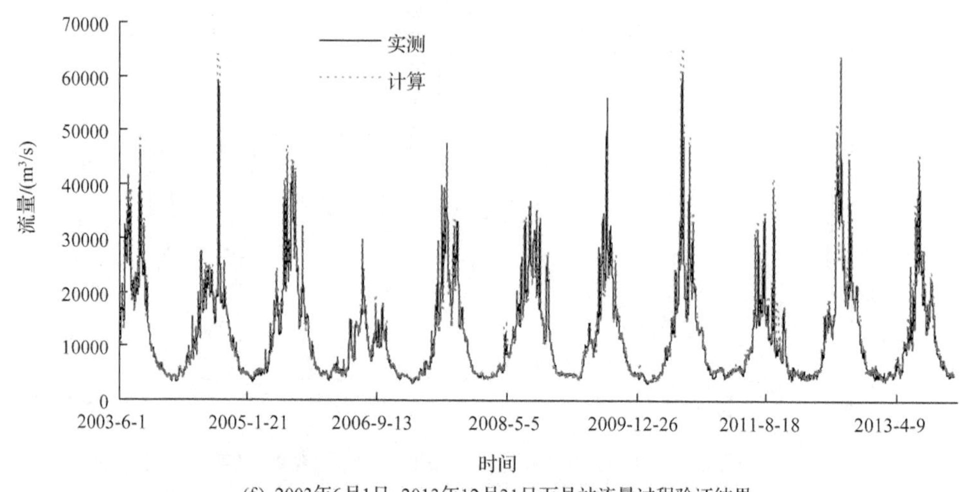

(f) 2003年6月1日~2013年12月31日万县站流量过程验证结果

图 3.3　三峡水库沿程各主要水文站水位流量过程验证结果

3.3.4　输沙量验证

图 3.4 为三峡库区部分主要水文站 2003~2013 年含沙量过程验证结果图。由图可见，各站计算结果与实测值基本一致，但计算含沙量峰值比实测值小，而中小流量时计算值又稍有偏大，由于多数时期计算值与实测值相近，互有大小，所以全年累积输沙量与实测值还是比较接近的(表 3.2)。

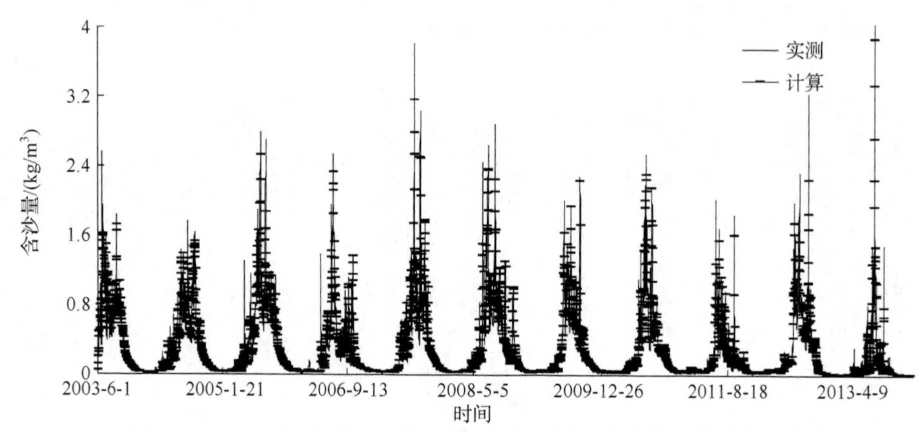

(a) 2003年6月1日~2013年12月31日寸滩站含沙量过程验证结果

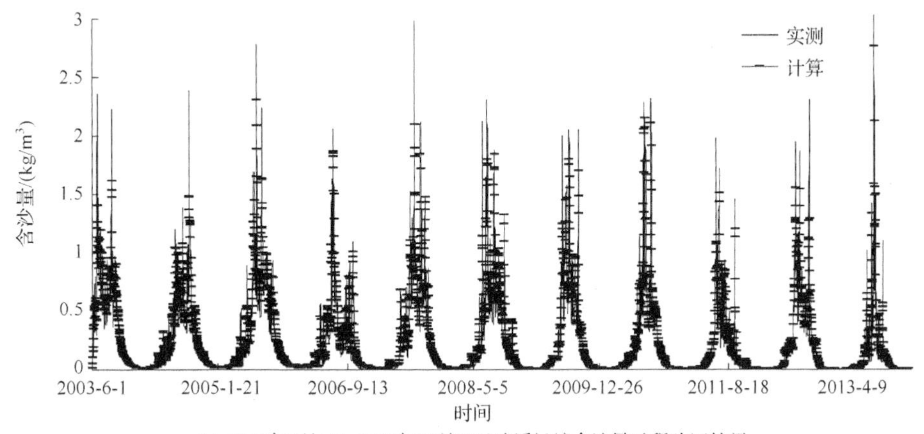

(b) 2003年6月1日~2013年12月31日清溪场站含沙量过程验证结果

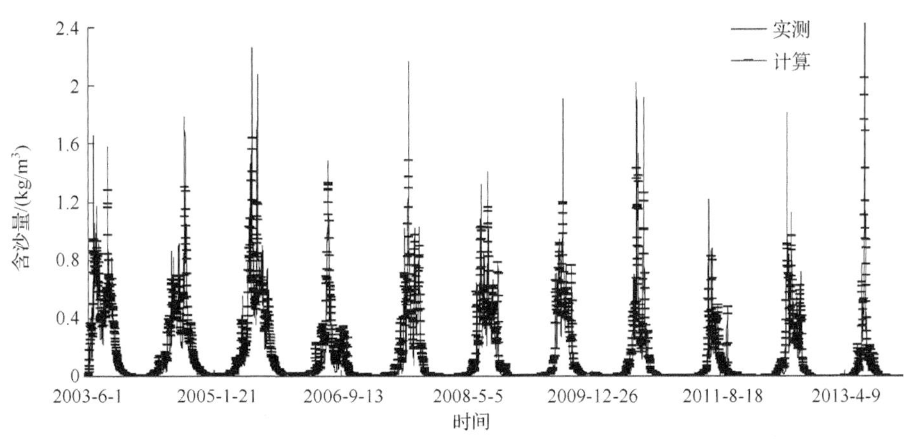

(c) 2003年6月1日~2013年12月31日万县站含沙量过程验证结果

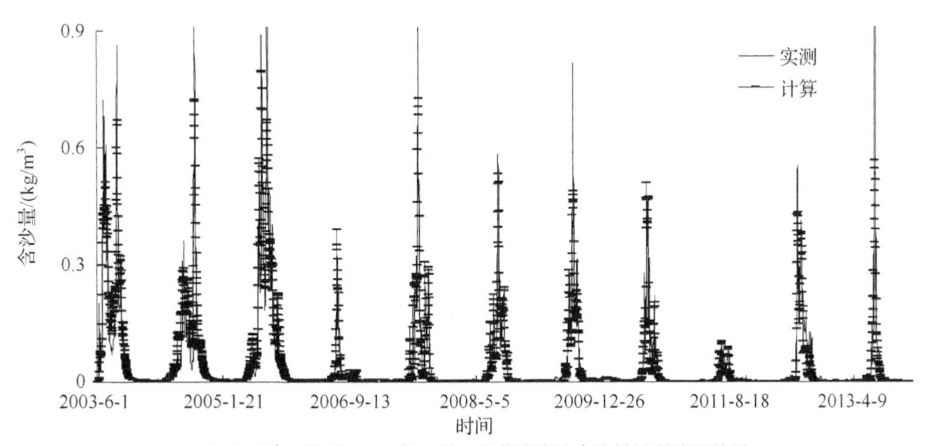

(d) 2003年6月1日~2013年12月31日黄陵庙站含沙量过程验证结果

图3.4　三峡水库沿程各主要水文站含沙量过程验证结果

表 3.2　主要站输沙量验证　(单位:亿 t)

年份	寸滩		清溪场		万县		黄陵庙	
	实测	计算	实测	计算	实测	计算	实测	计算
2003	2.033	2.194	2.080	2.238	1.585	1.701	0.841	0.875
2004	1.734	1.814	1.660	1.846	1.288	1.325	0.637	0.596
2005	2.700	2.731	2.538	2.696	2.051	1.98	1.032	1.031
2006	1.086	1.149	0.962	1.072	0.483	0.665	0.089	0.101
2007	2.099	2.286	2.167	2.230	1.206	1.402	0.509	0.489
2008	2.126	2.298	1.893	2.179	1.051	1.252	0.322	0.346
2009	1.733	1.823	1.824	1.873	1.054	1.093	0.360	0.321
2010	2.111	2.226	1.942	2.207	1.150	1.267	0.328	0.320
2011	0.916	1.007	0.883	1.037	0.309	0.470	0.069	0.045
2012	2.103	2.180	1.902	2.136	1.144	1.193	0.453	0.398
2013	1.207	1.252	1.206	1.404	0.849	0.786	0.328	0.222
总计	19.848	20.960	19.057	20.918	12.170	13.134	4.968	4.744

注：2003 年为 2003 年 6 月 1 日~2003 年 12 月 31 日

3.3.5　淤积量及排沙比验证

1. 淤积量及分布(断面法)

根据长江水利委员会水文局《2013 年度三峡水库进出库水沙特性、水库淤积及坝下游河道冲刷分析》报告中断面法实测资料分析结果[21]，三峡水库蓄水运用至 2013 年，库区(铜锣峡至大坝)干流总淤积量实测值为 14.873 亿 m^3(表 3.3)，其中变动回水区铜锣峡至涪陵河段实测淤积量为 0.110 亿 m^3，常年回水区涪陵至忠县段、忠县至云阳段、云阳至白帝城、白帝城至巫山段、巫山至庙河段、庙河至大坝段实测淤积量分别为 2.831 亿 m^3、6.295 亿 m^3、1.270 亿 m^3、0.628 亿 m^3、2.210 亿 m^3、1.529 亿 m^3。从计算结果看，库区干流铜锣峡至大坝段模型计算值为 16.229 亿 m^3，与实测值相比偏大 1.356 亿 m^3，相对误差为 9.1%，变动回水区铜锣峡至涪陵河段模型计算值为 0.116 亿 m^3，与实测值相比相对误差为 5.4%；常年回水区各分段除庙河至大坝段计算值与实测值相比误差相对较大，其他各分段模型计算值与实测值的相对误差均在 10%以内。从库区干流典型河段淤积量验证结果看(表 3.4)，库区干流洛碛河段、青岩子河段、土脑子河段、凤尾坝河段、兰竹坝河段、皇华城河段实测淤积量分别为 235.4 万 m^3、260.0 万 m^3、2356 万 m^3、2462 万 m^3、4861 万 m^3、10479 万 m^3，与实测结果相比，除青岩子段计算淤积量误差相对稍大，其他各典型河段模型计算值与实测值的相对误差均在 5%以内。

可见模型计算的总淤积量及淤积分布与实测结果基本相符。

表 3.3 2003~2013 年三峡库区干流淤积量及分布验证(断面法)

河段	河长/km	实测/亿 m^3	计算/亿 m^3	绝对误差/亿 m^3	相对误差/%
铜锣峡-涪陵	111.4	0.110	0.116	0.006	5.4
涪陵-忠县	113.9	2.831	3.103	0.272	9.6
忠县-云阳	66.7	6.295	6.538	0.243	3.9
云阳-白帝城	67.8	1.270	1.395	0.125	9.8
白帝城-巫山	35.5	0.628	0.598	–0.030	–4.8
巫山-庙河	106.3	2.210	2.013	–0.197	–8.9
庙河-大坝	15.1	1.529	2.466	0.937	61.3
铜锣峡-大坝	597.9	14.873	16.229	1.356	9.1

表 3.4 2003~2013 年三峡库区干流典型河段淤积量验证(断面法)

河段	河长/km	实测/万 m^3	计算/万 m^3	绝对误差/万 m^3	相对误差/%
洛碛河段	30.0	235.4	244.0	8.6	3.6
青岩子河段	15.0	260.0	277.0	17	6.5
土脑子河段	3.0	2356	2452	96	4.1
凤尾坝河段	5.46	2462	2565	103	4.2
兰竹坝河段	6.08	4861	4782	–79	–1.6
皇华城河段	5.1	10479	10558	79	0.0075

2. 淤积量及过程(输沙量法)

三峡水库于 2003 年 6 月 1 日蓄水，水库运用至 2013 年底，水库总体处于淤积状态。以朱沱至坝址为库区淤积统计范围，输沙量法库区总淤积量实测值为 16.548 亿 t(表 3.5)，模型计算值为 16.817 亿 t，计算偏大 0.269 亿 t，相对误差为 1.6%。从淤积过程看，各年淤积量误差除 2013 年稍大，其他各年误差均较小，其他各年淤积量实测值与计算值绝对相差均在 0.06 亿 t 以内，相对误差均 3.5%以内。

可见模型计算的总淤积量及过程与实测结果基本相符。

3. 排沙比

排沙比验证分别以计算河段入库总沙量(朱沱+北碚+武隆)和入库控制站输沙量(清溪场或寸滩+武隆)进行统计比较，见表 3.6。从统计结果看，以朱沱、北碚、武隆三站输沙量之和为入库沙量计，2003 年 6 月~2013 年水库排沙比实测值为 23.1%，模型计算值为 22.0%，两者仅差 1.1 个百分点；以入库控制站输沙量为入库沙量计，2003 年 6 月~2013 年水库排沙比实测值为 24.5%，模型计算值为 23.4%，两者相差 1.1 个百分点。实测资料统计和数学模型计算中均没有考虑区间入库沙量，如果考虑区间入库沙量影响，则水库实际排沙比与排沙比的实测资料统计值相比将会有所减小，因此，排沙比的数学模型计算值与实测资料统计值相比有所偏小是更符合实际的。

上述结果表明本模型计算排沙比与实测情况基本吻合。

表 3.5　三峡水库蓄水后库区年淤积量过程验证(输沙量法)

年份	实测值/亿 t	计算值/亿 t	绝对误差/亿 t	相对误差/%
2003	1.481	1.447	–0.034	–2.3
2004	1.284	1.327	0.043	3.3
2005	1.745	1.754	0.009	0.5
2006	1.111	1.099	–0.012	–1.1
2007	1.883	1.907	0.024	1.3
2008	1.992	1.972	–0.020	–1.0
2009	1.469	1.514	0.045	3.1
2010	1.963	1.980	0.017	0.9
2011	0.947	0.972	0.025	2.6
2012	1.733	1.794	0.061	3.5
2013	0.940	1.051	0.111	11.8
合计	16.548	16.817	0.269	1.6

注：2003 年为 2003 年 6 月 1 日~2003 年 12 月 31 日

表 3.6　排沙比计算值与实测值对比表

年份	入库沙量/亿 t		出库沙量/亿 t		排沙比 $=\frac{出库沙量}{a}\times100\%$		排沙比 $=\frac{出库沙量}{b}\times100\%$	
	a=朱沱+北碚+武隆	b=入库控制站输沙量	实测值	计算值	实测值/%	计算值/%	实测值/%	计算值/%
2003.6~12	2.322	2.080	0.841	0.875	36.2	37.7	40.4	42.1
2004	1.921	1.66	0.637	0.596	33.2	31.0	38.4	35.9
2005	2.777	2.54	1.032	1.031	37.2	37.1	40.6	40.6
2006	1.200	1.021	0.089	0.101	7.4	8.4	8.7	9.9
2007	2.392	2.204	0.509	0.489	21.3	20.4	23.1	22.2
2008	2.314	2.178	0.322	0.346	13.9	15.0	14.8	15.9
2009	1.829	1.829	0.360	0.321	19.7	17.6	19.7	17.6
2010	2.291	2.291	0.328	0.320	14.3	14.0	14.3	14.0
2011	1.016	1.016	0.069	0.045	6.8	4.4	6.8	4.4
2012	2.186	2.186	0.453	0.398	20.7	18.2	20.7	18.2
2013	1.268	1.268	0.328	0.222	25.9	17.5	25.9	17.5
2003.6.1 ~ 2013.12.31	21.516	20.273	4.968	4.744	23.1	22.0	24.5	23.4

注：入库沙量 b 为三峡入库控制站输沙量统计值，其中 2003 年 6 月 ~ 2006 年 8 月三峡入库控制站为清溪场，2006 年 9 月 ~ 2008 年 9 月三峡入库控制站为寸滩+武隆站，2008 年 10 月 ~ 2013 年 12 月三峡入库控制站为朱沱+北碚+武隆站

3.4　模型改进对模拟结果影响

3.4.1　恢复饱和系数计算改进对提高库区冲淤模拟精度影响分析

在以往研究中，以恒定水流和恒定输沙假定建立的水沙数学模型，对长时段水库冲淤的计算是合理可靠的，在三峡工程论证和设计阶段发挥了重要作用，但由于忽略了水沙输移过程中非恒定项的影响，不能完全准确反映库区河道内的水流运动和河床冲淤变化，也无法满足目前三峡水库运用后精细调度和实时调度研究的需要。所以，在计算机运算速度、数值模拟算法精度、所掌握的实测资料数量等均有较大提高的今天，就很有必要采用更接近实际的非恒定流数学模型对三峡水库泥沙淤积进行计算研究。以往论证阶段恒定流模型中恢复饱和系数的取值在淤积时取 0.25，而三峡水库泥沙计算在采用新建的非恒定流模型后，恢复饱和系数取值需要相应调整，三峡水库蓄水运用后实测水沙资料为三峡水库一维非恒定流水沙数学模型的验证与改进(包括模型关键参数的改进)提供了良好的契机，也为进一步提高三峡水库水沙数学模型的模拟精度创造了条件。

根据三峡水库蓄水运用以来入库泥沙偏少偏细、细沙落淤比例较高、坝前深水区淤积速度较快等特点，通过数学模型反复模拟比较，本书最终确定对各粒径组泥沙的恢复饱和系数不再取一个定值 0.25，而是提出一个经验公式，通过公式计算确定各粒径组泥沙的恢复饱和系数，恢复饱和系数计算公式形式见本书 3.2.3 节。为了比较分析恢复饱和系数计算改进前后对库区冲淤模拟精度的影响，将两种情况下 2003～2013 年水库冲淤量过程及分布计算结果分别列于表 3.7 和表 3.8。

从冲淤量及过程模拟结果看(表 3.7)，以淤积量实测值为误差比较的基准，恢复饱和系数计算改进前，各年淤积量计算误差为–40.9%~ –15.8%，总淤积量计算误差为–26.4%; 恢复饱和系数计算改进后，各年淤积量计算误差一般在 3.5%以内，总淤积量计算误差为 1.6%。恢复饱和系数计算改进后各年的冲淤量模拟精度均比改进前有所提高(精度提高为正，降低为负)，不同年份模拟精度可提高 4.0%~39.8%，模拟精度提高最多的是 2006 年，提高 39.8%，模拟精度提高最少的是 2013 年，提高 4.0%，2003～2013 年模拟精度合计提高了 24.8%。2006 年三峡水库入库泥沙粒径较细，入库水量偏枯，洪峰流量偏小，洪峰数偏少，当恢复饱和系数取固定值 0.25 时，库区泥沙冲淤模拟误差较大。

从冲淤分布模拟结果看(表 3.8)，恢复饱和系数改进后各河段冲淤量模拟精度均比改进前有所提高，铜锣峡—涪陵段、涪陵—大坝段、铜锣峡—大坝段模拟精度分别提高 26.4%、24.8%、24.8%；重点河段中位于变动回水区的青岩子河段和位于常年回水区的皇华城河段模拟精度分别提高 34.6%和 21.0%。

从计算结果看，当恢复饱和系数取固定值 0.25 时，一维非恒定流水沙数学模型的泥沙冲淤模拟精度相对较差，当恢复饱和系数采用本书提出的经验公式分组取值时，则取得了较好的模拟效果，本书提出的不同粒径组泥沙恢复饱和系数经验公式中引入了水力坡度 J，能够将与入库流量和坝前水位相对应的水力坡度变化通过恢复饱和系数较好地反映到库区淤积计算中，对三峡水库大水深条件下的泥沙淤积模拟有较好的适应性。

表 3.7 恢复饱和系数计算改进前后库区冲淤量及过程模拟精度变化(输沙量法)

(单位:亿 t)

年份	实测	恢复饱和系数取 0.25		恢复饱和系数分组取值		模拟精度提高/%
		计算	误差/%	计算	误差/%	
2003	1.481	1.202	−18.8	1.447	−2.3	16.5
2004	1.284	1.054	−17.9	1.327	3.3	14.6
2005	1.745	1.436	−17.7	1.754	0.5	17.2
2006	1.111	0.657	−40.9	1.099	−1.1	39.8
2007	1.883	1.337	−29.0	1.907	1.3	27.7
2008	1.992	1.309	−34.3	1.972	−1.0	33.3
2009	1.469	0.997	−32.1	1.514	3.1	29.0
2010	1.963	1.390	−29.2	1.980	0.9	28.3
2011	0.947	0.687	−27.4	0.972	2.6	24.8
2012	1.733	1.326	−23.5	1.794	3.5	20.0
2013	0.940	0.791	−15.8	1.051	11.8	4.0
合计	16.548	12.186	−26.4	16.817	1.6	24.8

注：2003 年为 2003 年 6 月 1 日~2003 年 12 月 31 日

表 3.8 恢复饱和系数计算改进前后库区干流冲淤分布模拟精度变化(2003~2013 年断面法)

(单位:亿 m^3)

河段	实测	恢复饱和系数取 0.25		恢复饱和系数分组取值		模拟精度提高/%
		计算	误差/%	计算	误差/%	
铜锣峡—涪陵	0.110	0.075	−31.8	0.116	5.4	26.4
涪陵—大坝	14.763	9.762	−33.9	16.113	9.1	24.8
铜锣峡—大坝	14.873	9.837	−33.9	16.229	9.1	24.8
青岩子河段	0.026	0.015	−42.3	0.028	7.7	34.6
皇华城河段	1.048	0.819	−21.8	1.056	0.8	21.0

3.4.2　区间流量计算改进对提高库区冲淤模拟精度影响分析

由于库区较长且支流众多，三峡水库区间面积和区间流量均较大，汛期洪水期间，区间流量影响更是不容忽视，如果计算中只考虑朱沱、北碚和武隆的来水，而不考虑区间来水，则会影响到水库调蓄计算的精度，进而影响到水库冲淤模拟计算精度，区间流量大小及处理见本书 3.2.6 节。图 3.5 为区间流量改进前后出库流量计算结果比较图(以 2009 年为例)，考虑区间入库流量后，出库流量过程计算结果与实测结果吻合程度明显提高。为了比较分析区间流量计算改进前后对库区冲淤模拟精度的影响，将两种情况下 2003～2013 年水库冲淤量过程及分布计算结果分别列于表 3.9 和表 3.10。

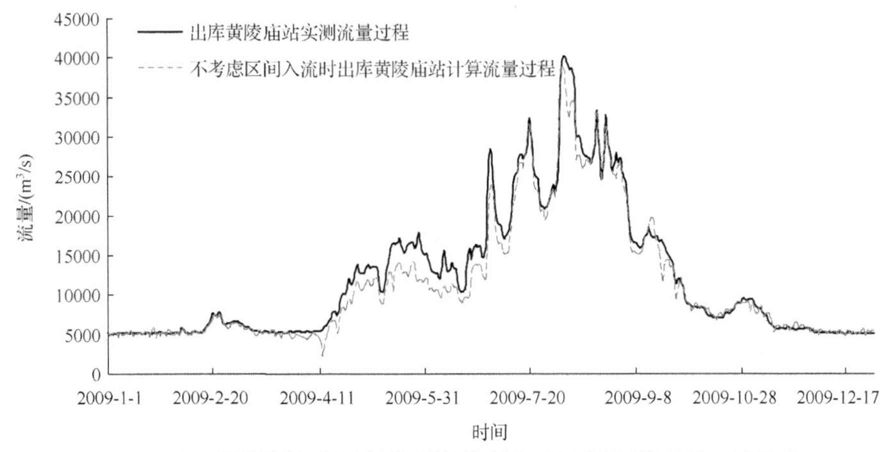

(a) 区间流量改进前三峡水库出库流量计算结果与实测结果比较(以2009年为例)

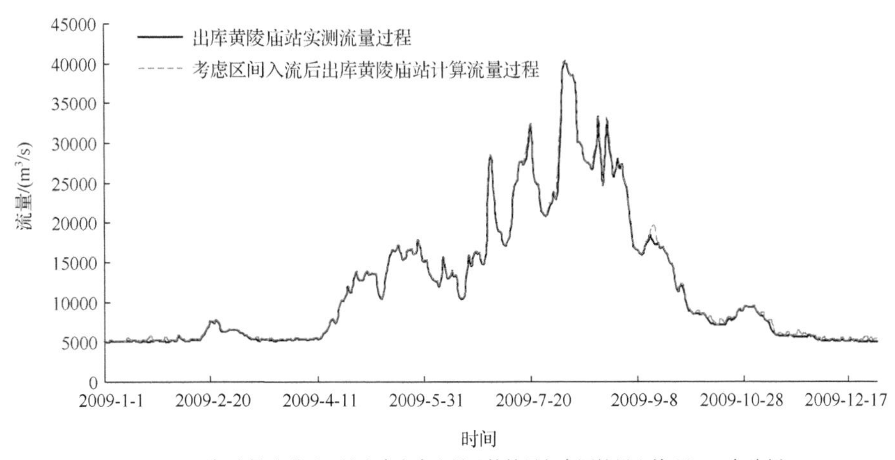

(b) 区间流量改进后三峡水库出库流量计算结果与实测结果比较(以2009年为例)

图 3.5　区间流量改进前后三峡水库出库流量计算结果与实测结果比较

从冲淤量及过程模拟结果看(表 3.9)，区间流量计算改进前，各年淤积量计算误差一般在 9.0%以内，总淤积量计算误差为 5.9%；区间流量计算改进后，各年淤积量计算误差一般在 3.5%以内，总淤积量计算误差为 1.6%。区间流量计算改进后除 2006 年其他年份冲淤量模拟精度均比改进前有所提高(精度提高为正，降低为负)，不同年份模拟精度可提高–0.2%~5.8%，模拟精度提高最多的是 2007 年，提高 5.8%，模拟精度提高最少的是 2006 年，精度降低 0.2%；2003～2013 年模拟精度合计提高了 4.3%。

从冲淤分布模拟结果看(表 3.10)，区间流量计算改进后各河段冲淤量模拟精度均比改进前有所提高，铜锣峡—涪陵段、涪陵—大坝段、铜锣峡—大坝段模拟精度分别提高 56.4%、5.1%、5.4%；重点河段青岩子河段和皇华城河段模拟精度分别提高 11.5%和 0.0%。

从计算结果看，当不考虑区间流量时，一维非恒定流水沙数学模型的泥沙冲淤模拟精度相对较差，当计算中考虑区间流量时，则取得了较好的模拟效果。区间流量往往会集中汇入，其影响不容忽视，在非恒定流计算中考虑区间流量的汇入有利于提高模型模拟精度。

表 3.9 区间流量计算改进前后库区冲淤量及过程模拟精度变化(输沙量法) (单位：亿 t)

年份	实测	不考虑区间流量		考虑区间流量		模拟精度提高/%
		计算	误差/%	计算	误差/%	
2003	1.481	1.540	4.0	1.447	–2.3	1.7
2004	1.284	1.399	9.0	1.327	3.3	5.7
2005	1.745	1.836	5.2	1.754	0.5	4.7
2006	1.111	1.121	0.9	1.099	–1.1	–0.2
2007	1.883	2.017	7.1	1.907	1.3	5.8
2008	1.992	2.067	3.8	1.972	–1.0	2.8
2009	1.469	1.547	5.3	1.514	3.1	2.2
2010	1.963	2.053	4.6	1.980	0.9	3.7
2011	0.947	0.989	4.4	0.972	2.6	1.8
2012	1.733	1.868	7.8	1.794	3.5	4.3
2013	0.940	1.088	15.7	1.051	11.8	3.9
合计	16.548	17.525	5.9	16.817	1.6	4.3

注：2003 年为 2003 年 6 月 1 日~2003 年 12 月 31 日

表 3.10　区间流量计算改进前后库区干流冲淤分布模拟精度变化(2003~2013 年断面法)

(单位:亿 m^3)

河段	实测	不考虑区间流量		考虑区间流量		模拟精度提高/%
		计算	误差/%	计算	误差/%	
铜锣峡—涪陵	0.110	0.178	61.8	0.116	5.4	56.4
涪陵—大坝	14.763	16.855	14.2	16.113	9.1	5.1
铜锣峡—大坝	14.873	17.033	14.5	16.229	9.1	5.4
青岩子河段	0.026	0.031	19.2	0.028	7.7	11.5
皇华城河段	1.048	1.057	0.8	1.056	0.8	0.0

3.4.3　库容闭合计算改进对提高库区冲淤模拟精度影响分析

三峡水库库长 700 余千米，区间支流众多，其中具有 2000 万 m^3 以上库容的支流就有十多条，库区支流总库容达 60 多亿立方米，而库区支流断面数量有限，很多小支流缺乏实测断面，且由库区干支流固定大断面所反映出来的库容与三峡水库实际库容仍有差别，这都会造成模型计算中所用库容与实测库容之间出现不闭合的问题。库容闭合问题会直接影响水库调蓄计算的精度，同时还会影响到水库冲淤模拟计算精度，以往论证阶段的研究只考虑了嘉陵江和乌江两大支流，对其他小支流则没有考虑。库容闭合计算改进：本书在以往考虑库区嘉陵江和乌江两大支流的基础上，进一步增加了其他一些库区支流断面地形进行水沙输移计算，如綦江、木洞河、大洪河、龙溪河、渠溪河、龙河、小江(支流小江又包含南河、东河、普里河、彭河等支流)、梅溪河、大宁河、沿渡河、清港河、香溪河等其他共十二条支流，以尽可能多地反映支流库容的影响，对于剩下的库容不闭合的差值部分则根据水位逐步补齐并按静库容计算。图 3.6(a)为三峡水库水位库容曲线设计值、计算值和修正后值比较图，图 3.6(b)为三峡水库断面法水位库容修正曲线图。为了比较分析库容闭合计算改进前后对库区冲淤模拟精度的影响，将两种情况下 2003～2013 年水库冲淤量过程及分布计算结果分别列于表 3.11 和表 3.12。

从冲淤量及过程模拟结果看(表 3.11)，库容闭合计算改进前，各年淤积量计算误差一般在 3.4%以内，总淤积量计算误差为 1.4%；库容闭合计算改进后，各年淤积量计算误差一般在 3.5%以内，总淤积量计算误差为 1.6%。库容闭合计算改进后冲淤量模拟精度与改进前相比变化很小，有些年份计算误差略有增大，有些年份计算误差则略有减小，不同年份计算误差变化在 0.9%以内。

库容闭合计算改进后冲淤量模拟精度变化合理性分析：根据长江委水文局在三峡区间年均来沙量方面的研究结果[22]，三峡区间年均来沙量 1981~1990 年为年均 0.513 亿 t，1991~2000 年为年均 0.399 亿 t，三峡蓄水后 2003~2007 年为年均

0.141 亿 t，区间入库沙量减少的主要原因是三峡水库蓄水后的这几年为枯水年，区间降水量/径流量较小。目前的三峡库区实测淤积量是没有考虑区间来沙的一个统计结果，在三峡入库泥沙中加入区间沙量后，由于出库沙量不变，三峡水库输沙法实测淤积量必将会有所增大，如果 2003~2013 年年均区间来沙按 0.1 亿 t 计算，则库区实测淤积量将由 16.548 亿 t(不考虑区间来沙) 增大到 17.648 亿 t(考虑区间来沙)，将相对增大约 6 个百分点。由于区间实际来沙量难以准确估算，因此，本书验证计算出的库区淤积量一般比实测淤积量略有偏大在定性上是合理的，2003~2013 年累积淤积量计算值比实测值偏大约 1.6 个百分点在定量上也基本合理。不考虑支流库容时，2003~2013 年计算淤积量误差为 1.4%，虽然计算淤积量(16.775 亿 t)仍然大于不考虑区间来沙的实测淤积量(16.548 亿 t)，但与不考虑区

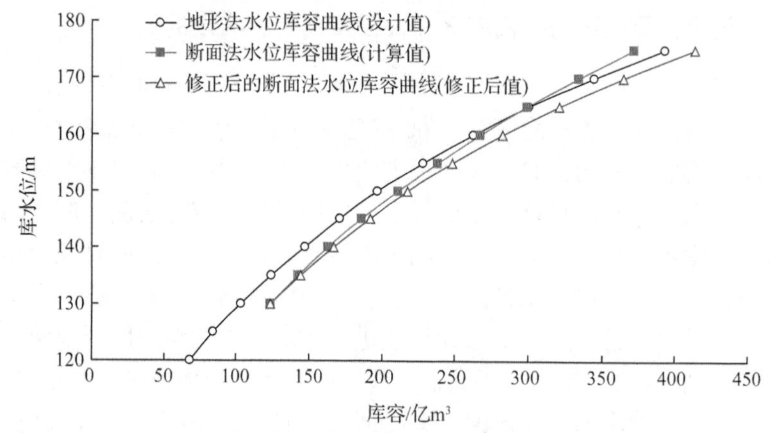

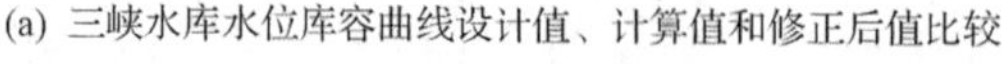
(a) 三峡水库水位库容曲线设计值、计算值和修正后值比较

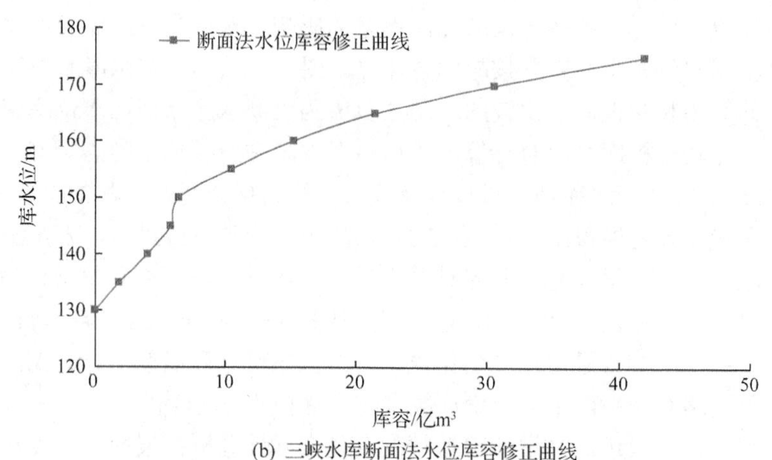

(b) 三峡水库断面法水位库容修正曲线

图 3.6　三峡水库水位库容修正曲线

间来沙的实测淤积量更加接近，从考虑区间来沙的角度看，此时不考虑支流库容时的淤积量模拟计算精度与考虑支流库容时相比实际上是降低了，即与考虑支流库容相比，不考虑支流库容时 2003～2013 年模拟精度合计下降 0.2%。

表 3.11　库容闭合计算改进前后库区冲淤量及过程模拟精度变化(输沙量法)(单位:亿 t)

年份	实测	不考虑库容闭合		考虑库容闭合		模拟精度提高/%
		计算	误差/%	计算	误差/%	
2003	1.481	1.447	–2.3	1.447	–2.3	0.0
2004	1.284	1.328	3.4	1.327	3.3	0.1
2005	1.745	1.754	0.5	1.754	0.5	0.0
2006	1.111	1.100	–1.0	1.099	–1.1	–0.1
2007	1.883	1.907	1.3	1.907	1.3	0.0
2008	1.992	1.969	–1.2	1.972	–1.0	0.2
2009	1.469	1.509	2.7	1.514	3.1	–0.4
2010	1.963	1.963	0.0	1.980	0.9	–0.9
2011	0.947	0.971	2.5	0.972	2.6	–0.1
2012	1.733	1.783	2.9	1.794	3.5	–0.6
2013	0.940	1.044	11.1	1.051	11.8	–0.7
合计	16.548	16.775	1.4	16.817	1.6	–0.2

注：2003 年为 2003 年 6 月 1 日~2003 年 12 月 31 日

从冲淤分布模拟结果看(表 3.12)，库容闭合计算改进后各河段冲淤量模拟精度与改进前相比变化也很小，铜锣峡—涪陵段、涪陵—大坝段、铜锣峡—大坝段模拟精度分别提高 0、–0.1%、–0.1%；重点河段青岩子河段和皇华城河段模拟精度分别提高 0 和 0.2%。

表 3.12　库容闭合计算改进前后库区干流冲淤分布模拟精度变化(2003~2013 年断面法)(单位:亿 m^3)

河段	实测	不考虑库容闭合		考虑库容闭合		模拟精度提高/%
		计算	误差/%	计算	误差/%	
铜锣峡—涪陵	0.110	0.113	5.4	0.116	5.4	0.0
涪陵—大坝	14.763	16.115	9.0	16.113	9.1	–0.1
铜锣峡—大坝	14.873	16.228	9.0	16.229	9.1	–0.1
青岩子河段	0.026	0.027	7.7	0.028	7.7	0.0
皇华城河段	1.048	1.060	1.0	1.056	0.8	0.2

从计算结果看，库容闭合计算改进对三峡水库 2003~2013 年库区泥沙冲淤的数学模型计算模拟精度影响很小，分析认为 2003~2013 年库区泥沙冲淤计算水库坝前按水位控制是模型库容闭合改进前后计算结果较小的主要原因，如果坝前按水库下泄流量控制，则库容不闭合对泥沙冲淤的影响将会突显出来，同时考虑到库容闭合问题直接关系到水库水量调蓄计算的精度和库容保留问题，且从更长时间的水库冲淤对库容影响角度看，尽可能地让计算库容与实际库容保持闭合无疑是很重要的。

3.4.4　综合考虑恢复饱和系数、库容闭合和区间流量计算改进后对提高库区冲淤模拟精度影响分析

前面分别计算分析了恢复饱和系数计算改进、区间流量计算改进和库容闭合计算改进对三峡水库 2003~2013 年库区冲淤数学模型模拟精度的影响。同时，也有必要对同时考虑这 3 个改进因素对模型模拟精度的影响进行计算比较。因此，为了比较分析综合考虑恢复饱和系数、区间流量和库容闭合计算 3 个因素改进前后对库区冲淤模拟精度的影响，将改进前后两种情况下 2003～2013 年水库冲淤量过程及分布计算结果分别列于表 3.13 和表 3.14。

表 3.13　恢复饱和系数、库容闭合和区间流量计算改进前后库区冲淤量及过程模拟精度变化(输沙量法)　　(单位:亿 t)

年份	实测	不改进恢复饱和系数、库容及区间流量计算		改进恢复饱和系数、库容及区间流量计算		模拟精度提高/%
		计算	误差/%	计算	误差/%	
2003	1.481	1.259	−15.0	1.447	−2.3	12.7
2004	1.284	1.101	−14.2	1.327	3.3	10.9
2005	1.745	1.487	−14.8	1.754	0.5	14.3
2006	1.111	0.672	−39.5	1.099	−1.1	38.4
2007	1.883	1.393	−26.0	1.907	1.3	24.7
2008	1.992	1.358	−31.8	1.972	−1.0	30.8
2009	1.469	1.010	−31.2	1.514	3.1	28.1
2010	1.963	1.425	−27.4	1.980	0.9	26.5
2011	0.947	0.712	−24.8	0.972	2.6	22.2
2012	1.733	1.362	−21.4	1.794	3.5	17.9
2013	0.940	0.809	−13.9	1.051	11.8	2.1
合计	16.548	12.588	−23.9	16.817	1.6	22.3

注：2003 年为 2003 年 6 月 1 日~2003 年 12 月 31 日

从冲淤量及过程模拟结果看(表 3.13)，恢复饱和系数、区间流量和库容闭合计算综合改进前，各年淤积量计算误差为–39.5%~–13.9%，总淤积量计算误差为 1.4%；区间流量计算改进后，各年淤积量计算误差一般在 3.5%以内，总淤积量计算误差为 1.6%。恢复饱和系数、区间流量和库容闭合计算改进后各年的冲淤量模拟精度均比改进前有所提高(精度提高为正，降低为负)，不同年份模拟精度可提高 2.1%~38.4%，模拟精度提高最多的是 2006 年，提高 38.4%，模拟精度提高最少的是 2013 年，精度提高 2.1%，2003～2013 年模拟精度合计提高了 22.3%。

从冲淤分布模拟结果看(表 3.14)，恢复饱和系数、区间流量和库容闭合计算改进后各河段冲淤量模拟精度均比改进前有所提高，铜锣峡—涪陵段、涪陵—大坝段、铜锣峡—大坝段模拟精度分别提高 15.5%、22.4%、22.0%；重点河段中位于变动回水区的青岩子河段和位于常年回水区的皇华城河段模拟精度分别提高 23.1%和 22.6%。

表 3.14　恢复饱和系数、库容闭合和区间流量计算改进前后库区干流冲淤分布模拟精度变化

(2003~2013 年断面法)　(单位:亿 m^3)

河段	实测	不改进恢复饱和系数、库容及区间流量计算		改进恢复饱和系数、库容及区间流量计算		模拟精度提高/%
		计算	误差/%	计算	误差/%	
铜锣峡—涪陵	0.110	0.133	20.9	0.116	5.4	15.5
涪陵—大坝	14.763	10.116	–31.5	16.113	9.1	22.4
铜锣峡—大坝	14.873	10.249	–31.1	16.229	9.1	22.0
青岩子河段	0.026	0.018	–30.8	0.028	7.7	23.1
皇华城河段	1.048	0.803	–23.4	1.056	0.8	22.6

综上所述，同时考虑恢复饱和系数、区间流量和库容闭合 3 个因素的计算改进后，本书所建立的三峡水库干支流河道一维非恒定流水沙数学模型的泥沙冲淤模拟精度有明显提高，2003~2013 年库区冲淤量的计算值为 16.817 亿 t，较实测值偏大 0.269 亿 t，计算误差为 1.6%，各年计算误差一般在 3.5%以内，不同年份模拟精度可提高 2.1%~38.4%，2003~2013 年库区冲淤量的模拟精度合计提高了约 22.3%。三峡水库蓄水运用后实测水沙资料为改进三峡水库泥沙模拟技术，提高三峡水库泥沙数学模型模拟精度提供了良好的契机，也为采用改进后的泥沙数学模型研究新的水库运用条件下库区冲淤规律和开展水库泥沙调度研究奠定了基础，改进后的模型可用于三峡水库不同运用条件下的库区泥沙冲淤模拟和泥沙调度研究。

3.5　本 章 小 结

(1)本章考虑水沙输移过程中的非恒定性及库区更多支流库容的影响,基于三级解法的基本思想，建立了三峡水库干支流河道一维非恒定流水沙数学模型，并在恢复饱和系数、区间流量、库容闭合等方面对模型进行了改进。采用三峡水库蓄水运用后2003~2013年实测资料对模型进行了验证,验证计算的水位流量过程、输沙量、淤积量及排沙比等与实测值符合较好。验证结果表明，该模型在非恒定流输沙计算方面有较好的精度，模型对三峡水库水沙输移及泥沙冲淤模拟计算基本合适，该模型可为三峡水库水沙优化调度和冲淤预测研究提供技术支持。

(2)与淤积时恢复饱和系数取固定值0.25、不考虑区间流量和库容闭合相比，综合考虑恢复饱和系数、区间流量和库容闭合计算改进后，2003~2013 年三峡库区总淤积量计算误差为1.6%，各年淤积量计算误差一般在3.5%以内，与模型改进前相比，不同年份库区淤积模拟精度可提高2.1%~38.4%，2003~2013年三峡库区淤积模拟精度合计提高了约22.3%。

(3)需要特别强调说明的是，本章所说的模拟精度的提高，并不是用新建的一维非恒定流模型去和三峡论证阶段的一维恒定流模型进行比较，而是用改进后的一维非恒定流模型去和改进前的一维非恒定流模型进行比较，只不过改进前的一维非恒定流模型的部分模型参数和模拟范围以及边界条件等仍然沿用的是三峡论证阶段恒定流模型的采用值。同时，这也说明在将一维恒定流水沙数学模型改为一维非恒定流水沙模型后，以往恒定流模型使用的部分关键参数将有可能不再适用，需要相应地作出改变。

参 考 文 献

[1] 黄仁勇，黄悦. 三峡水库干支流河道一维非恒定流水沙数学模型初步研究. 长江科学院院报，2009, 26(2)：9-13.

[2] 谢鉴衡. 河流模拟. 北京：水利电力出版社, 1990.

[3] 长江流域规划办公室长江水利水电科学研究院. 川江卵石推移质实测资料分析及输沙公式的检验. 1980.

[4] 韦直林，赵良奎，付小平. 黄河泥沙数学模型研究. 武汉水力电力大学学报，1997, 30(5)：21-25.

[5] 长江水利委员会长江科学院. 三峡水库蓄水位逐步上升方案水库淤积计算分析报告. 2006.

[6] 张瑞瑾. 河流动力学. 北京：中国水利水电出版社, 1983.

[7] 韩其为. 恢复饱和系数初步研究. 泥沙研究，1997, (3)：32-40.

[8] 韩其为，陈绪坚. 恢复饱和系数的理论计算方法. 泥沙研究，2008, (6)：8-16.

[9] 韩其为. 扩散方程边界条件及恢复饱和系数. 长沙理工大学学报(自然科学版)，2006, 3(3)：7-19.

[10] 韩其为. 非均匀沙不平衡输沙的理论研究. 水利水电技术，2007, 38(1)：14-23.

[11] 冯小香，张小峰，谢作涛. 水流倒灌下支流尾闾泥沙淤积计算. 中国农村水利水电，2005, (2)：54-56.

[12] 吴均，刘焕芳，宗全利，等. 一维超饱和输沙法恢复饱和系数的对比分析. 人民黄河，2008, 30(5)：25-27.
[13] 赵志贡，孙秋萍. 恢复饱和系数 α 数学模型的建立. 黄河水利职业技术学院学报，2000, 12(4)：27-29.
[14] 张一新. 沉沙池设计中确定泥沙沉降率综合系数 α 的方法. 人民珠江，1996, (3)：29-32.
[15] 杨晋营. 沉沙池超饱和输沙法恢复饱和系数研究. 泥沙研究，2005, (3)：42-47.
[16] 赵志贡，荣晓明. 沉沙池设计中恢复饱和系数 α 计算模型研究. 灌溉排水学报，2005, 24(5)：60-62.
[17] 史传文，罗全胜. 一维超饱和输沙法恢复饱和系数 α 的计算模型研究. 泥沙研究，2003, (1)：59-63.
[18] 李文丰，张文洁. 沉沙池设计中泥沙运动数学模型的建立. 水利建设与管理，2004, (5)：73-74.
[19] 黎运棻. 沉沙池沿程分组悬移质含沙量变化的基本计算式及其 α 值. 山西水利科技，2005, (3)：5-7.
[20] 王新宏，曹如轩，沈晋. 非均匀悬移质恢复饱和系数的探讨. 水利学报，2003, (3)：120-128.
[21] 长江水利委员会水文局. 2013 年度三峡水库进出库水沙特性、水库淤积及坝下游河道冲刷分析. 2014.
[22] 长江水利委员会水文局. 长江三峡区间水沙变化特征分析. 2009.

第4章　长江上游梯级水库联合调度泥沙数学模型研究

4.1　长江上游梯级水库概况

4.1.1　长江上游干支流防洪和开发规划简述

长江上游规划的防洪和发电控制性水库主要分布在金沙江和宜宾至宜昌河段及其支流雅砻江、岷江、大渡河、嘉陵江、乌江和清江上[1]。

1. 金沙江

金沙江干流治理开发任务为发电、供水与灌溉、防洪、航运、水资源保护、水生态与环境保护、水土保持、山洪灾害防治、旅游等，其中发电、供水与灌溉和防洪为主要任务。金沙江上游规划“一库十三级”，分别为西绒—晒拉—果通—岗托—岩比—波罗—叶巴滩—拉哇—巴塘—苏洼—昌波—旭龙—大奔子栏等，总装机容量1392万kW，目前大部分正在开展前期工作；金沙江中游为龙盘—两家人—梨园—阿海—金安桥—龙开口—鲁地拉—观音岩—金沙—银江等10级；金沙江下游为乌东德—白鹤滩—溪洛渡—向家坝等4级。

金沙江的梯级电站大部分正在开展前期工作，目前已建成并纳入国家防总2014年度长江上游水库群联合调度范围的有金沙江中游梨园—阿海—金安桥—龙开口—鲁地拉—观音岩以及金沙江下游溪洛渡和向家坝(图4.1)，其中承担防洪任务的主要是溪洛渡和向家坝[2]。

2. 长江干流宜宾至宜昌河段

长江干流宜宾至宜昌河段俗称川江，其主要治理开发与保护任务是：“防洪、发电、供水与灌溉、航运、水资源保护、水生态环境保护、岸线利用和江砂控制利用。”规划川江段有小南海、三峡、葛洲坝等3级开发方案，目前葛洲坝和三峡均已建成运用。

3. 支流

除上述电站，金沙江支流雅砻江规划了23级电站，其中二滩和锦屏一级已纳入国家防总2014年度长江上游水库群联合调度范围。

支流岷江(大渡河)规划有 26 级电站，已建成的主要有紫坪铺、瀑布沟已纳入国家防总 2014 年度长江上游水库群联合调度范围。

支流嘉陵江规划有 28 级开发，主要控制性水库有亭子口、草街，其支流白龙江规划 17 级开发的方案，主要枢纽有碧口、宝珠寺等，目前碧口、宝珠寺、亭子口、草街已建成运用并已纳入国家防总 2014 年度长江上游水库群联合调度范围。

支流乌江规划 11 级电站开发，包括普定、引子渡、洪家渡、东风、乌江渡和索风营、构皮滩、彭水、思林、沙沱、银盘等水电站，目前各水库均已建成。彭水、沙沱、思林和构皮滩已纳入国家防总 2014 年度长江上游水库群联合调度范围。

支流清江位于三峡大坝下游规划 13 级电站开发，主要控制性工程有水布垭、隔河岩、高坝洲等，目前均已经建成。

4.1.2　主要控制性水库概况

1. 金沙江中游梯级

金沙江中游在虎跳峡河段规划有龙头水库，主要开发任务是发电、供水灌溉、防洪。目前龙头水库正在研究比较，代表方案有龙盘、塔城和其宗方案。其中龙盘方案水库正常蓄水位 2010m，死水位 1939m，调节库容 215.2 亿 m^3，防洪库容 58.6 亿 m^3，电站装机容量 4200MW；塔城方案水库正常蓄水位 2100m，死水位 2040m，调节库容 63.88 亿 m^3，防洪库容 58.6 亿 m^3，电站装机容量 3780MW；其宗方案水库正常蓄水位 2100m，死水位 2040m，调节库容 54.1 亿 m^3，防洪库容 36.5 亿 m^3，电站装机容量 3550MW。

2. 金沙江下游梯级

乌东德水电站开发任务以发电为主，兼顾防洪；工程建成后还具有拦沙、改善库区及下游航运条件等综合利用效益。水库正常蓄水位 975m，死水位 945m，调节库容 30.2 亿 m^3，防洪库容 24.4 亿 m^3，电站装机容量 8700MW。

白鹤滩水电站开发任务以发电为主，兼顾防洪；工程建成后还具有拦沙、改善库区及下游航运条件等综合利用效益。水库正常蓄水位 825m，死水位 765m，调节库容 104.36 亿 m^3，防洪库容 75 亿 m^3，电站装机容量 14400MW。

溪洛渡水电站的开发任务以发电为主，兼顾拦沙、防洪。水库正常蓄水位 600m，死水位 540m，调节库容 64.6 亿 m^3，防洪库容 46.5 亿 m^3，电站装机容量 12600MW。

向家坝水电站开发任务以发电为主，同时改善通航条件，结合防洪和拦沙，兼顾灌溉，并具有为上游梯级溪洛渡电站进行反调节的作用。水库正常蓄水位 380m，死水位 370m，调节库容 9.03 亿 m^3，防洪库容 9.03 亿 m^3，电站装机容量

6000MW。

3. 长江干流宜宾至宜昌河段

三峡水利枢纽承担防洪、发电、航运和枯期向下游补水等综合利用任务。水库正常蓄水位 175m，枯期消落低水位 155m，调节库容 165 亿 m^3，防洪库容 221.5 亿 m^3，电站装机容量 22400MW(包括地下电站)。

4. 雅砻江梯级

两河口水利枢纽主要开发任务为发电、防洪。水库正常蓄水位 2865m，死水位 2780m，调节库容 65.6 亿 m^3，防洪库容 20 亿 m^3，电站装机容量 2700MW。

锦屏一级水利枢纽主要开发任务为发电、防洪。水库正常蓄水位 1880m，死水位 1800m，调节库容 49.1 亿 m^3，防洪库容 16 亿 m^3，电站装机容量 3600MW。

二滩水利枢纽主要开发任务为发电、防洪。水库正常蓄水位 1200m，死水位 1155m，调节库容 33.7 亿 m^3，防洪库容 9 亿 m^3，电站装机容量 3300MW。

5. 岷江、大渡河梯级

紫坪铺枢纽位于岷江干流，是集供水、防洪、发电等为一体的综合性水利工程，是举世闻名的都江堰灌区的水源工程，肩负着成都平原的工农业供水任务。水库正常蓄水位 877m，死水位为 817m，调节库容 7.74 亿 m^3，防洪库容 1.67 亿 m^3，电站装机容量 760MW。

双江口水利枢纽位于岷江支流大渡河上，开发任务以发电为主，兼顾防洪。水库正常蓄水位 2500m，死水位 2420m，调节库容 19.17 亿 m^3，防洪库容 5.1 亿 m^3，电站装机容量 3300MW。

瀑布沟水利枢纽位于岷江支流大渡河上，是一座以发电为主，兼顾防洪、拦沙等综合利用的大型水电工程。水库正常蓄水位 850m，死水位 790m，调节库容 38.94 亿 m^3，防洪库容 11 亿 m^3，电站装机容量 3600MW。

6. 嘉陵江梯级

亭子口水利枢纽位于嘉陵江干流，开发任务为防洪、灌溉和供水、减淤、发电、航运等综合利用。水库正常蓄水位 458m，死水位 438m，调节库容 34.68 亿 m^3，防洪库容14.4亿m^3，其中正常蓄水位以下防洪库容10.6亿m^3，电站装机容量1100 MW。

宝珠寺水利枢纽位于嘉陵江支流白龙江上，工程开发任务以发电为主，兼顾防洪、灌溉等综合效益。水库正常蓄水位 588m，死水位 558m，调节库容 13.4 亿 m^3，防洪库容 2.8 亿 m^3，电站装机容量 700MW。

7. 乌江梯级

洪家渡水利枢纽位于乌江北源六冲河上，工程开发的主要任务是发电，同时兼有调节径流、供水、养殖、旅游等综合利用效益。水库正常蓄水位为1140m，死水位 1076m，调节库容 33.61 亿 m^3，为多年调节水库，电站装机容量 600MW。

乌江渡水利枢纽位于乌江干流，工程开发的主要任务是发电，同时兼顾航运。水库正常蓄水位 760m，死水位 720m，调节库容 13.6 亿 m^3，电站装机容量 1250MW。

构皮滩水利枢纽位于乌江干流，工程开发任务以发电为主，兼顾航运和防洪等综合利用。水库正常蓄水位为 630m，死水位 590m，调节库容 29.02 亿 m^3，防洪库容 4 亿 m^3，电站装机容量 3000MW。

8. 清江梯级

水布垭水利枢纽位于清江干流中游，是一座以发电为主，兼有防洪、航运效益的大型水利枢纽。水库正常蓄水位 400m，死水位 350m，调节库容 23.85 亿 m^3，防洪库容 5 亿 m^3，电站装机容量 1840MW。

隔河岩水利枢纽位于清江干流，是一座以发电为主，兼有防洪、航运效益的大型水利枢纽。水库正常蓄水位 200m，死水位 180m，调节库容 11.6 亿 m^3，防洪库容 5 亿 m^3，电站装机容量 1212MW。

高坝洲水利枢纽位于清江干流，是一座以发电为主，兼有航运、水产效益的中型水利枢纽。水库正常蓄水位 80m，死水位 78m，电站装机容量 270MW。

4.1.3　长江上游水库群联合调度方案简介

2014 年 8 月国家防汛抗旱总指挥部批复了《2014 年度长江上游水库群联合调度方案》[2]，水库群联合调度方案内容包括以下几点。

1. 纳入联合调度范围的水库

长江宜昌以上为上游，集水面积约 100 万 km^2。国家在长江上游规划了长江三峡、金沙江溪洛渡、向家坝等一批库容大、调节能力好的综合利用水利水电枢纽工程，预计 2030 年水库群总调节库容达 1000 余亿 m^3、预留防洪库容 500 余亿 m^3。2015 年前长江上游地区可以投入运用且总库容 1 亿 m^3 以上的水库近 80 座，总调节库容 600 余亿 m^3，防洪库容约 380 亿 m^3。

原则上，长江上游干支流总库容在 1 亿 m^3 以上的重要水库均应纳入水库群防洪和水量统一调度范围，但综合考虑上游水库的建设规模、防洪能力、调节库容、控制作用、建设进度等因素，纳入 2014 年度联合调度范围的水库包括：金沙江梨园、阿海、金安桥、龙开口、鲁地拉、观音岩、溪洛渡、向家坝，雅砻江锦屏一级、二滩，岷江紫坪铺、瀑布沟，嘉陵江碧口、宝珠寺、亭子口、草街，乌江构皮滩、思林、沙沱、彭水，长江干流三峡等 21 座水库(图 4.1 及表 4.1)，其中沙沱、草街两水库为首次纳入，金沙江梨园、观音岩两水库计划 2014 年汛末下闸蓄水也一并纳入。除纳入 2014 年调度范围的 21 座水库，现在长江上游规划建设的大型水库还有乌东德、白鹤滩等(表 4.2)，随着规划建设的水库建成并投入运行，将逐步纳入调度范围，并及时对联合调度方案进行修订。

2. 防洪联合调度方案

1) 川渝河段

当川渝河段出现较大洪水时，运用溪洛渡、向家坝水库适时拦洪错峰，采用补偿调度方式，分别控制李庄(宜宾防洪控制站)、朱沱(泸州防洪控制站)、寸滩(重庆防洪控制站)的洪峰流量尽可能不超过 51000m^3/s、52600m^3/s、83100m^3/s，减轻宜宾、泸州、重庆主城区等城市的防洪压力。

当长江中下游不需要上游水库配合三峡水库防洪运用时，运用阿海、金安桥、龙开口、鲁地拉、锦屏一级、二滩、瀑布沟、亭子口等水库配合溪洛渡、向家坝水库对川渝洪水实施拦洪错峰。

2) 嘉陵江中下游

当嘉陵江中下游发生较大洪水时，运用亭子口、碧口、宝珠寺、草街等水库，适时拦洪错峰，减轻嘉陵江中下游苍溪、阆中、南充、合川、重庆主城区等城镇的防洪压力。溪洛渡、向家坝等金沙江干流上的水库，在为宜宾、泸州等地区留足防洪库容的条件下，减少下泄流量，减轻重庆主城区的防洪压力。

3) 乌江中下游

当乌江发生较大洪水时，运用构皮滩、思林、沙沱、彭水等水库，适时拦洪错峰，减轻中下游思南、沿河、彭水、武隆等重要城镇和重要基础设施的防洪压力。

4) 长江中下游

当长江中下游发生大洪水时，三峡水库根据长江中下游防洪控制站沙市、城陵矶等站水位控制目标，实施补偿调度。当三峡水库拦蓄洪水时，上游水库群配合三峡水库拦蓄洪水，减少三峡水库的入库洪量。

一般情况下，阿海、金安桥、龙开口、鲁地拉、锦屏一级、二滩等有配合三峡水库防洪任务的水库实施与三峡水库同步拦蓄洪水的调度方式。溪洛渡、向家坝、瀑布沟、亭子口、构皮滩、思林、沙沱、彭水等承担所在河流和配合三峡水

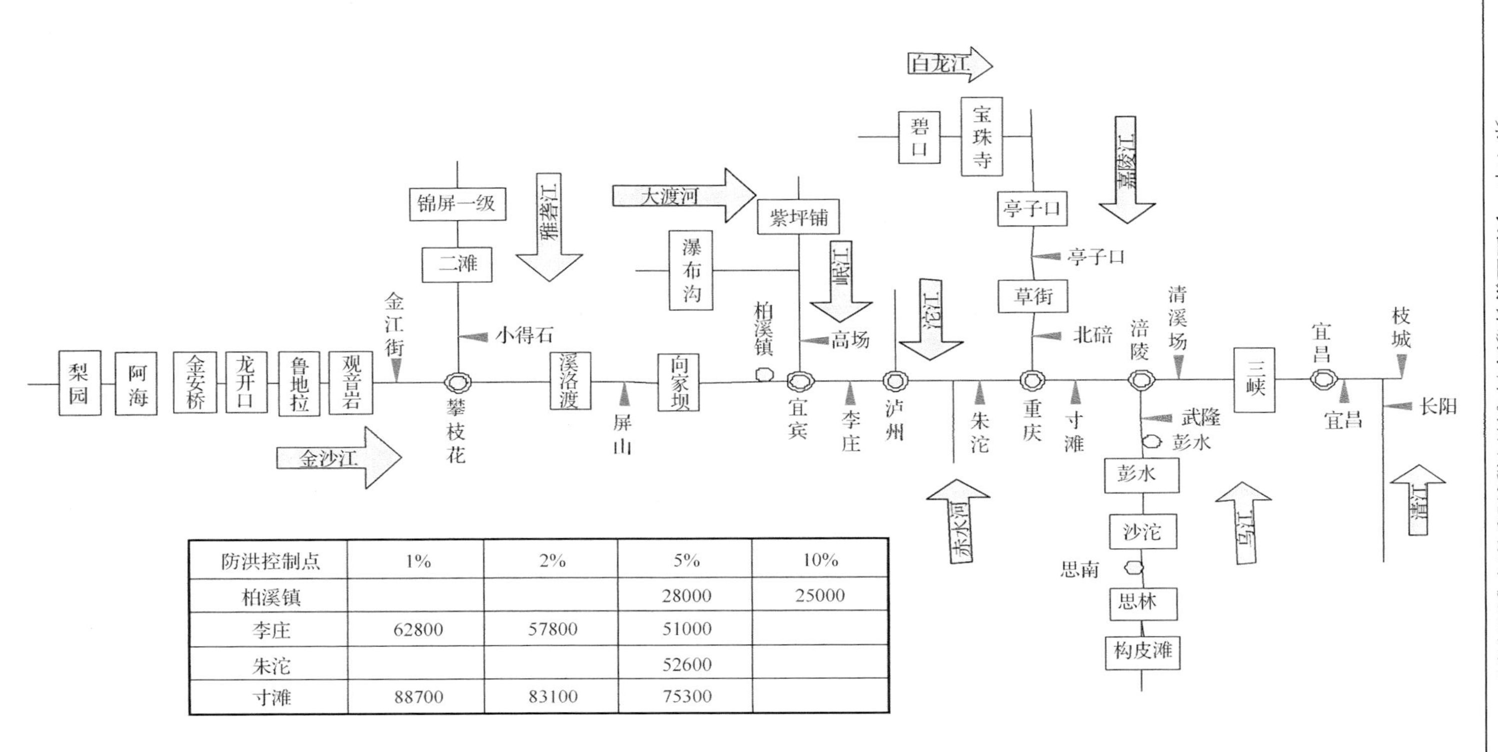

防洪控制点	1%	2%	5%	10%
柏溪镇			28000	25000
李庄	62800	57800	51000	
朱沱			52600	
寸滩	88700	83100	75300	

图 4.1　纳入 2014 年度联合调度的长江上游水库群概化图[2]

库防洪双重防洪任务的水库，当所在河流发生较大洪水时，结合所在河流防洪任务，实施拦洪调度；当所在河流来水量不大且预报短时期内不会发生大洪水时，也需减少水库下泄流量，配合其他水库降低长江干流洪峰流量，减少三峡水库入库洪量。

表 4.1　纳入 2014 年度联合调度的长江上游干支流水库基本情况

水系名称	水库名称	所在河流	控制流域面积/万 km^2	正常蓄水位/m	调节库容/亿 m^3	规划防洪库容/亿 m^3	业主单位
长江	三峡	干流	100	175	165	221.5	三峡集团
金沙江	梨园	金沙江	22.00	1618	1.73	1.73	金中公司
	阿海		23.54	1504	2.38	2.15	华电集团
	金安桥		23.74	1418	3.46	1.58	汉能集团
	龙开口		24.00	1298	1.13	1.26	华能集团
	鲁地拉		24.73	1223	3.76	5.64	华电集团
	观音岩		25.65	1134	5.55	5.42	金中公司
	溪洛渡		45.44	600	64.6	46.5	三峡集团
	向家坝		45.88	380	9.03	9.03	三峡集团
雅砻江	二滩	干流	11.64	1200	33.7	9	雅砻江公司
	锦屏一级		10.3	1880	49.1	16	雅砻江公司
岷江	紫坪铺	干流	2.27	877	7.74	1.67	紫坪铺公司
	瀑布沟	大渡河	6.85	850	38.94	11/7.27	大渡河公司
乌江	构皮滩	干流	4.33	630	29.02	4/2	乌江公司
	思林		4.86	440	3.17	1.84	乌江公司
	沙沱		5.45	365	2.87	2.09	乌江公司
	彭水		6.90	293	5.18	2.32	大唐公司
嘉陵江	碧口	白龙江	2.60	704	1.46	0.5/0.7	大唐公司
	宝珠寺	白龙江	2.84	588	13.4	2.8	华电集团
	亭子口	干流	6.1	458	17.32	14.4	大唐公司
	草街	干流	15.61	203	0.65	1.99	重庆航运建设发展有限公司

表 4.2　长江上游规划建设的重要水库情况

序号	水系名称	水库名称	所在河流	控制流域面积/万 km^2	规划预留最大防洪库容/亿 m^3	备注
1	长江	乌东德	金沙江	40.61	24.4	规划新建
2		白鹤滩		43.03	75.0	
3	雅砻江	雅砻江上游梯级	干流		5.0	规划新建
4		两河口		5.96	20	
5	岷江	下尔呷	大渡河	1.55	8.7	规划新建
6		双江口		3.93	6.63	
7		长河坝		5.59	1.2	在建

注：表中规划新建水库的防洪库容按工程最终建成后确定的防洪库容调度运行

3. 蓄水联合调度方案。

(1) 各水库应有序逐步蓄水，水库蓄水期间下泄流量应不小于规定的下限值，减轻对水库下游供水、生态、航运等不利影响。

(2) 阿海、金安桥、龙开口、鲁地拉等水库，8 月初开始有序逐步蓄水。二滩、草街、构皮滩、思林、沙沱、彭水等水库，9 月初在留足所在河流防洪要求库容的前提下可逐步蓄水。三峡、向家坝 9 月中旬可逐步蓄水。紫坪铺、碧口、宝珠寺等水库 10 月初开始蓄水。锦屏一级、亭子口、溪洛渡等水库根据工程蓄水验收意见蓄水。瀑布沟根据防洪库容预留要求分时段逐步蓄水。梨园、观音岩为初期蓄水，应根据工程建设情况提前上报蓄水方案。

(3) 干支流、上下游水库蓄水应统一协调，以满足长江中下游流量要求。

(4) 为协调好水库群蓄水与各方面用水的关系，水库管理单位应编制蓄水实施计划并按程序报批。

4.2　长江上游梯级水库联合调度泥沙数学模型

在长江上游梯级水库泥沙问题研究方面，过去对乌东德、白鹤滩、溪洛渡、向家坝、三峡等各个水库的泥沙冲淤均分别进行过研究，但以往研究多以单库为研究对象，对上游干支流水库拦沙作用考虑不够，且各水库采用的水沙系列也不统一，泥沙联合调度研究相对较少，且位于上下游水库之间的天然河道往往被忽略，没有能够充分反映梯级水库群泥沙冲淤的相互影响，也不利于今后长江上游大型梯级水库联合调度研究的开展[3~7]。随着上游干流梯级水库的逐步建成运用，及时将单一水库泥沙数学模型扩展为梯级水库群联合调度泥沙数学模型，实现梯级水库群泥沙淤积计算在空间上的联合和在时间上的同步，是研究长江上游梯级水库联合运用条件下泥沙冲淤问题的客观需要。

4.2.1 模型系统组成框架及原理

从研究对象和研究范围上看，根据长江上游梯级水库情况及具体研究需要，可以考虑建立的长江上游梯级水库联合调度泥沙数学模型包括：溪洛渡—向家坝—三峡梯级水库联合调度泥沙数学模型、乌东德—白鹤滩—溪洛渡—向家坝—三峡梯级水库联合调度泥沙数学模型、乌东德—白鹤滩梯级水库联合调度泥沙数学模型等。考虑到溪洛渡、向家坝、三峡水库均已建成运用，下面就以溪洛渡—向家坝—三峡梯级水库联合调度泥沙数学模型为例进行模型介绍。

溪洛渡—向家坝—三峡梯级水库联合调度泥沙数学模型计算范围包含溪洛渡、向家坝和三峡三个水库以及向家坝水库坝下游天然河道和各水库之间的多条入汇支流，研究范围为一树状河网。各水库的河道计算范围以枢纽工程为界[8]，划分成计算河段 1、计算河段 2 和计算河段 3，每个计算河段的非恒定流水沙计算可按一般单一水库处理(图 4.2)。以溪洛渡和向家坝枢纽工程为内边界，将溪洛渡水库库尾—三峡坝址的长江干流和部分主要支流作为一个整体，结合三个枢纽拟定的调度方式，将枢纽调度和水沙计算完全结合在一起，进行梯级水库群联合运用条件下的泥沙冲淤同步联合计算。

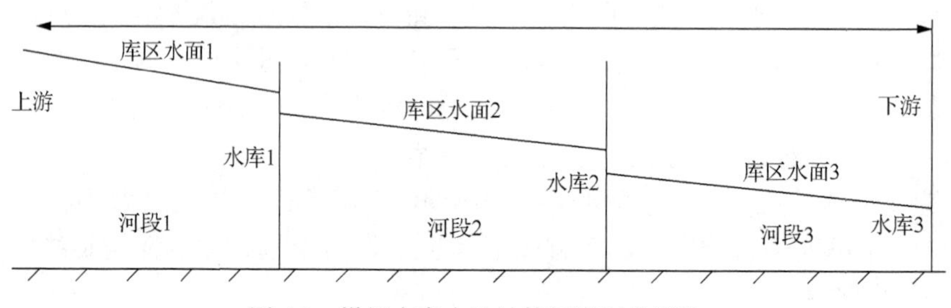

图 4.2　梯级水库水沙计算河道划分概化

本书以自主研发并经过实测资料验证的三峡水库干支流河道一维非恒定流水沙数学模型为基础，将溪洛渡及向家坝水库纳入整体计算范围，建立溪洛渡—向家坝—三峡梯级水库联合调度泥沙数学模型。梯级水库联合调度泥沙数学模型是由多个单一水库水沙数学模型组成的(图 4.2)，单一水库水沙数学模型的模型方程及求解方法同第 3 章三峡水库干支流河道一维非恒定流水沙数学模型的模型方程及求解，这里就不再重复。计算时在一个计算步长内先进行最上游水库的泥沙冲淤计算，计算完成后将上游水库的出库水沙作为下游水库的进口边界，进行下游第二个水库的冲淤计算，依次类推直至计算完最下游水库的泥沙冲淤，然后再从最上游的水库开始进行下一个时间步长的泥沙冲淤计算。在计算过程中，当某个计算时刻发现计算结果不合理或不满足给定的限制条件时，可停止计算或及时调整相关参数并回到上一个计算时刻重新计算。

模型方程：单一水库一维非恒定流水沙数学模型是建立长江上游梯级水库水沙数学模型的基础，单一水库一维非恒定流水沙数学模型基本方程及方程求解同第 3 章。

4.2.2　模型功能

图 4.3 为溪洛渡—向家坝—三峡梯级水库联合调度泥沙数学模型计算范围河段划分图，本模型具有的特点和功能包括以下几点。

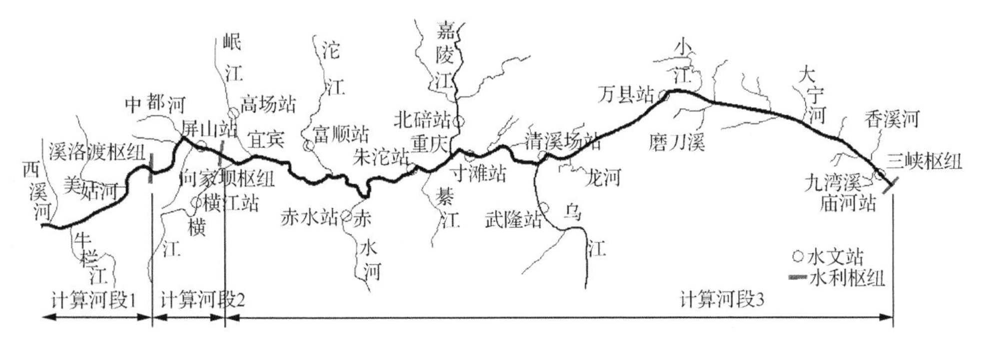

图 4.3　溪洛渡—向家坝—三峡梯级水库联合调度泥沙数学模型计算范围河段划分

(1) 为树状河网模型。干流计算范围从溪洛渡水库库尾至三峡水库坝址，长约 1400km；在三峡库区，根据已有的入汇支流实测断面资料情况，计算中考虑嘉陵江、乌江、綦江、木洞河、大洪河、龙溪河、渠溪河、龙河、小江(支流小江又包含南河、东河、普里河、彭河等支流)、梅溪河、大宁河、沿渡河、清港河、香溪河共十四条支流；在向家坝坝址至三峡库尾段，考虑支流横江、岷江、沱江及赤水河共 4 条支流，这 4 条支流以节点入汇方式参与水沙计算。

(2) 可进行多水库同步冲淤计算。计算范围内包括溪洛渡、向家坝和三峡三个水库，以三峡水库为外边界，以溪洛渡和向家坝为内边界，结合三个枢纽拟定的调度方式，可以将枢纽调度和水沙计算完全结合在一起，对溪洛渡、向家坝和三峡水库三库进行不同调度组合方案下的泥沙冲淤同步联合计算。

(3) 具有水库调度功能。本模型在水动力模块和泥沙输移模块的基础上增加了水库调度模块，可将泥沙冲淤计算与水库调度计算耦合在一起，实现泥沙冲淤与水库调度的一体化同步模拟计算，水库调度模块可以提供多种方式的水库调度控制方法(包括给定坝前水位过程、下泄流量过程和控制发电出力过程等调度方式)，还可以根据给定的水库调度图、发电通航调度原则、防洪调度原则及其他水库水位泄量限制条件等调度要求对各水库实现自动调度。

(4)具有可扩展性。可以根据研究需要及地形等基本资料的掌握情况，将更多干支流水库纳入梯级水库群水沙联合计算的计算范围。

(5)为全沙模型，可同时模拟悬移质泥沙输移运动和推移质泥沙输移运动。

(6)可在计算过程中“自动”实现上下游水库之间的水沙衔接。若各水库分开计算，则需要等上游水库完全计算完之后，再通过“手动”操作方式将上游水库的出库水沙过程赋给下游水库的进口，而建立梯级水库联合调度泥沙数学模型后，则可以在计算过程中通过程序“自动”将上游水库的出库水沙过程实时赋给下游水库的进口。

(7)具有联合调度功能。若各水库分开分别单独计算，则上游水库主要通过出库水沙影响下游水库冲淤及调度，而下游水库则无法影响上游水库，与单库计算相比，梯级水库联合调度泥沙数学模型中，下游水库可以通过库尾水位影响上游水库调度运行，同时，下游水库的联合调度目标也可以通过调度需求实时影响上游水库的调度运行，即梯级水库联合调度模型具有单库模型所无法具备的上下游水库联合调度功能和相互影响功能。

4.3　长江上游乌东德、白鹤滩、溪洛渡、向家坝、三峡梯级水库联合调度泥沙数学模型边界条件

4.3.1　河床边界

长江上游干流具有巨大的防洪、发电等综合效益的巨型水库，主要是三峡、向家坝、溪洛渡、白鹤滩和乌东德，其中三峡水库已于2003年开始蓄水运用，金沙江下游的4个大型梯级水库中，向家坝和溪洛渡已分别于2012和2013年开始蓄水运用，乌东德水库已通过国家核准，正式进入主体工程施工阶段，白鹤滩水库正在等待国家核准。

本书研究长江上游梯级水库联合调度泥沙冲淤计算范围为乌东德库尾攀枝花—三峡坝址(图4.4)长约1800km。其中乌东德库区计算河段长约214.9km，计算断面106个，平均间距2.05km；白鹤滩库区计算河段长约183.84km，计算断面95个，平均间距1.96km；溪洛渡库区泥沙淤积计算河段长约207.6km，计算断面59个，平均间距3.52km；向家坝库区计算河段长约156.6km，计算断面46个，平均间距3.31km；干流向家坝坝址—朱沱水文站计算河段长279.0km，计算断面78个，平均间距3.58km；朱沱—三峡坝址段干流长约760km，计算断面368个，断面平均间距约2.06km。三峡水库采用2013年底库区实测大断面地形进行计算，

乌东德、白鹤滩、溪洛渡、向家坝均采用建库前空库大断面地形进行计算。本模型在乌东德库尾攀枝花—三峡坝址 1800km 的长河段实现了计算范围的“全连通”，这也为在计算范围内开展乌东德、白鹤滩、溪洛渡、向家坝、三峡梯级水库联合调度条件下的水沙输移同步模拟计算奠定了基础。

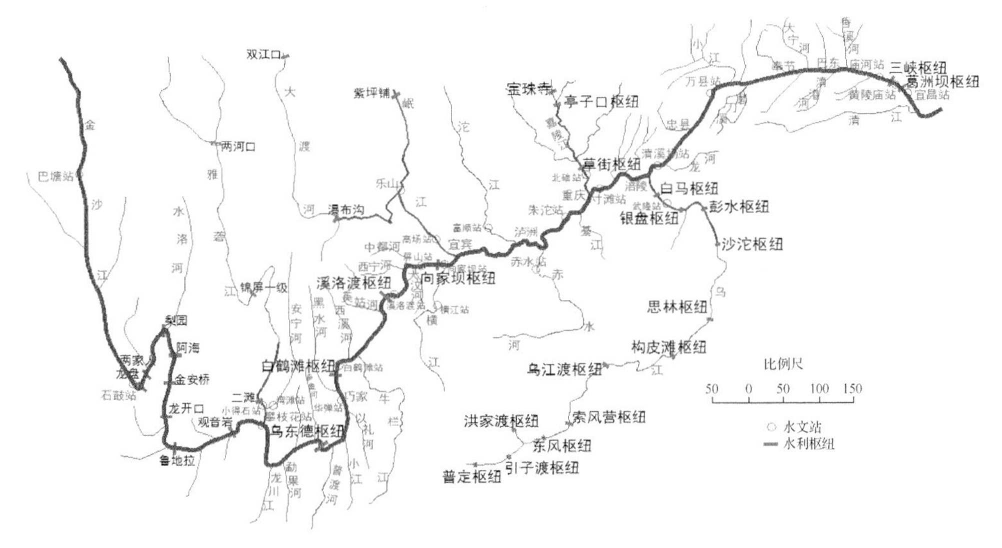

图 4.4　长江上游干支流河道

入汇支流中，三峡库区嘉陵江、乌江、綦江、木洞河、大洪河、龙溪河、渠溪河、龙河、小江(支流小江又包含南河、东河、普里河、彭河等支流)、梅溪河、大宁河、沿渡河、清港河、香溪河等 14 条支流掌握断面地形，故在计算中将这 14 条支流以支流入汇方式纳入水沙输移计算范围，其中较大支流嘉陵江和乌江的计算范围分别长约 70km 和 87km；攀枝花—三峡坝址段其他较大支流由于不掌握断面地形，故均以节点入汇方式参与水沙计算，其中乌东德库区考虑雅砻江、龙川江等支流节点入汇，白鹤滩库区考虑普渡河、小江、以礼河、黑水河等支流节点入汇，溪洛渡库区考虑西溪河、牛栏江、美姑河等支流节点入汇，向家坝库区考虑西宁河、中都河、大汶河等支流节点入汇，向家坝坝址—朱沱水文站段考虑支流横江、岷江、沱江及赤水河等支流节点入汇。

4.3.2　进口水沙边界及干支流梯级拦沙计算

1. 模型进口水沙边界条件说明

本书中长江上游大型梯级水库联合调度泥沙数学模型计算的干流进口边界采用攀枝花站水沙过程，支流雅砻江入汇水沙采用干流小得石站和支流安宁河湾滩站两站的合成水沙过程，支流横江入汇水沙采用横江站水沙过程，支流岷江入汇水沙采用高场站水沙过程，支流沱江入汇水沙采用李家湾站(富顺站)水沙过程，支流嘉陵江入汇水沙采用北碚站水沙过程，支流乌江入汇水沙采用武隆站水沙过程。

本书研究建立的长江上游梯级水库联合调度泥沙数学模型计算范围内包含了乌东德、白鹤滩、溪洛渡、向家坝、三峡 5 个大型水库，乌东德、白鹤滩、三峡水库设计阶段泥沙淤积计算均采用的是 1961~1970 年典型水沙系列，溪洛渡和向家坝设计阶段水库泥沙淤积计算均采用的是 1964~1973 年典型水沙系列。“十一五”期间，国务院三峡工程建设委员会办公室泥沙专家组确定采用 1991~2000 年典型水沙系列研究三峡工程蓄水运用后泥沙问题，“十二五”期间，三峡工程泥沙问题研究继续采用了 1991~2000 年典型水沙系列，同时，长江科学院、长江委设计院和中国水利水电科学研究院等单位在金沙江下游梯级水库泥沙问题研究中也采用了 1991~2000 年水沙系列。从研究的延续性考虑，本书研究干支流入库水沙选择采用 1991~2000 年典型系列水沙过程(表 4.3 为各站天然水沙量统计)，泥沙级配采用 1991~2000 年系列 10 年平均级配。在攀枝花、小得石、湾滩、横江、高场、李家湾、北碚、武隆等干支流控制站之外，还有大量的区间来水来沙。本书将区间来流量及区间来沙在计算河段内分配到入汇小支流和小支流之间的未控区间上，分配到小支流上的水沙分别按节点入汇和支流入汇的方式参与计算，分配到小支流之间的未控区间上的水沙按沿程均匀入汇的方式参与计算。与 1991~2000 年系列相对应的区间来水量和悬沙量为：乌东德库区 76.35 亿 m^3 和 0.404 亿 t，白鹤滩库区 85.23 亿 m^3 和 0.7527 亿 t，溪洛渡库区 88.55 亿 m^3 和 0.6177 亿 t，向家坝库区 33.74 亿 m^3 和 0.0694 亿 t，三峡库区 576.57 亿 m^3 和 0.0 亿 t，即三峡水库不考虑区间来沙。区间卵石推移质来量采用多年平均值：乌东德库区年均 53.3 万 t，白鹤滩库区年均 77.1 万 t，溪洛渡库区年均 70.8 万 t，向家坝库区年均 7.0 万 t，岷江年均 44.4 万 t，沱江年均 2.8 万 t，三峡库区不考虑区间推移质。

2. 干支流梯级水库拦沙计算

在本书研究计算范围内的乌东德、白鹤滩、溪洛渡、向家坝、三峡水库之外，其他已建及待建的干支流梯级水库的拦沙作用也非常巨大，因此，在开展乌东德、白鹤滩、溪洛渡、向家坝、三峡梯级水库泥沙淤积长期预测计算时，计算范围内的干支流入库站来沙量还需要考虑其上游水库的拦沙影响。本书考虑了金沙江中游梯级水库、雅砻江梯级水库、岷江梯级水库、嘉陵江梯级水库、乌江梯级水库分别对金沙江攀枝花站、雅砻江小得石站、岷江高场站、嘉陵江北碚站、乌江武隆站的拦沙影响，拦沙计算采用平衡坡降法[9]。综合考虑库容大小、建库时间、水库位置等多方面因素，金沙江中游梯级考虑了龙盘、两家人、梨园、阿海、金安桥、龙开口、鲁地拉、观音岩等 8 座水库的拦沙影响，雅砻江梯级考虑了两河

表 4.3　1991~2000 年系列计算河段天然来水来沙量统计

（水量：亿 m^3　沙量:亿 t）

年份	干流攀枝花站		雅砻江小得石站		安宁河湾滩站		干流华弹站		干流屏山站		横江横江站		岷江高场站		沱江李家湾站		赤水河赤水站		干流朱沱站		嘉陵江北碚站		乌江武隆站	
	水量	悬沙量	水量	悬沙量	水量	悬沙量	水量	悬沙量	水量	悬沙量	水量	悬沙量	水量	悬沙量	水量	悬沙量	水量	悬沙量	水量	悬沙量	水量	悬沙量	水量	悬沙量
1991	655.0	0.784	589.7	0.433	92.40	0.225	1572	3.328	1658	3.777	80.13	0.189	813.7	0.464	110.3	0.027	78	0.040	2867	4.080	495.9	0.484	492.5	0.260
1992	453.4	0.263	414.2	0.198	63.88	0.102	963.5	0.908	1116	1.296	66.68	0.122	929.2	0.539	131.2	0.034	83	0.027	2399	1.864	723.7	0.748	448.4	0.152
1993	661.1	0.803	611.8	0.566	71.27	0.150	1432	2.580	1490	2.752	60.62	0.073	867.4	0.448	106.2	0.034	66	0.036	2706	3.184	739	0.627	509.1	0.206
1994	382.2	0.299	387.9	0.183	63.07	0.108	981.7	1.345	1064	1.700	63.04	0.108	704.4	0.162	80.38	0.004	82	0.127	2087	1.736	483.4	0.191	394.2	0.075
1995	512.1	0.472	492.0	0.422	77.89	0.151	1201	1.918	1320	2.910	78.78	0.153	860.9	0.396	120.7	0.080	86	0.043	2642	2.986	470.5	0.343	583.2	0.218
1996	543.1	0.493	499.6	0.382	59.13	0.090	1202	1.803	1325	2.579	73.49	0.129	769.1	0.232	93.97	0.024	83	0.038	2504	2.487	420.8	0.135	657.4	0.357
1997	483.5	0.371	454.1	0.331	65.59	0.128	1181	2.411	1357	3.918	74.32	0.180	725.0	0.266	91.60	0.035	89	0.041	2374	3.194	308.1	0.061	537.2	0.165
1998	763.6	1.272	671.7	0.160	106.6	0.402	1692	3.616	1971	4.696	96.85	0.252	830.9	0.340	144.7	0.052	79	0.037	3170	4.844	709.1	0.989	574.5	0.317
1999	650.3	0.826	621.2	0.035	86.72	0.172	1521	2.347	1752	3.098	90.39	0.180	946.2	0.477	134.6	0.026	77	0.036	3059	3.383	529.3	0.164	601.4	0.237
2000	740.8	1.016	626.1	0.024	86.96	0.152	1633	2.077	1772	2.724	91.49	0.124	790.0	0.235	79.31	0.009	62	0.031	2882	2.772	641.3	0.365	579.5	0.225
平均	584.5	0.660	536.8	0.273	77.35	0.168	1338	2.233	1483	2.945	77.58	0.151	823.7	0.356	109.3	0.032	78.5	0.046	2669	3.053	552.1	0.411	537.7	0.221

口、锦屏一级、二滩等 3 座水库的拦沙影响，岷江梯级考虑了双江口、瀑布沟、紫坪铺等 3 座水库的拦沙影响，嘉陵江梯级考虑了宝珠寺、亭子口、草街等 3 座水库的拦沙影响，乌江梯级考虑了引子渡、洪家渡、东风、索风营、乌江渡、构皮滩、思林、沙沱、彭水、银盘等 10 座水库的拦沙影响，共考虑了金沙江中游、雅砻江、岷江、嘉陵江、乌江 5 个流域梯级上的 27 座水库的拦沙影响。各梯级水库位置见图 4.4，水库特征见表 4.1 和表 4.2。

考虑到本书采用的 1991~2000 年水沙系列长度为 10 年，为方便计算，本书假设乌东德—白鹤滩梯级同时建成运用，溪洛渡—向家坝梯级同时开始蓄水运用，乌东德—白鹤滩梯级比溪洛渡—向家坝梯级晚 10 年建成，溪洛渡—向家坝—三峡梯级从 2014 年起开始联合调度运用计算，乌东德—白鹤滩梯级从 2024 年起参与长江上游梯级水联合调度运用计算。金沙江中游梯级梨园、阿海、金安桥、龙开口、鲁地拉、观音岩 6 库按比乌东德—白鹤滩梯级早 10 年投入运用考虑，即按与溪洛渡—向家坝梯级同时开始运用考虑，当考虑龙盘梯级(指龙盘和其下游的反调节水库两家人水库，下同)拦沙影响时，龙盘梯级按比乌东德—白鹤滩梯级晚 10 年投入运用考虑。雅砻江梯级、岷江梯级、嘉陵江梯级、乌江梯级拦沙结果的开始输出时间与溪洛渡—向家坝梯级开始蓄水运用的时间相同。

1)金沙江中游梯级拦沙结果分析

金沙江中游梯级以攀枝花站为出库控制站，采用 1991~2000 年系列 10 年年均输沙量及级配进行拦沙计算，计算结果以每 10 年一个年均拦沙出库率和拦沙后级配的方式给出。金沙江中游梯级拦沙出库率为拦沙后攀枝花站年均输沙量与拦沙前年均输沙量的比值，开展梯级水库冲淤计算时，攀枝花站流量过程保持不变，含沙量过程采用乘以 10 年平均拦沙出库率后的含沙量过程，泥沙级配采用拦沙后的 10 年平均级配。从金沙江中游梯级拦沙出库率计算结果看(图 4.5)，按 1991~2000 年系列来沙量，不考虑龙盘梯级时，金沙江中游梯级在运用初期拦沙作用较强，拦沙出库率较小，之后随着运用时间的延长，梯级水库拦沙效果逐步下降，且下降速度呈不断加快趋势，在运用至 90 年末时整个梯级水库达到冲淤平衡，拦沙出库率等于 1.0，攀枝花站输沙量恢复为天然状态。当考虑龙盘梯级时，金沙江中游梯级在前 60 年拦沙出库率增加较为缓慢，之后逐步加快，在运用到 150 年末时，拦沙出库率达到 50.8%后其增加速度变得极为缓慢，主要是 150 年末，金沙江中游梯级除龙盘其他水库均已淤积平衡，而龙盘水库库容很大，水库淤积平衡时间非常的长，以至于每年的泥沙淤积对其库容的影响很小，使得每年的拦沙量差别很小，进而造成整个金沙江中游梯级拦沙出库率增加极其缓慢，拦沙出库率曲线几乎接近于一条直线，考虑龙盘梯级后，金沙江中游梯级运用至 500 年末仍未达到冲淤平衡，500 年末的拦沙出库率等于 0.574。

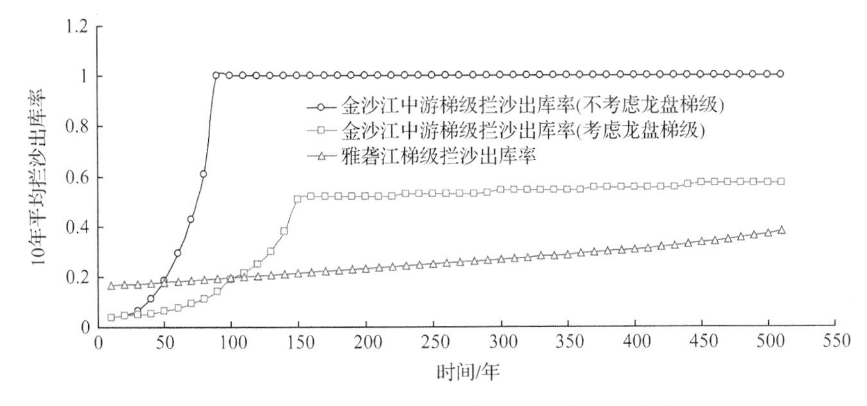

图 4.5　金沙中游梯级和雅砻江梯级拦沙出库率

2) 雅砻江梯级拦沙结果分析

雅砻江梯级以小得石站为出库控制站，采用 1991~2000 年系列 10 年年均输沙量及级配进行拦沙计算，雅砻江梯级拦沙出库率为拦沙后小得石站年均输沙量与拦沙前年均输沙量的比值。开展梯级水库冲淤计算时，小得石站流量过程保持不变，含沙量过程采用乘以 10 年平均拦沙出库率后的含沙量过程，泥沙级配采用拦沙后的 10 年平均级配，整个雅砻江水沙过程采用小得石站拦沙后水沙过程与湾滩站天然水沙过程的合成过程。从雅砻江梯级拦沙出库率计算结果看(图 4.5)，由于支流安宁河及小得石站下游仍为较大的高产沙区间，故刚开始运用 10 年的拦沙出库率就达到了 0.168。但由于雅砻江梯级库容较大，对雅砻江小得石站以上的干流区域的拦沙作用较强，故拦沙出库率一直处于缓慢增长状态，雅砻江梯级运用至 500 年末仍远未达到冲淤平衡，500 年末的拦沙出库率等于 0.379。

3) 岷江梯级拦沙结果分析

岷江梯级以高场站为出库控制站，采用 1991~2000 年系列 10 年年均输沙量及级配进行拦沙计算，岷江梯级拦沙出库率为拦沙后高场站年均输沙量与拦沙前年均输沙量的比值。开展梯级水库冲淤计算时，高场站流量过程保持不变，含沙量过程采用乘以 10 年平均拦沙出库率后的含沙量过程，泥沙级配采用拦沙后的 10 年平均级配。从岷江梯级拦沙出库率计算结果看(图 4.6)，由于岷江干流紫坪铺水库下游和支流大渡河瀑布沟水库下游均有较大范围的未控产沙区间，故刚开始运用 10 年的拦沙出库率就达到了 0.267。但由于岷江梯级库容相对较大，且水库控制区域产沙量相对较小，故水库可发挥拦沙作用的时间就较长，拦沙出库率一直处于缓慢增长状态，岷江梯级运用至 350 年末，拦沙出库率增长速度开始加快，至 410 年末拦沙出库率达到 0.936 后再次变为缓慢增长，至 500 年末拦沙出库率增长为 0.941，主要是因为 410 年末瀑布沟水库达到淤积平衡，最上游的双江口水库库容相对较大，而坝址处年来沙量相对较少，使得每年的拦沙量差别很小，进而造成整个岷江梯级拦沙出库率增加极其缓慢，这也表明，双江口水库虽然可以发挥拦沙作用的时间较长，但其对于整个岷江梯级的拦沙作用相对较小。

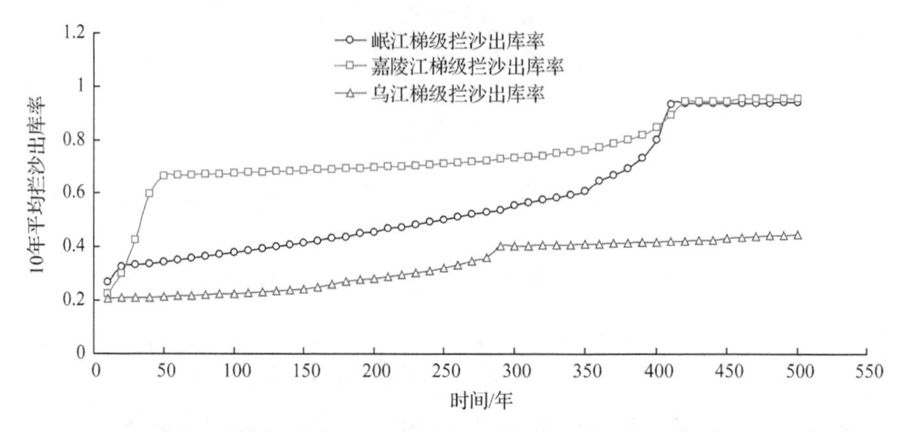

图 4.6　岷江梯级、嘉陵江梯级和乌江梯级拦沙出库率

4) 嘉陵江梯级拦沙结果分析

嘉陵江梯级以北碚站为出库控制站，采用 1991~2000 年系列 10 年年均输沙量及级配进行拦沙计算，嘉陵江梯级拦沙出库率为拦沙后北碚站年均输沙量与拦沙前年均输沙量的比值。开展梯级水库冲淤计算时，嘉陵江站流量过程保持不变，含沙量过程采用乘以 10 年平均拦沙出库率后的含沙量过程，泥沙级配采用拦沙后的 10 年平均级配。从嘉陵江梯级拦沙出库率计算结果看(图 4.6)，由于最下游的草街水库坝址与北碚站之间仍有一段未控产沙区间，故拦沙运用前 10 年的拦沙出库率就达到了 0.224，拦沙初期嘉陵江梯级拦沙出库率增加速度很快，主要是位于下游干流的草街水库淤积速度较快所致，在运用至 50 年末拦沙出库率达到 0.667 后出库率增长变得较为缓慢，运用至 390 年后拦沙出库率增长再次加快，至 420 年拦沙出库率达到 0.944 后再次变为缓慢增长，主要是因为 420 年末宝珠寺水库达到淤积平衡，至 500 年末嘉陵江梯级水库拦沙出库率缓慢增长为 0.957。

5) 乌江梯级拦沙结果分析

乌江梯级以武隆站为出库控制站，采用 1991~2000 年系列 10 年年均输沙量及级配进行拦沙计算，乌江梯级拦沙出库率为拦沙后武隆站年均输沙量与拦沙前年均输沙量的比值。开展梯级水库冲淤计算时，乌江站流量过程保持不变，含沙量过程采用乘以 10 年平均拦沙出库率后的含沙量过程，泥沙级配采用拦沙后的 10 年平均级配。从乌江梯级拦沙出库率计算结果看(图 4.6)，由于最下游的银盘水库坝址与武隆站之间仍有一段未控产沙区间，且银盘库容较小，故拦沙运用前 10 年的拦沙出库率就达到了 0.208，乌江梯级整体库容较大，拦沙作用较强，拦沙出库率一直处于缓慢增长状态，乌江梯级运用至 500 年末仍远未达到淤积平衡，500 年末的拦沙出库率等于 0.447。

4.4 本 章 小 结

(1) 2015 年前长江上游地区可以投入运用且总库容 1 亿 m^3 以上的水库近 80 座，总调节库容 600 余亿立方米，防洪库容约 380 亿立方米，预计 2030 年长江上游水库群总调节库容达 1000 余亿立方米、预留防洪库容 500 余亿立方米。纳入国家防总 2014 年度长江上游水库群联合调度范围的水库包括：金沙江梨园、阿海、金安桥、龙开口、鲁地拉、观音岩、溪洛渡、向家坝，雅砻江锦屏一级、二滩，岷江紫坪铺、瀑布沟，嘉陵江碧口、宝珠寺、亭子口、草街，乌江构皮滩、思林、沙沱、彭水，长江干流三峡等 21 座水库。

(2) 过去对长江上游干流乌东德、白鹤滩、溪洛渡、向家坝、三峡等梯级水库的泥沙问题研究多以单库为研究对象，不利于今后长江上游大型梯级水库联合调度泥沙问题研究的开展。及时将单一水库泥沙数学模型扩展为梯级水库群联合调度泥沙数学模型，是今后研究长江上游梯级水库联合调度泥沙问题的客观需要。

(3) 本章以自主研发并经过实测资料验证的三峡水库干支流河道一维非恒定流水沙数学模型为基础，将长江上游干流更多水库纳入整体计算范围，建立长江上游梯级水库联合调度泥沙数学模型，可将乌东德库尾攀枝花—三峡坝址的长江干流和部分主要支流作为一个整体进行泥沙冲淤同步联合计算。

(4) 在计算边界上，本书计算范围长，干流长约 1800km；计算水库多，包括了乌东德、白鹤滩、溪洛渡、向家坝、三峡 5 个大型水库；对上游干支流梯级水库的拦沙影响考虑得更全面，共考虑了金沙江中游梯级、雅砻江梯级、岷江梯级、嘉陵江梯级、乌江梯级共 27 座水库的拦沙影响。

参 考 文 献

[1] 长江勘测规划设计研究有限责任公司. 以三峡水库为核心的长江干支流控制性水库群综合调度研究. 2011.

[2] 长江勘测规划设计研究有限责任公司. 2014 年度长江上游水库群联合调度方案研究技术报告. 2014.

[3] 胡艳芬，吴卫民，陈振红. 向家坝水电站泥沙淤积计算. 人民长江，2003, 34 (4)：36-38.

[4] 谭建，何贤佩. 溪洛渡水库拦沙及其对下游的影响研究. 水电站设计，2003, 19 (2)：60-63.

[5] 童思陈，周建军. 水库淤积初步平衡问题. 泥沙研究，2006, (5)：17-21.

[6] 黄悦，黄煜龄. 溪洛渡水库对三峡水库泥沙淤积影响预估. 中国三峡建设，2002, (9)：16-18.

[7] 郭延祥，金勇. 水文水动力学耦合模型在三峡梯级调度中的应用. 人民长江，2010, 41 (7)：15-18.

[8] 梅菊花，周建中，李承军. 梯级水电站间河道型水库非恒定流调节. 水利水运工程学报，2003, (2)：52-55.

[9] 梁栖蓉，黄煜龄. 水库淤积平衡坡降的分析. 长江科学院院报，1994, 11 (1)：56-61.

第5章 长江上游梯级水库泥沙冲淤长期预测计算

本章采用自主研发的长江上游梯级水库联合调度泥沙数学模型，开展考虑上游干支流水库拦沙影响的长江上游乌东德、白鹤滩、溪洛渡、向家坝、三峡梯级水库联合调度泥沙冲淤长期预测计算，梯级水库泥沙冲淤同步联合计算的时间为500年，模型计算采用的进口水沙边界条件和河床边界条件见本书第4章4.3节。龙盘梯级(指龙盘和其下游的反调节水库两家人水库)中两家人水库库容很小，但龙盘水库库容很大，拦沙作用大，拦沙时间长，对下游梯级水库平衡时间有较大影响。龙盘水库经济社会效益巨大，但水库淹没损失大，环境容量小，移民安置难度大，所处河段的开发与保护涉及问题十分复杂，因此该水库目前仍处于预可研阶段，项目推动进展较为缓慢。基于以上因素考虑，本书中分考虑龙盘梯级和不考虑龙盘梯级两种情况进行了长江上游梯级水库泥沙冲淤预测计算，考虑龙盘梯级时按龙盘梯级在乌东德-白鹤滩梯级水库运用10后开始投入运用考虑。需要说明的是，龙盘、塔城和其宗是金沙江中游虎跳峡河段所规划龙头水库的三个代表性方案，其中龙盘方案水库的库容最大，拦沙作用也最强，龙盘方案对下游水库长期淤积影响的程度将大于其他两个方案，故本书仅对龙盘方案进行了计算和比较分析。

长江上游大型梯级水库联合调度泥沙冲淤长期预测计算中，乌东德、白鹤滩、溪洛渡、向家坝水库均按设计调度方式运用，三峡水库按照2015年9月水利部批准的《三峡(正常运行期)—葛洲坝水利枢纽梯级调度规程》规定的调度运用方式运行。

本章按从上游至下游的顺序，分乌东德水库、白鹤滩水库、溪洛渡水库、向家坝水库、向家坝水库坝址至朱沱段干流、三峡水库6个河段依次对各河段泥沙冲淤长期计算结果进行分析。需要说明的是，本章并不是采用单库模型分别进行的计算，而是采用长江上游梯级水库联合调度泥沙数学模型进行的梯级水库联合计算，各水库淤积过程结果是同时计算出来的，分河段进行计算结果的研究分析，只是为了使计算结果的呈现显得更有条理性。

5.1 乌东德水库泥沙冲淤预测分析

5.1.1 乌东德水库概况

乌东德水电站[1, 2]是金沙江下游河段(攀枝花至宜宾市)四个水电梯级，即乌东德、白鹤滩、溪洛渡、向家坝中的最上游梯级，坝址所处河段右岸隶属云南省昆明市禄劝县，左岸隶属四川省凉山州会东县，坝址位于乌东德峡谷。乌东德电站坝址上距攀枝花市 213.9km，下距白鹤滩水电站 182.5km。电站控制流域面积 40.61 万 km^2，占金沙江流域面积的 86%。多年平均流量 $3850m^3/s$，多年平均径流量 1210 亿 m^3(统计年份为 1939~2008 年)。乌东德水电站多年平均入库输沙量：悬移质 1.225 亿 t，多年平均含沙量 $1.02kg/m^3$(统计年份为 1940~2008 年)，推移质 234 万 t。

乌东德水电站的开发任务以发电为主，兼顾防洪，并促进地方经济社会发展和移民群众脱贫致富，电站建成后可发展库区航运，并有改善下游河段通航条件和拦沙等作用。乌东德水电站具有季调节性能(考虑上游龙头水库调蓄作用后)，装机容量为 10200MW，保证出力为 3160MW，设计年平均发电量为 389.3 亿 kW • h。乌东德水库正常蓄水位 975m，正常蓄水位以下库容 58.63 亿 m^3，防洪限制水位 952m，死水位 945m，防洪库容 24.4 亿 m^3，调节库容 30.2 亿 m^3，水库 20 年一遇回水长 206.7km，水库面积 $127.1km^2$。乌东德水库已于 2015 年 12 月通过国家核准，目前已正式进入主体工程施工阶段。可研阶段考虑干流上游修建金安桥、观音岩及支流雅砻江修建二滩水电站蓄水拦沙，进行了 100 年水库淤积计算，100 年末水库淤积尚未平衡。

乌东德水库规划设计运用方式为：7 月按防洪限制水位运行；8 月初水库开始蓄水，8 月底水库蓄水至正常蓄水位；9 月以后按尽量维持高水位方式运行，水库水位逐步消落，次年 6 月底消落至防洪限制水位或死水位。

5.1.2　计算结果分析

表 5.1(a)和表 5.1(b)分别为不考虑龙盘梯级和考虑龙盘梯级时的乌东德水库累积淤积过程预测计算结果统计表，表 5.2(a)、(b)分别为不考虑龙盘梯级和考虑龙盘梯级时的乌东德水库入出库沙量及排沙比变化过程预测计算结果统计表；图 5.1 为乌东德水库累积淤积过程图，图 5.2 为乌东德水库 10 年入库沙量变化过程图，图 5.3 为乌东德水库 10 年平均排沙比变化过程图，图 5.4 为乌东德水库累积入库沙量变化过程图，图 5.5 为乌东德水库累积出库沙量变化过程图。

1. 水库淤积过程

由图表可见，不考虑龙盘梯级时，水库运用 100 年末、300 年末和 500 年末，库区累积淤积量分别为 32.61 亿 m^3、44.93 亿 m^3、46.18 亿 m^3，水库处于累积淤积状态。从淤积速率看，水库淤积速率呈逐步加快态势，其中 70 年末至 110 年末水库淤积速度相对最快，110 年后淤积速率逐步减小，水库运行 140 年后，淤积速度大为减小，水库累积淤积过程线出现明显拐点，水库淤积初步平衡，140 年末乌东德水库累积淤积量为 42.31 亿 m^3，水库 10 年平均排沙比为 91.01%。

由图表可见，考虑龙盘梯级时，水库运用 100 年末、300 年末和 500 年末，库区累积淤积量分别为 24.47 亿 m^3、41.68 亿 m^3、43.34 亿 m^3，水库处于累积淤积状态。从淤积速率看，160 年前水库淤积速率相差不大，之后淤积速率逐步减小，水库运行 180 年后，淤积速度大为减小，水库累积淤积过程线出现明显拐点，水库淤积初步平衡，180 年末乌东德水库累积淤积量为 39.22 亿 m^3，水库 10 年平均排沙比为 91.97%。

2. 入库沙量及排沙比

乌东德水库入库沙量主要来自金沙江干流、支流雅砻江及其他小支流和区间，从乌东德水库 10 年入库沙量变化过程看，乌东德入库沙量主要受金沙江干流来沙影响，初期入库沙量较小，前 10 年年均入库泥沙 0.6546 亿 t，随着金沙江中游 6 库的不断淤积，乌东德入库沙量呈加速增加态势，金沙江中游 6 库(梨园、阿海、金安桥、龙开口、鲁地拉、观音岩)淤积平衡后，乌东德入库沙量呈持续缓慢增加状态。从乌东德水库 10 年平均排沙比变化过程看，乌东德水库运用前 10 年平均排沙比可达约 50%，之后整体上处于增加状态，随着金沙江中游 6 库逐步淤积，水库排沙比曾出现减小，在金沙江中游 6 库淤积达到平衡后，乌东德水库排沙比呈现出快速增加态势，可见，受入库沙量变化影响，乌东德水库排沙比变化较为复杂。

表 5.1　乌东德水库累积淤积量

(a) 不考虑龙盘梯级　　　　(单位：亿 m^3)

时间/年	10	20	30	40	50	60	70	80	90	100
淤积量	2.646	5.259	7.845	10.43	13.07	15.90	19.18	23.96	28.47	32.61
时间/年	110	120	130	140	150	160	170	180	190	200
淤积量	36.32	39.40	41.38	42.31	42.98	43.46	43.82	44.07	44.25	44.39
时间/年	210	220	230	240	250	260	270	280	290	300
淤积量	44.49	44.56	44.61	44.65	44.69	44.74	44.78	44.83	44.88	44.93
时间/年	310	320	330	340	350	360	370	380	390	400
淤积量	44.99	45.05	45.12	45.18	45.25	45.31	45.38	45.44	45.50	45.56
时间/年	410	420	430	440	450	460	470	480	490	500
淤积量	45.62	45.68	45.75	45.81	45.87	45.93	45.99	46.05	46.12	46.18

(b) 考虑龙盘梯级　(单位:亿 m³)

时间/年	10	20	30	40	50	60	70	80	90	100
淤积量	2.646	5.254	7.819	10.34	12.81	15.24	17.61	19.94	22.24	24.47
时间/年	110	120	130	140	150	160	170	180	190	200
淤积量	26.66	28.82	31.07	33.64	35.89	37.61	38.59	39.22	39.70	40.06
时间/年	210	220	230	240	250	260	270	280	290	300
淤积量	40.35	40.59	40.79	40.96	41.11	41.25	41.38	41.49	41.59	41.68
时间/年	310	320	330	340	350	360	370	380	390	400
淤积量	41.77	41.86	41.94	42.02	42.09	42.17	42.24	42.32	42.40	42.47
时间/年	410	420	430	440	450	460	470	480	490	500
淤积量	42.55	42.62	42.71	42.79	42.87	42.96	43.05	43.15	43.24	43.34

表 5.2　乌东德水库入出库沙量及排沙比

(a) 不考虑龙盘梯级

时间/年	10	20	30	40	50	60	70	80	90	100
入库沙量/亿 t	6.546	13.23	20.22	27.70	35.91	45.00	55.30	68.20	81.11	94.02
出库沙量/亿 t	3.265	6.712	10.50	14.80	19.77	25.42	31.72	38.60	45.79	53.40
10 年平均排沙比/%	49.88	51.55	54.22	57.45	60.58	62.20	61.12	53.36	55.71	58.88
时间/年	110	120	130	140	150	160	170	180	190	200
入库沙量/亿 t	107.0	119.9	132.8	145.8	158.8	171.7	184.7	197.7	210.7	223.7
出库沙量/亿 t	61.53	70.46	80.83	92.62	104.8	117.2	129.7	142.4	155.2	168.1
10 年平均排沙比/%	62.89	69.00	80.11	91.01	93.67	95.46	96.80	97.85	98.51	98.98
时间/年	210	220	230	240	250	260	270	280	290	300
入库沙量/亿 t	236.8	249.8	262.8	275.9	289.0	302.0	315.1	328.2	341.3	354.5
出库沙量/亿 t	181.1	194.1	207.1	220.1	233.2	246.3	259.3	272.4	285.5	298.6
10 年平均排沙比/%	99.39	99.66	99.81	99.91	99.93	99.88	99.85	99.82	99.78	99.77
时间/年	310	320	330	340	350	360	370	380	390	400
入库沙量/亿 t	367.6	380.7	393.9	407.0	420.2	433.4	446.6	459.8	473.0	486.2
出库沙量/亿 t	311.7	324.8	337.9	351.0	364.1	377.2	390.4	403.5	416.7	429.9
10 年平均排沙比/%	99.70	99.70	99.66	99.60	99.64	99.67	99.65	99.66	99.64	99.66
时间/年	410	420	430	440	450	460	470	480	490	500
入库沙量/亿 t	499.5	512.7	526.0	539.3	552.6	565.9	579.3	592.6	606.0	619.4
出库沙量/亿 t	443.1	456.3	469.5	482.8	496.0	509.3	522.6	536.0	549.3	562.6
10 年平均排沙比/%	99.67	99.66	99.64	99.65	99.63	99.67	99.68	99.65	99.63	99.62

(b) 考虑龙盘梯级

时间/年	10	20	30	40	50	60	70	80	90	100
入库沙量/亿 t	6.546	13.23	20.22	27.70	35.91	45.00	55.30	68.20	81.11	94.02
出库沙量/亿 t	3.265	6.596	10.02	13.57	17.26	21.13	25.18	29.51	34.18	39.11
10 年平均排沙比/%	49.88	50.71	51.80	53.05	54.47	56.11	57.65	59.67	61.91	63.66
时间/年	110	120	130	140	150	160	170	180	190	200
入库沙量/亿 t	107.0	119.9	132.8	145.8	158.8	171.7	184.7	197.7	210.7	223.7
出库沙量/亿 t	44.33	49.90	55.88	62.26	69.12	76.67	85.23	94.26	103.5	112.9
10 年平均排沙比/%	65.46	67.04	67.48	65.79	70.08	77.15	87.29	91.97	94.04	95.58
时间/年	210	220	230	240	250	260	270	280	290	300
入库沙量/亿 t	236.8	249.8	262.8	275.9	289.0	302.0	315.1	328.2	341.3	354.5
出库沙量/亿 t	122.4	132.1	141.8	151.6	161.4	171.2	181.1	191.0	201.0	211.0
10 年平均排沙比/%	96.58	97.27	97.78	98.14	98.38	98.56	98.74	98.92	99.06	99.12
时间/年	310	320	330	340	350	360	370	380	390	400
入库沙量/亿 t	367.6	380.7	393.9	407.0	420.2	433.4	446.6	459.8	473.0	486.2
出库沙量/亿 t	221.0	231.0	241.1	251.2	261.3	271.4	281.6	291.8	302.1	312.3
10 年平均排沙比/%	99.18	99.23	99.30	99.31	99.37	99.33	99.36	99.35	99.34	99.36
时间/年	410	420	430	440	450	460	470	480	490	500
入库沙量/亿 t	499.5	512.7	526.0	539.3	552.6	565.9	579.3	592.6	606.0	619.4
出库沙量/亿 t	322.5	332.8	343.1	353.5	363.9	374.3	384.8	395.2	405.6	416.1
10 年平均排沙比/%	99.30	99.29	99.25	99.26	99.22	99.19	99.13	99.09	99.06	99.01

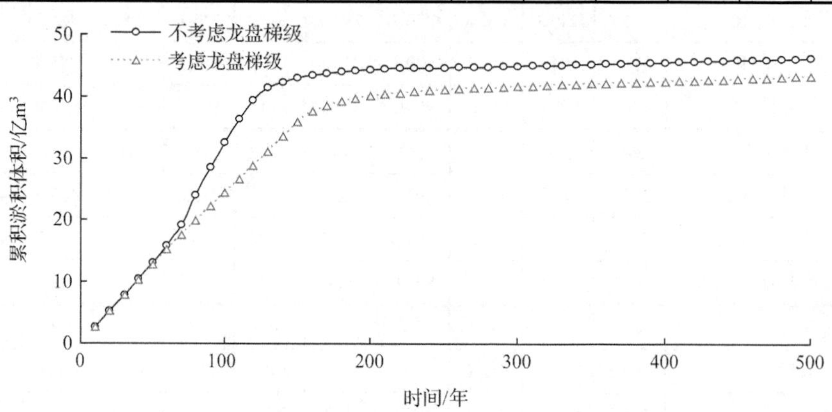

图 5.1　乌东德水库累积淤积过程

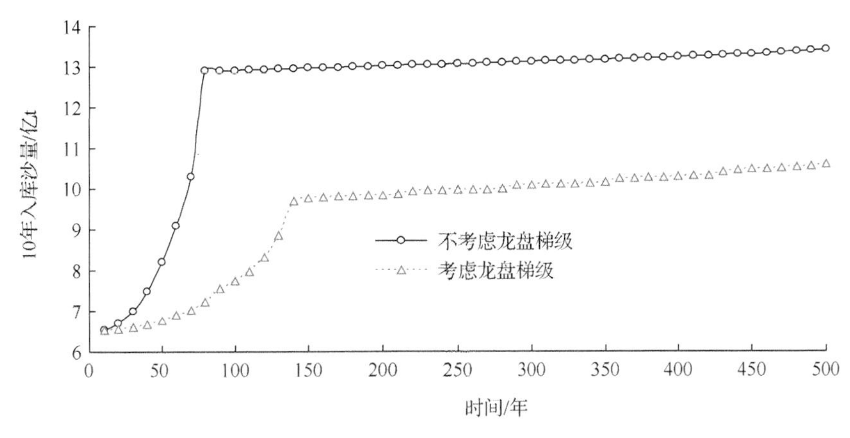

图 5.2　乌东德水库 10 年入库沙量变化过程

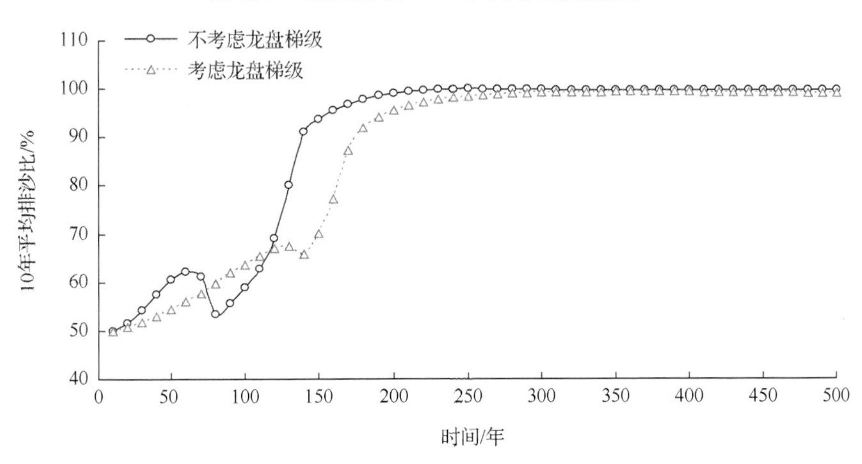

图 5.3　乌东德水库 10 年平均排沙比变化过程

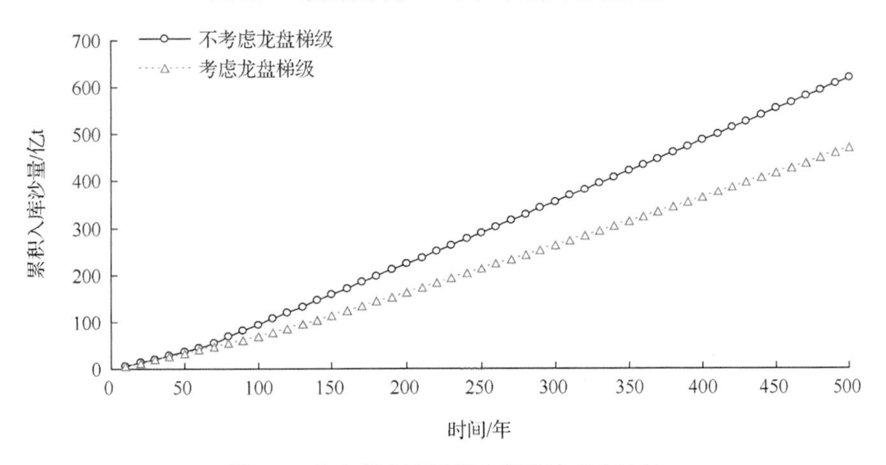

图 5.4　乌东德水库累积入库沙量变化过程

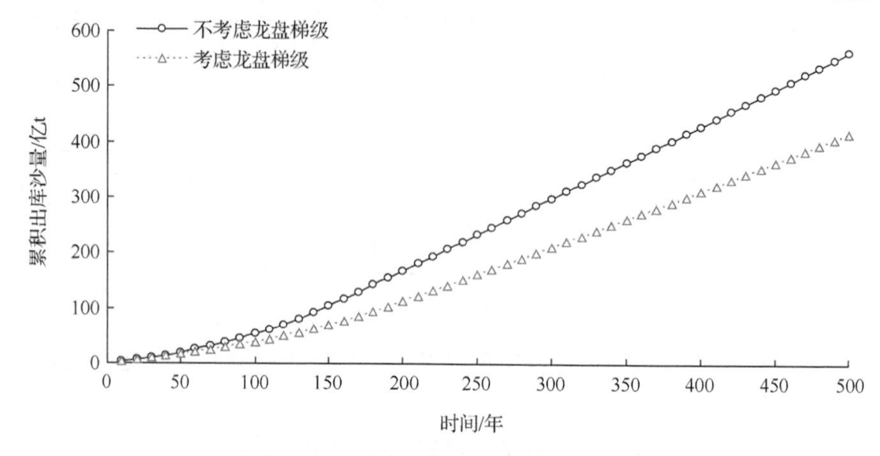

图 5.5 乌东德水库累积出库沙量变化过程

5.2 白鹤滩水库泥沙冲淤预测分析

5.2.1 白鹤滩水库概况

白鹤滩水电站[3, 4]位于金沙江下游四川省宁南县和云南省巧家县境内，是金沙江下游河段四个水电枢纽梯级，即乌东德、白鹤滩、溪洛渡和向家坝中的第二个梯级。电站距巧家县城 45km，控制流域面积 43.03 万 km^2，占金沙江流域面积的 91%。多年平均流量 $4110m^3/s$，多年平均径流量 1297 亿 m^3(统计年份为 1958~2000 年)。白鹤滩水电站多年平均入库输沙量：悬移质为 1.853 亿 t，多年平均含沙量 $1.46kg/m^3$(统计年份为 1958~2000 年)，推移质为 202 万 t。

白鹤滩水电站是以发电为主，兼顾防洪的巨型水电工程，电站装机容量 16000MW。水库正常蓄水位为 825m，相应库容为 190.06 亿 m^3，水库总库容 206.27 亿 m^3；死水位 765m，水库消落深度为 60m，调节库容可达 104.36 亿 m^3，库容系数为 7.9%，电站具有年调节性能；防洪限制水位为 785m，防洪库容 75.0 亿 m^3。为妥善协调防洪与发电的关系，白鹤滩水库的防洪库容采取分期预留、逐步蓄水的方式，白鹤滩水电站汛期水位分期控制方式为 7 月维持防洪限制水位 785m，8 月上旬开始按每旬抬高 10m 水位控制蓄水，9 月上旬可蓄至正常蓄水位 825m。白鹤滩已完成可研工作，环评审查意见已获环保部通过，目前正在等待国家核准审批。可研阶段考虑干流上游修建金安桥、观音岩、乌东德及支流雅砻江修建二滩水电站蓄水拦沙，进行了 100 年水库淤积计算，100 年末水库淤积远未平衡。

白鹤滩水库规划设计运用方式为：水库 6 月份从死水位 765m 附近开始蓄水，蓄至防洪限制水位 785m 后，在 6～8 月水库按汛期分期水位控制方式运行(即在

6~7 月维持防洪限制水位 785m，8 月上旬开始按每旬抬高 10m 的方式控制蓄水），在 9 月上旬水库可蓄至正常蓄水位 825m，12 月左右水库开始供水，到翌年 5 月底水库水位消落至死水位 765m 附近。

5.2.2　计算结果分析

表 5.3(a) 和表 5.3(b) 分别为不考虑龙盘梯级和考虑龙盘梯级时的白鹤滩水库累积淤积过程预测计算结果统计表，表 5.4(a) 和表 5.4(b) 分别为不考虑龙盘梯级和考虑龙盘梯级时的白鹤滩水库入出库沙量及排沙比变化过程预测计算结果统计表；图 5.6 为白鹤滩水库累积淤积过程图，图 5.7 为白鹤滩水库 10 年入库沙量变化过程图，图 5.8 为白鹤滩水库 10 年平均排沙比变化过程图，图 5.9 为白鹤滩水库累积入库沙量变化过程图，图 5.10 为白鹤滩水库累积出库沙量变化过程图。

1. 水库淤积过程

由图表可见，不考虑龙盘梯级时，水库运用 100 年末、300 年末和 500 年末，库区累积淤积量分别为 54.03 亿 m^3、157.6 亿 m^3、168.7 亿 m^3，水库处于累积淤积状态。从淤积速率看，水库淤积速率呈逐步加快态势，210 年后淤积速率逐步减小，水库运行 230 年后，淤积速度大为减小，水库累积淤积过程线出现明显拐点，水库淤积初步平衡，230 年末白鹤滩水库累积淤积量为 145.7 亿 m^3，水库 10 年平均排沙比为 85.41%。

由图表可见，考虑龙盘梯级时，水库运用 100 年末、300 年末和 500 年末，库区累积淤积量分别为 49.19 亿 m^3、148.6 亿 m^3、164.3 亿 m^3，水库处于累积淤

表 5.3　白鹤滩水库累积淤积量

(a) 不考虑龙盘梯级　　(单位：亿 m^3)

时间/年	10	20	30	40	50	60	70	80	90	100
淤积量	4.838	9.695	14.59	19.58	24.74	30.15	35.82	41.75	47.80	54.03
时间/年	110	120	130	140	150	160	170	180	190	200
淤积量	60.52	67.47	75.36	84.12	92.94	101.7	110.3	118.7	126.7	134.0
时间/年	210	220	230	240	250	260	270	280	290	300
淤积量	139.8	143.2	145.7	148.0	150.0	151.8	153.4	154.9	156.3	157.6
时间/年	310	320	330	340	350	360	370	380	390	400
淤积量	158.8	159.9	160.9	161.8	162.6	163.4	164.0	164.5	165.0	165.4
时间/年	410	420	430	440	450	460	470	480	490	500
淤积量	165.8	166.2	166.6	166.9	167.2	167.6	167.9	168.2	168.4	168.7

(b) 考虑龙盘梯级　　(单位:亿 m³)

时间/年	10	20	30	40	50	60	70	80	90	100
淤积量	4.838	9.681	14.53	19.38	24.25	29.14	34.06	39.02	44.07	49.19
时间/年	110	120	130	140	150	160	170	180	190	200
淤积量	54.39	59.72	65.21	70.88	76.75	83.04	89.95	97.04	104.1	111.1
时间/年	210	220	230	240	250	260	270	280	290	300
淤积量	117.9	124.5	130.6	135.9	139.3	141.6	143.6	145.4	147.1	148.6
时间/年	310	320	330	340	350	360	370	380	390	400
淤积量	150.1	151.4	152.7	153.9	155.0	156.0	157.0	157.9	158.8	159.6
时间/年	410	420	430	440	450	460	470	480	490	500
淤积量	160.3	161.0	161.6	162.1	162.5	162.9	163.3	163.7	164.0	164.3

表 5.4　白鹤滩水库入出库沙量及排沙比

(a) 不考虑龙盘梯级

时间/年	10	20	30	40	50	60	70	80	90	100
入库沙量/亿 t	10.95	22.08	33.55	45.52	58.18	71.51	85.49	100.0	114.9	130.2
出库沙量/亿 t	5.446	11.07	17.01	23.38	30.28	37.62	45.32	53.32	61.46	69.77
10 年平均排沙比/%	49.75	50.53	51.76	53.25	54.49	55.05	55.12	54.90	54.75	54.34
时间/年	110	120	130	140	150	160	170	180	190	200
入库沙量/亿 t	146.0	162.6	180.7	200.2	220.0	240.0	260.3	280.7	301.2	321.8
出库沙量/亿 t	78.24	86.88	95.68	104.6	113.8	123.2	133.0	143.0	153.5	164.9
10 年平均排沙比/%	53.60	52.00	48.72	46.06	46.26	46.97	47.94	49.30	51.38	55.47
时间/年	210	220	230	240	250	260	270	280	290	300
入库沙量/亿 t	342.4	363.1	383.8	404.5	425.2	446.0	466.7	487.5	508.2	529.0
出库沙量/亿 t	178.2	194.9	212.6	230.7	249.2	267.8	286.7	305.7	324.9	344.2
10 年平均排沙比/%	64.49	80.73	85.41	87.35	88.87	90.02	90.93	91.60	92.25	92.85
时间/年	310	320	330	340	350	360	370	380	390	400
入库沙量/亿 t	549.8	570.6	591.4	612.1	633.0	653.8	674.6	695.4	716.3	737.2
出库沙量/亿 t	363.5	383.0	402.6	422.3	442.1	462.0	482.0	502.2	522.4	542.7
10 年平均排沙比/%	93.37	93.76	94.19	94.68	95.15	95.59	96.18	96.71	97.08	97.26
时间/年	410	420	430	440	450	460	470	480	490	500
入库沙量/亿 t	758.0	778.9	799.8	820.8	841.7	862.7	883.6	904.6	925.7	946.7
出库沙量/亿 t	563.1	583.5	603.9	624.4	644.9	665.4	686.0	706.6	727.2	747.9
10 年平均排沙比/%	97.45	97.66	97.77	97.82	97.87	97.94	98.03	98.12	98.18	98.22

(b) 考虑龙盘梯级

时间/年	10	20	30	40	50	60	70	80	90	100
入库沙量/亿 t	10.95	21.96	33.07	44.29	55.66	67.22	78.96	90.96	103.3	115.9
出库沙量/亿 t	5.446	10.96	16.56	22.27	28.11	34.11	40.25	46.62	53.25	60.04
10 年平均排沙比/%	49.75	50.07	50.43	50.86	51.33	51.91	52.39	53.04	53.61	53.88
时间/年	110	120	130	140	150	160	170	180	190	200
入库沙量/亿 t	128.8	142.1	155.7	169.8	184.3	199.6	215.8	232.5	249.4	266.5
出库沙量/亿 t	67.01	74.18	81.54	89.07	96.78	104.6	112.6	120.7	129.0	137.5
10 年平均排沙比/%	54.06	54.08	53.90	53.54	53.04	51.40	49.00	48.62	49.10	49.84
时间/年	210	220	230	240	250	260	270	280	290	300
入库沙量/亿 t	283.7	301.1	318.5	335.9	353.4	370.9	388.5	406.1	423.7	441.4
出库沙量/亿 t	146.3	155.5	165.2	176.1	189.4	204.2	219.4	234.9	250.6	266.5
10 年平均排沙比/%	51.03	52.89	55.93	62.23	76.32	84.55	86.60	87.97	89.07	90.05
时间/年	310	320	330	340	350	360	370	380	390	400
入库沙量/亿 t	459.1	476.8	494.6	512.3	530.1	548.0	565.8	583.7	601.6	619.6
出库沙量/亿 t	282.6	298.8	315.0	331.4	347.9	364.5	381.3	398.1	415.0	431.9
10 年平均排沙比/%	90.64	91.22	91.73	92.22	92.72	93.19	93.57	93.97	94.32	94.73
时间/年	410	420	430	440	450	460	470	480	490	500
入库沙量/亿 t	637.5	655.4	673.4	691.5	709.6	727.7	745.8	763.9	782.0	800.2
出库沙量/亿 t	449.0	466.1	483.4	500.8	518.2	535.8	553.4	571.1	588.8	606.5
10 年平均排沙比/%	95.12	95.46	95.86	96.30	96.74	97.09	97.27	97.45	97.58	97.60

积状态。从淤积速率看，水库淤积速率呈逐步加快态势但相差不大，240 年后淤积速率逐步减小，水库运行 270 年后，淤积速度大为减小，水库累积淤积过程线出现明显拐点，水库淤积初步平衡，270 年末白鹤滩水库累积淤积量为 143.6 亿 m^3，水库 10 年平均排沙比为 86.60%。

2. 入库沙量及排沙比

白鹤滩水库入库沙量主要来自乌东德出库、库区入汇小支流及区间，从白鹤滩水库 10 年入库沙量变化过程看，白鹤滩入库沙量主要受上游乌东德水库出库沙量的影响，初期入库沙量较小，前 10 年年均入库泥沙 0.5446 亿 t，随着上游水库的不断淤积，白鹤滩入库沙量呈加速增加态势，在乌东德水库淤积平衡后，白鹤滩 10 年平均入库沙量转变为呈持续缓慢增加状态。从白鹤滩水库 10 年平均排沙比变化过程看，白鹤滩水库运用前 10 年平均排沙比可达约 50%，之后整体上处于

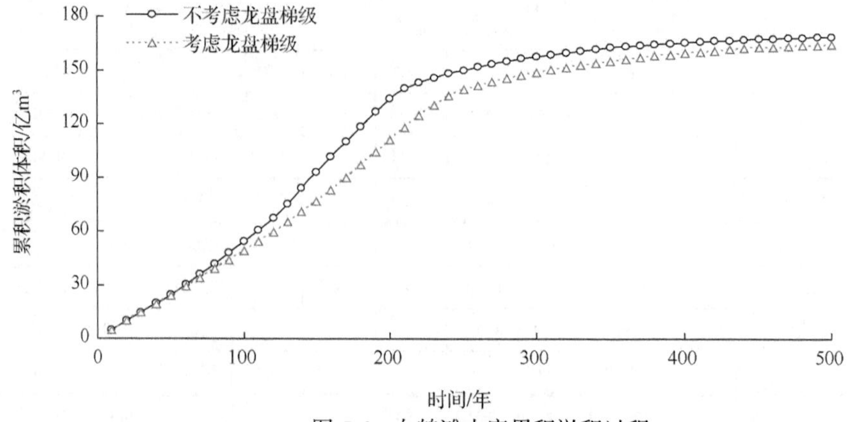

图 5.6　白鹤滩水库累积淤积过程

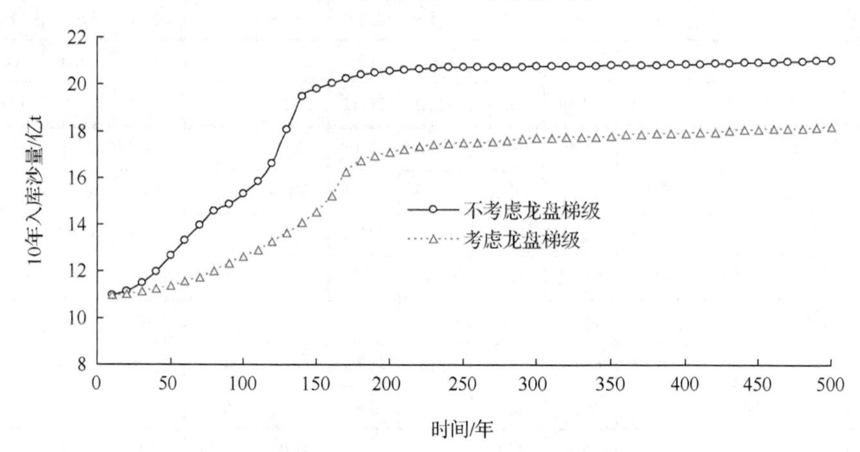

图 5.7　白鹤滩水库 10 年入库沙量变化过程

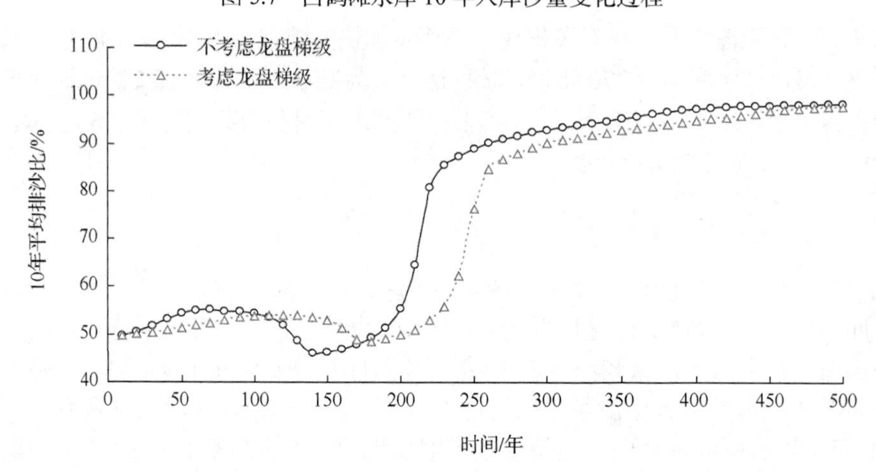

图 5.8　白鹤滩水库 10 年平均排沙比变化过程

缓慢增加状态，随着上游乌东德水库逐步淤积，水库排沙比曾出现减小，但之后随着乌东德水库逐步达到淤积平衡，白鹤滩水库排沙比呈现出快速增加态势，并分别在 230 年(不考虑龙盘梯级)和 270 年(考虑龙盘梯级)排沙比达到 85%以上，之后排沙比处于缓慢增加态势。可见，白鹤滩水库排沙比变化主要受上游乌东德出库沙量变化影响。

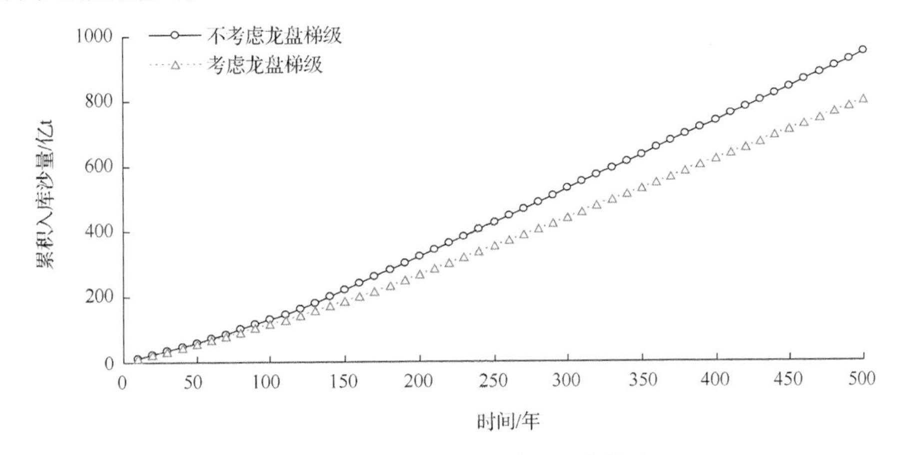

图 5.9　白鹤滩水库累积入库沙量变化过程

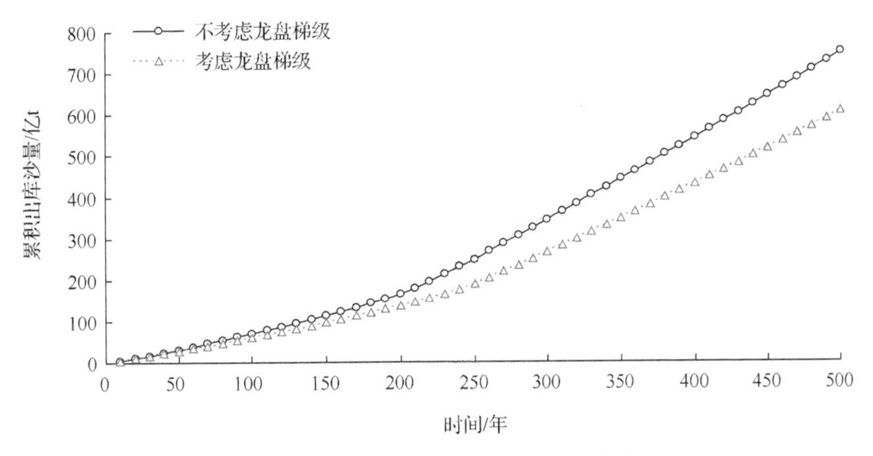

图 5.10　白鹤滩水库累积出库沙量变化过程

5.3　溪洛渡水库泥沙冲淤预测分析

5.3.1　溪洛渡水库概况

溪洛渡水电站[5]为金沙江下游四个梯级电站中的第三个梯级，工程位于四川省雷波县和云南省永善县境内金沙江干流上，该梯级上接白鹤滩电站尾水，下与向家坝水库相连。坝址距离宜宾市河道里程为184km，距三峡直线距离为770km。溪洛渡水电站控制流域面积45.44万km^2，占金沙江流域面积的96%。多年平均径流量4570m^3/s，多年平均悬移质年输沙量为2.47亿t，推移质年输沙量为182万t。

溪洛渡水利枢纽以发电为主，兼顾防洪、拦沙和改善下游航运条件等。工程开发目标一方面用于满足华东、华中、南方等区域经济发展的用电需求，实现国民经济的可持续发展；另一方面兴建溪洛渡水库是解决川渝防洪问题的主要工程措施，配合其他措施，可使川渝河段沿岸的宜宾、泸州、重庆等城市的防洪标准显著提高。同时，与下游向家坝水库在汛期共同拦蓄洪水，可减少直接进入三峡水库的洪量，增强了三峡水库对长江中下游的防洪能力，在一定程度上缓解了长江中下游防洪压力。

溪洛渡水库正常蓄水位600m，汛期限制水位560m，死水位540m，调节库容64.6亿m^3，防洪库容46.5亿m^3，具有不完全年调节能力。电站装机容量13860MW，设计多年平均发电量649.83亿kW•h。溪洛渡水电站已于2013年5月开始蓄水运用。

按照溪洛渡水库特性，考虑发电、防洪、拦沙等因素规划设计阶段拟定的调度原则为：汛期(6月～9月10日)按汛期限制水位运行；9月中旬开始蓄水，9月底水库水位蓄至600m；12月下旬~5月底为供水期，5月底水库水位降至死水位。

5.3.2　计算结果分析

表5.5(a)、(b)分别为不考虑龙盘梯级和考虑龙盘梯级时的溪洛渡水库累积淤积过程预测计算结果统计表，表5.6(a)、(b)分别为不考虑龙盘梯级和考虑龙盘梯级时的溪洛渡水库入出库沙量及排沙比变化过程预测计算结果统计表；图5.11为溪洛渡水库累积淤积过程图，图5.12为溪洛渡水库10年入库沙量变化过程图，图5.13为溪洛渡水库10年平均排沙比变化过程图，图5.14为溪洛渡水库累积入库沙量变化过程图，图5.15为溪洛渡水库累积出库沙量变化过程图。

1. 水库淤积过程

由图表可见，不考虑龙盘梯级时，水库运用100年末、300年末和500年末，库区累积淤积量分别为48.03亿m^3、102.2亿m^3、115.3亿m^3，水库处于累积淤积状态。从淤积速率看，水库淤积速率呈逐步加快态势，240年后淤积速率逐步减小，水库运行260年后，淤积速度大为减小，水库累积淤积过程线出现明显拐点，水库淤积初步平衡，260年末溪洛渡水库累积淤积量为98.27亿m^3，水库10年平均排沙比为93.34%。

由图表可见，考虑龙盘梯级时，水库运用100年末、300年末和500年末，库区累积淤积量分别为 46.99 亿 m^3、99.54 亿 m^3、112.6 亿 m^3，水库处于累积淤积状态。从淤积速率看，水库淤积速率呈逐步加快态势但相差不大，260 年后淤积速率逐步减小，水库运行 290 年后，淤积速度大为减小，水库累积淤积过程线出现明显拐点，水库淤积初步平衡，290 年末溪洛渡水库累积淤积量为 98.33 亿 m^3，水库 10 年平均排沙比为 92.11%。设计阶段仅考虑上游二滩建库拦沙影响预测的溪洛渡水库初步淤积平衡时间为 80 年。与设计阶段预测结果相比，长江上游梯级水库联合调度运用后溪洛渡水库淤积平衡时间有较大延长。

表 5.5　溪洛渡水库累积淤积量

(a) 不考虑龙盘梯级　　(单位:亿 m^3)

时间/年	10	20	30	40	50	60	70	80	90	100
淤积量	10.08	14.35	18.60	22.84	27.07	31.31	35.54	39.75	43.92	48.03
时间/年	110	120	130	140	150	160	170	180	190	200
淤积量	52.06	55.99	59.84	63.56	67.14	70.58	73.90	77.05	79.94	82.52
时间/年	210	220	230	240	250	260	270	280	290	300
淤积量	84.69	87.05	91.20	94.56	96.75	98.27	99.46	100.4	101.4	102.2
时间/年	310	320	330	340	350	360	370	380	390	400
淤积量	103.0	103.8	104.6	105.4	106.2	107.0	107.7	108.5	109.2	109.9
时间/年	410	420	430	440	450	460	470	480	490	500
淤积量	110.6	111.3	111.9	112.5	113.0	113.5	114.0	114.4	114.9	115.3

(b) 考虑龙盘梯级　　(单位:亿 m^3)

时间/年	10	20	30	40	50	60	70	80	90	100
淤积量	10.08	14.35	18.59	22.80	26.96	31.08	35.13	39.14	43.08	46.99
时间/年	110	120	130	140	150	160	170	180	190	200
淤积量	50.82	54.59	58.30	61.92	65.42	68.78	72.02	75.14	78.04	80.69
时间/年	210	220	230	240	250	260	270	280	290	300
淤积量	82.99	84.74	85.84	86.86	88.25	91.20	94.54	96.77	98.33	99.54
时间/年	310	320	330	340	350	360	370	380	390	400
淤积量	100.5	101.4	102.2	102.9	103.7	104.4	105.0	105.7	106.4	107.0
时间/年	410	420	430	440	450	460	470	480	490	500
淤积量	107.6	108.3	108.9	109.5	110.0	110.6	111.2	111.7	112.2	112.6

2. 入库沙量及排沙比

溪洛渡水库入库沙量主要来自白鹤滩出库、库区入汇小支流及区间，从溪洛渡水库 10 年入库沙量变化过程看，溪洛渡入库沙量主要受上游白鹤滩水库出库沙量的影响，溪洛渡水库运用 10 年后上游乌东德—白鹤滩梯级水库才投入运用，故溪洛渡水库前 10 年入库沙量较大，10 年后入库沙量相对较小，1~10 年年均入库泥沙 2.021 亿 t，11~20 年年均入库泥沙 1.169 亿 t。随着上游水库的不断淤积，溪洛渡入库沙量呈逐步增加态势，在上游白鹤滩水库淤积平衡后，溪洛渡 10 年平均

表 5.6 溪洛渡水库入出库沙量及排沙比

(a) 不考虑龙盘梯级

时间/年	10	20	30	40	50	60	70	80	90	100
入库沙量/亿 t	20.21	31.90	43.77	55.96	68.58	81.72	95.31	109.3	123.5	137.9
出库沙量/亿 t	8.16	15.20	22.43	30.01	38.03	46.58	55.58	64.96	74.65	84.55
10 年平均排沙比/%	40.36	60.24	60.94	62.15	63.56	65.02	66.24	67.23	68.06	68.80
时间/年	110	120	130	140	150	160	170	180	190	200
入库沙量/亿 t	152.4	167.2	182.0	197.1	212.3	227.7	243.4	259.4	275.7	292.4
出库沙量/亿 t	94.68	105.0	115.7	126.6	137.7	149.3	161.2	173.6	186.6	200.4
10 年平均排沙比/%	69.60	70.46	71.31	72.36	73.59	74.84	75.98	77.47	79.75	82.56
时间/年	210	220	230	240	250	260	270	280	290	300
入库沙量/亿 t	310.1	329.6	352.6	376.5	400.9	425.5	450.5	475.6	500.8	526.2
出库沙量/亿 t	215.6	232.5	250.3	270.1	292.0	315.0	338.7	362.9	387.3	411.9
10 年平均排沙比/%	86.19	86.22	77.70	82.84	89.62	93.34	95.20	96.23	96.70	97.02
时间/年	310	320	330	340	350	360	370	380	390	400
入库沙量/亿 t	551.8	577.4	603.1	629.0	654.9	680.9	707.1	733.3	759.7	786.2
出库沙量/亿 t	436.7	461.6	486.7	511.7	536.9	562.3	587.7	613.3	639.0	664.8
10 年平均排沙比/%	97.03	97.21	97.29	97.09	97.20	97.29	97.35	97.37	97.42	97.50
时间/年	410	420	430	440	450	460	470	480	490	500
入库沙量/亿 t	812.8	839.4	866.0	892.7	919.4	946.2	972.9	999.8	1026	1053
出库沙量/亿 t	690.8	716.8	742.8	769.0	795.2	821.5	847.9	874.4	900.8	927.3
10 年平均排沙比/%	97.68	97.79	97.85	98.06	98.19	98.26	98.53	98.62	98.60	98.63

(b) 考虑龙盘梯级

时间/年	10	20	30	40	50	60	70	80	90	100
入库沙量/亿 t	20.21	31.90	43.66	55.51	67.47	79.56	91.80	104.2	116.8	129.7
出库沙量/亿 t	8.16	15.20	22.33	29.58	36.98	44.55	52.33	60.30	68.55	77.10
10 年平均排沙比/%	40.36	60.23	60.62	61.22	61.86	62.62	63.53	64.34	65.39	66.40
时间/年	110	120	130	140	150	160	170	180	190	200
入库沙量/亿 t	142.7	155.9	169.4	183.0	196.7	210.7	224.8	239.0	253.4	267.9
出库沙量/亿 t	85.87	94.89	104.2	113.7	123.5	133.7	144.1	154.7	165.7	177.3
10 年平均排沙比/%	67.28	68.20	69.08	70.15	71.32	72.70	73.80	74.85	76.87	79.14
时间/年	210	220	230	240	250	260	270	280	290	300
入库沙量/亿 t	282.7	297.7	313.1	329.1	346.2	365.8	386.8	408.3	430.0	452.0
出库沙量/亿 t	189.4	202.5	216.9	231.9	247.6	263.6	280.6	299.4	319.4	340.1
10 年平均排沙比/%	82.32	87.18	93.13	94.04	91.46	81.91	80.54	87.80	92.11	94.24
时间/年	310	320	330	340	350	360	370	380	390	400
入库沙量/亿 t	474.2	496.4	518.9	541.4	564.0	586.7	609.6	632.6	655.6	678.8
出库沙量/亿 t	361.3	382.8	404.5	426.3	448.2	470.3	492.6	515.0	537.4	560.0
10 年平均排沙比/%	95.55	96.51	96.82	96.82	97.96	97.21	97.32	97.38	97.50	97.51
时间/年	410	420	430	440	450	460	470	480	490	500
入库沙量/亿 t	702.0	725.3	748.6	772.2	795.8	819.5	843.3	867.2	891.1	915.0
出库沙量/亿 t	582.6	605.3	628.2	651.1	674.2	697.4	720.4	744.1	767.6	791.2
10 年平均排沙比/%	97.48	97.55	97.62	97.68	97.72	97.80	97.87	98.07	98.21	98.32

入库沙量转变为呈持续缓慢增加状态。从溪洛渡水库 10 年平均排沙比变化过程看，溪洛渡水库运用 11~20 年年均排沙比可达约 60%，之后整体上处于缓慢增加状态，随着上游白鹤滩水库逐步淤积，水库排沙比曾出现减小，但之后随着白鹤滩水库逐步达到淤积平衡，溪洛渡水库排沙比呈现出快速增加态势，并分别在 260 年(不考虑龙盘梯级)和 290 年(考虑龙盘梯级)排沙比达到 90%，之后排沙比处于缓慢增加态势。可见，溪洛渡水库排沙比变化主要受上游白鹤滩出库沙量变化影响。

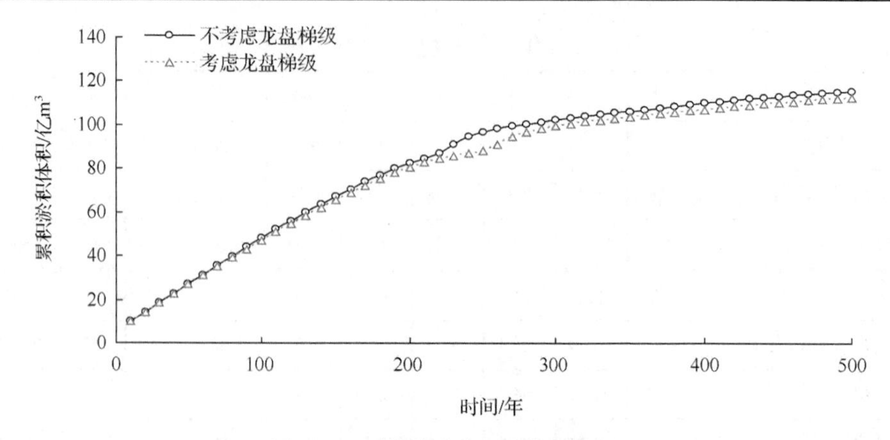

图 5.11　溪洛渡水库累积淤积过程

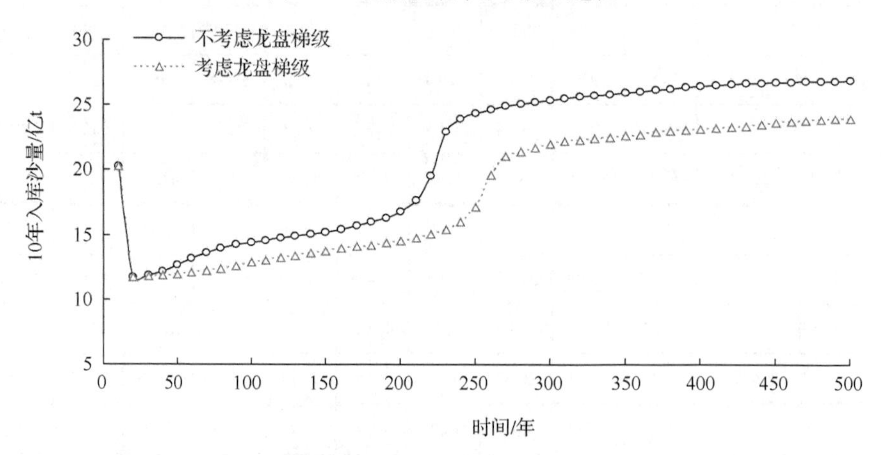

图 5.12　溪洛渡水库 10 年入库沙量变化过程

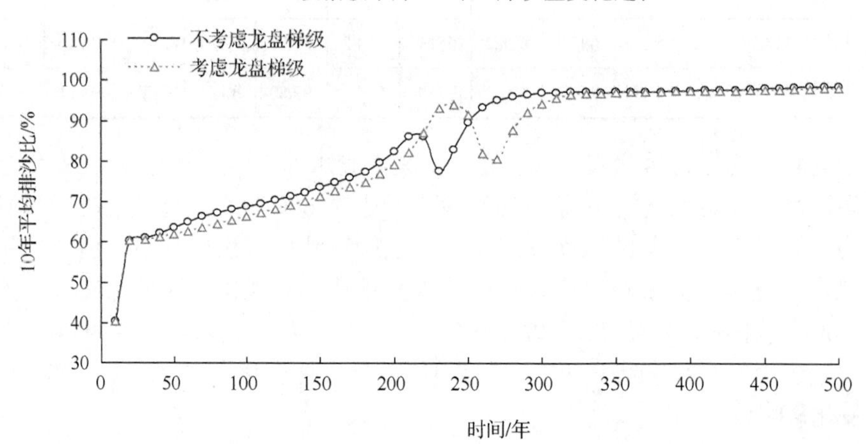

图 5.13　溪洛渡水库 10 年平均排沙比变化过程

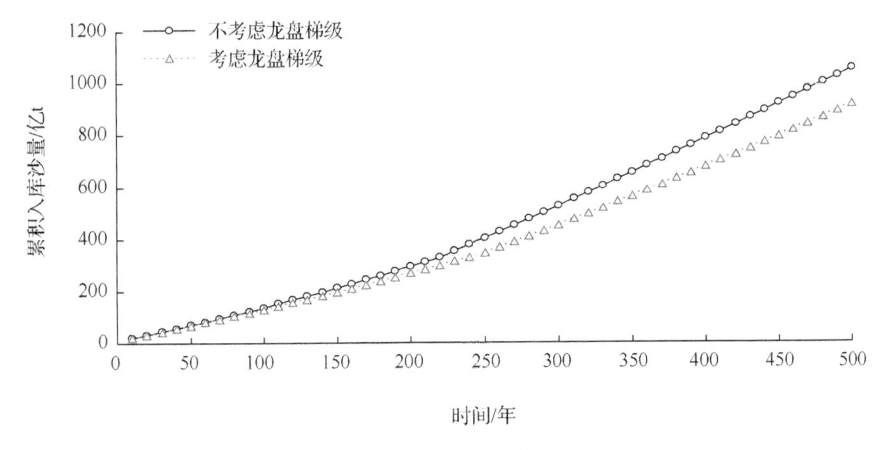

图 5.14　溪洛渡水库累积入库沙量变化过程

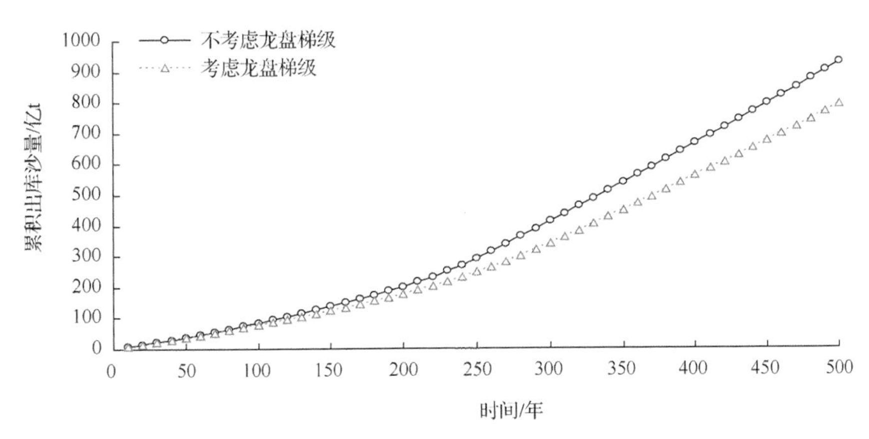

图 5.15　溪洛渡水库累积出库沙量变化过程

5.4　向家坝水库泥沙冲淤预测分析

5.4.1　向家坝水库概况

向家坝水电站[6]是金沙江干流梯级开发的最下游一个梯级电站，坝址左岸位于四川省宜宾县，右岸位于云南省水富县，坝址上距溪洛渡河道里程为 156.6km，下距宜宾市 33km，距宜昌直线距离为 700km。向家坝电站控制流域面积 45.88 万 km^2，占金沙江流域面积的 97%。

向家坝电站的开发任务以发电为主，同时改善通航条件，结合防洪和拦沙，兼顾灌溉，并具有为上游梯级溪洛渡电站进行反调节的作用。水库正常蓄水位 380m，汛期限制水位为 370m，死水位 370m，调节库容 9.03 亿 m^3，防洪发电共用库容 9.03 亿 m^3，库容调节系数 0.63%，电站装机 6400MW，设计多年平均发电量 330.61 亿 kW · h。向家坝水电站已于 2012 年 10 月开始蓄水运用。

根据向家坝水库特性和金沙江径流、洪水特性，综合考虑发电、防洪、排沙及与溪洛渡水库运行方式协调等因素，规划设计阶段拟定的调度原则为：汛期 6 月中旬～9 月上旬按汛期限制水位 370m 运行，9 月中旬开始蓄水，9 月底蓄至正常蓄水位 380m，10～12 月一般维持在正常蓄水位或附近运行，12 月下旬～6 月上旬为供水期，一般在 4 月、5 月份来水较丰时回蓄部分库容，至 6 月上旬末水库水位降至 370m。

5.4.2 计算结果分析

表 5.7(a) 和表 5.7(b) 分别为不考虑龙盘梯级和考虑龙盘梯级时的向家坝水库累积淤积过程预测计算结果统计表，表 5.8(a) 和表 5.8(b) 分别为不考虑龙盘梯级和考虑龙盘梯级时的向家坝水库入出库沙量及排沙比变化过程预测计算结果统计表；图 5.16 为向家坝水库累积淤积过程图，图 5.17 为向家坝水库 10 年入库沙量变化过程图，图 5.18 为向家坝水库 10 年平均排沙比变化过程图，图 5.19 为向家坝水库累积入库沙量变化过程图，图 5.20 为向家坝水库累积出库沙量变化过程图。

1. 水库淤积过程

由图表可见，不考虑龙盘梯级时，水库运用 100 年末、300 年末和 500 年末，库区累积淤积量分别为 15.09 亿 m^3、51.58 亿 m^3、57.95 亿 m^3，水库处于累积淤积状态。从淤积速率看，水库淤积速率相差不大，190 年后淤积速率有所增大，水库运行 270 年后，淤积速度大为减小，水库累积淤积过程线出现明显拐点，水库淤积初步平衡，270 年末向家坝水库累积淤积量为 49.13 亿 m^3，水库 10 年平均排沙比为 91.70%。

由图表可见，考虑龙盘梯级时，水库运用 100 年末、300 年末和 500 年末，库区累积淤积量分别为 14.38 亿 m^3、47.57 亿 m^3、54.01 亿 m^3，水库处于累积淤积状态。从淤积速率看，水库淤积速率呈逐步加快态势但相差不大，水库运行 300 年后，淤积速度明显减小，水库累积淤积过程线出现明显拐点，水库淤积初步平衡，300 年末向家坝水库累积淤积量为 47.57 亿 m^3，水库 10 年平均排沙比为 91.66%。根据向家坝水库可研报告成果，仅考虑上游二滩和溪洛渡建库拦沙影响，向家坝水库运用 100 年库区冲淤尚未平衡，但淤积洲头已达坝前，水库泥沙冲淤接近平衡已为时不远。与设计阶段预测结果相比，长江上游梯级水库联合调度运用后向家坝水库淤积平衡时间有较大延长。

表 5.7　向家坝水库累积淤积量

(a) 不考虑龙盘梯级　　　　(单位：亿 m^3)

时间/年	10	20	30	40	50	60	70	80	90	100
淤积量	1.696	3.115	4.530	5.958	7.404	8.885	10.40	11.95	13.52	15.09
时间/年	110	120	130	140	150	160	170	180	190	200
淤积量	16.66	18.22	19.78	21.33	22.90	24.48	26.09	27.75	29.56	31.61
时间/年	210	220	230	240	250	260	270	280	290	300
淤积量	34.15	37.22	39.94	42.62	45.37	47.55	49.13	50.27	51.04	51.58
时间/年	310	320	330	340	350	360	370	380	390	400
淤积量	52.03	52.41	52.72	53.03	53.38	53.72	54.01	54.34	54.67	54.97
时间/年	410	420	430	440	450	460	470	480	490	500
淤积量	55.29	55.61	55.92	56.22	56.53	56.83	57.10	57.38	57.66	57.95

(b) 考虑龙盘梯级　　　　(单位：亿 m^3)

时间/年	10	20	30	40	50	60	70	80	90	100
淤积量	1.696	3.115	4.523	5.929	7.328	8.725	10.13	11.53	12.95	14.38
时间/年	110	120	130	140	150	160	170	180	190	200
淤积量	15.81	17.25	18.69	20.14	21.60	23.09	24.58	26.07	27.65	29.36
时间/年	210	220	230	240	250	260	270	280	290	300
淤积量	31.28	33.56	36.30	38.78	40.42	41.25	42.38	44.32	46.17	47.57
时间/年	310	320	330	340	350	360	370	380	390	400
淤积量	48.60	49.31	49.81	50.19	50.52	50.80	51.06	51.27	51.48	51.67
时间/年	410	420	430	440	450	460	470	480	490	500
淤积量	51.88	52.10	52.31	52.53	52.76	53.00	53.26	53.51	53.76	54.01

2. 入库沙量及排沙比

向家坝水库入库沙量主要来自溪洛渡出库、库区入汇小支流及区间，从向家坝水库 10 年入库沙量变化过程看，向家坝入库沙量主要受上游溪洛渡水库出库沙量的影响，向家坝水库运用 10 年后上游乌东德—白鹤滩梯级水库才投入运用，故向家坝水库前 10 年入库沙量相对较大，10 年后入库沙量有所减小，1~10 年年均入库泥沙 0.886 亿 t，11~20 年年均入库泥沙 0.774 亿 t。随着上游水库的不断淤积，向家坝入库沙量呈逐步增加态势，在上游溪洛渡水库淤积平衡后，向家坝

10 年平均入库沙量转变为呈持续缓慢增加状态。从向家坝水库 10 年平均排沙比变化过程看，向家坝水库运用前 10 年年均排沙比可达约 80%，之后整体上处于缓慢增加状态，随着上游溪洛渡水库逐步淤积，水库排沙比曾出现减小，但之后随着溪洛渡水库逐步达到淤积平衡，向家坝水库排沙比呈现出快速增加态势，并分别在 270 年(不考虑龙盘梯级)和 300 年(考虑龙盘梯级)排沙比达到 90%，之后排沙比处于缓慢增加态势。可见，向家坝水库排沙比变化主要受上游溪洛渡出库沙量变化影响。

表 5.8　向家坝水库入出库沙量及排沙比

(a) 不考虑龙盘梯级

时间/年	10	20	30	40	50	60	70	80	90	100
入库沙量/亿 t	8.86	16.60	24.54	32.81	41.54	50.78	60.48	70.56	80.96	91.56
出库沙量/亿 t	7.26	13.73	20.40	27.40	34.84	42.76	51.11	59.81	68.79	77.96
10 年平均排沙比/%	81.97	83.56	84.04	84.58	85.23	85.75	86.05	86.26	86.36	86.59
时间/年	110	120	130	140	150	160	170	180	190	200
入库沙量/亿 t	102.4	113.5	124.8	136.4	148.3	160.5	173.1	186.2	199.9	214.4
出库沙量/亿 t	87.36	96.99	106.8	117.0	127.4	138.1	149.1	160.5	172.3	184.6
10 年平均排沙比/%	86.76	86.95	87.17	87.32	87.38	87.43	87.44	87.20	86.27	84.71
时间/年	210	220	230	240	250	260	270	280	290	300
入库沙量/亿 t	230.3	247.9	266.4	287.0	309.5	333.2	357.6	382.5	407.6	433.0
出库沙量/亿 t	197.6	211.5	226.7	243.8	262.8	283.7	306.1	329.5	353.7	378.4
10 年平均排沙比/%	81.80	79.01	81.98	83.39	84.26	88.13	91.70	94.18	96.20	97.33
时间/年	310	320	330	340	350	360	370	380	390	400
入库沙量/亿 t	458.4	484.1	509.8	535.6	561.5	587.5	613.6	639.9	666.4	692.9
出库沙量/亿 t	403.3	428.5	453.8	479.2	504.7	530.4	556.2	582.0	608.1	634.2
10 年平均排沙比/%	97.84	98.23	98.58	98.55	98.38	98.48	98.65	98.53	98.52	98.67
时间/年	410	420	430	440	450	460	470	480	490	500
入库沙量/亿 t	719.5	746.2	773.0	799.8	826.8	853.8	880.9	908.0	935.2	962.4
出库沙量/亿 t	660.5	686.8	713.2	739.8	766.3	793.0	819.7	846.6	873.4	900.3
10 年平均排沙比/%	98.56	98.59	98.64	98.70	98.66	98.69	98.86	98.78	98.81	98.76

（b）考虑龙盘梯级

时间/年	10	20	30	40	50	60	70	80	90	100
入库沙量/亿 t	8.86	16.60	24.43	32.39	40.48	48.75	57.23	65.91	74.86	84.11
出库沙量/亿 t	7.26	13.73	20.30	26.99	33.82	40.83	48.03	55.43	63.08	71.02
10 年平均排沙比/%	81.97	83.57	83.88	84.10	84.41	84.70	84.96	85.22	85.50	85.82
时间/年	110	120	130	140	150	160	170	180	190	200
入库沙量/亿 t	93.58	103.3	113.3	123.5	134.0	144.9	156.0	167.3	179.1	191.3
出库沙量/亿 t	79.17	87.54	96.16	105.0	114.2	123.6	133.2	143.0	153.2	163.6
10 年平均排沙比/%	86.02	86.21	86.46	86.60	86.69	86.73	86.82	86.90	86.25	85.34
时间/年	210	220	230	240	250	260	270	280	290	300
入库沙量/亿 t	204.1	217.9	233.0	248.7	265.1	281.8	299.5	319.0	339.7	361.1
出库沙量/亿 t	174.4	185.6	197.4	210.1	224.4	240.2	256.5	273.5	291.8	311.5
10 年平均排沙比/%	83.76	81.07	78.29	80.80	87.84	94.14	92.18	87.31	88.54	91.66
时间/年	310	320	330	340	350	360	370	380	390	400
入库沙量/亿 t	383.0	405.2	427.6	450.1	472.8	495.6	518.5	541.6	564.8	588.0
出库沙量/亿 t	332.0	353.4	375.2	397.2	419.5	441.9	464.6	487.4	510.4	533.4
10 年平均排沙比/%	94.00	96.04	97.27	97.98	98.28	98.57	98.70	98.95	99.03	99.08
时间/年	410	420	430	440	450	460	470	480	490	500
入库沙量/亿 t	611.4	634.8	658.3	682.0	705.8	729.7	753.7	777.8	802.0	826.2
出库沙量/亿 t	556.5	579.7	603.0	626.4	650.0	673.6	697.3	721.1	745.0	769.0
10 年平均排沙比/%	99.02	99.00	99.01	98.95	98.92	98.86	98.77	98.86	98.80	98.86

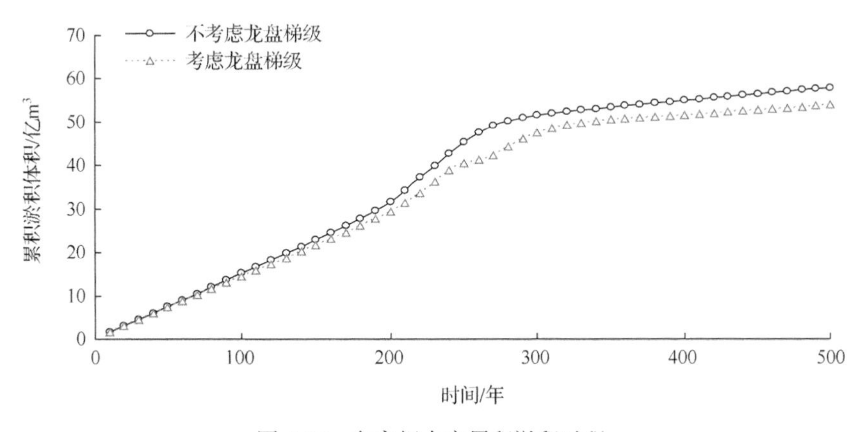

图 5.16　向家坝水库累积淤积过程

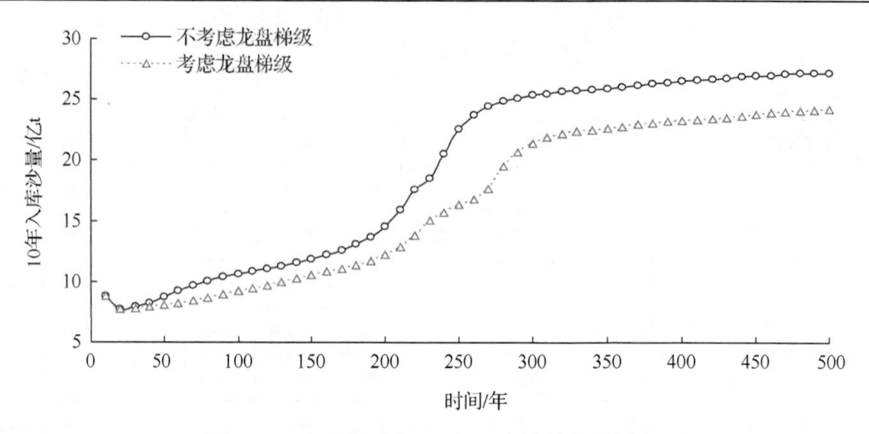

图 5.17　向家坝水库 10 年入库沙量变化过程

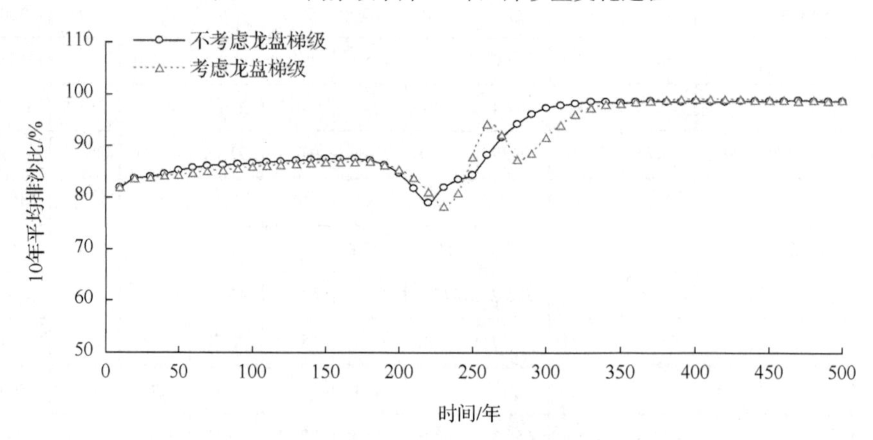

图 5.18　向家坝水库 10 年平均排沙比变化过程

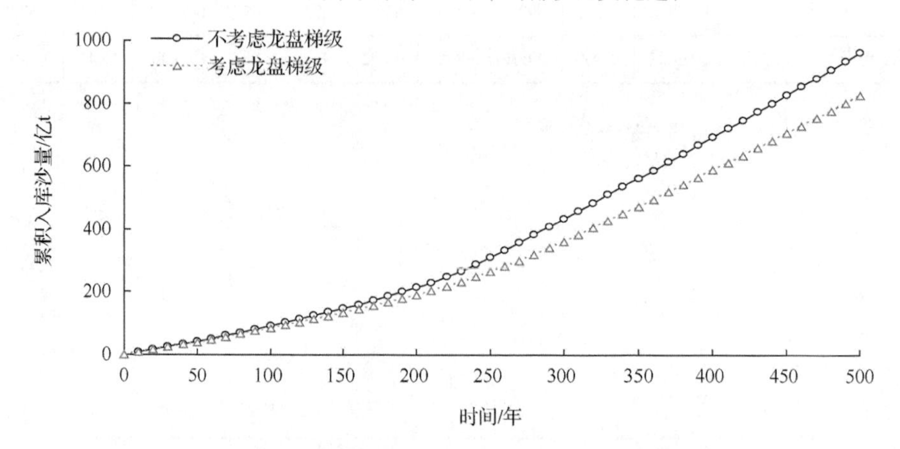

图 5.19　向家坝水库累积入库沙量变化过程

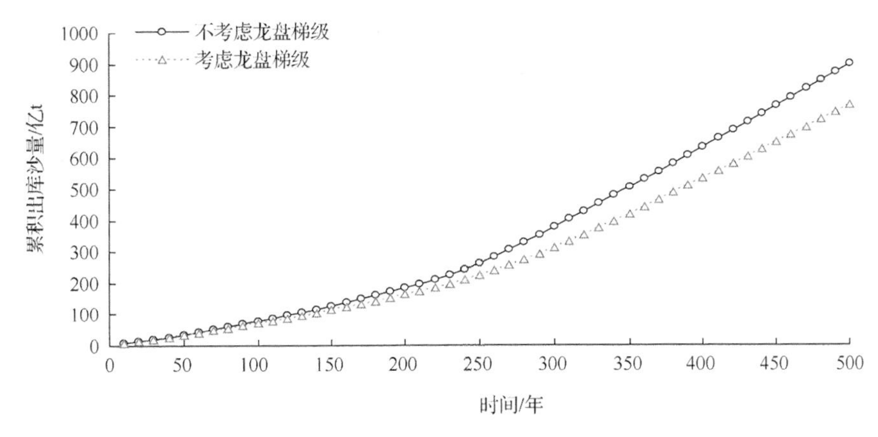

图 5.20　向家坝水库累积出库沙量变化过程

5.5　向家坝水库坝址至朱沱段干流泥沙冲淤预测分析

5.5.1　河段概况

向家坝枢纽坝址下游有横江自南岸入汇，长江在宜宾接纳岷江以后(在四川境内称川江)沿着四川盆地顺流而下，于泸州沱江汇入，在合江又接纳了赤水河，沿程河床多为卵石组成[7]。

向家坝枢纽坝址至宜宾段长 30km，为峡谷型向宽浅型过渡河段。该段江面明显开阔，两岸有阶地及河漫滩出现，对水流的约束显著降低，水面宽达 100～500m，河段内有 5 处滩险。

屏山至宜宾河段枯水比降约 0.29%。

宜宾至重庆河段长 380km 左右，枯水比降为 0.26%。宜宾至重庆河段平面外形特点是宽窄相间，呈藕节状，本河段由数十个相对窄段、较宽段、宽段(含特宽段)组合而成，且以较宽段和宽段为主，占本河段全长约 95.3%，而窄段(含峡谷)只占 4.7%；河床宽窄悬殊，最大河宽达 3000m，最小河宽仅 180m，河段内河床多碛坝，尤以泸州以下河段分布较多。

屏山至重庆主城区河段河床多为卵石覆盖，基岩和卵石占 85%，沙质大多在回流或缓流区出现。

5.5.2　计算结果分析

表 5.9(a)和表 5.9(b)分别为不考虑龙盘梯级和考虑龙盘梯级时的向家坝坝址至朱沱干流累积冲淤过程预测计算结果统计表，图 5.21 为向家坝坝址至朱沱干流累积冲淤过程图。

由图表可见，不考虑龙盘梯级时，长江上游梯级水库联合运用 100 年末、300 年末和 500 年末，向家坝坝址至朱沱干流河段累积冲淤量分别为–0.327 亿 m^3、–0.080 亿 m^3、0.193 亿 m^3(淤积为正，冲刷为负)，河段处于先冲刷后淤积状态。从冲淤速率看，前 30 年该河段冲刷速度较快，40 年末冲刷达到最大值，最大冲刷量为 0.369 亿 m^3，之后该河段处于缓慢回淤状态，回淤速度相差不大。

由图表可见，考虑龙盘梯级时，长江上游梯级水库联合运用 100 年末、300 年末和 500 年末，向家坝坝址至朱沱干流河段累积冲淤量分别为–0.327 亿 m^3、–0.078 亿 m^3、0.201 亿 m^3(淤积为正，冲刷为负)，河段处于先冲刷后淤积状态。从淤积速率看，前 30 年该河段冲刷速度较快，40 年末冲刷达到最大值，最大冲刷量为 0.369 亿 m^3，之后该河段处于缓慢回淤状态，回淤速度相差不大。对比来看，考虑和不考虑龙盘梯级，向家坝坝址至朱沱干流河段冲刷量及过程相差很小。

表 5.9　向家坝坝址至朱沱干流累积冲淤量

(a) 不考虑龙盘梯级　　(单位:亿 m^3)

时间/年	10	20	30	40	50	60	70	80	90	100
淤积量	–0.276	–0.318	–0.359	–0.369	–0.366	–0.359	–0.352	–0.345	–0.336	–0.327
时间/年	110	120	130	140	150	160	170	180	190	200
淤积量	–0.316	–0.305	–0.294	–0.282	–0.270	–0.257	–0.244	–0.232	–0.219	–0.206
时间/年	210	220	230	240	250	260	270	280	290	300
淤积量	–0.193	–0.181	–0.168	–0.156	–0.144	–0.131	–0.119	–0.106	–0.093	–0.080
时间/年	310	320	330	340	350	360	370	380	390	400
淤积量	–0.067	–0.053	–0.039	–0.026	–0.013	–0.002	0.009	0.021	0.034	0.048
时间/年	410	420	430	440	450	460	470	480	490	500
淤积量	0.062	0.076	0.090	0.105	0.120	0.135	0.149	0.164	0.178	0.193

(b) 考虑龙盘梯级　　(单位:亿 m^3)

时间/年	10	20	30	40	50	60	70	80	90	100
淤积量	–0.276	–0.318	–0.359	–0.369	–0.366	–0.359	–0.352	–0.345	–0.337	–0.327
时间/年	110	120	130	140	150	160	170	180	190	200
淤积量	–0.317	–0.306	–0.295	–0.283	–0.271	–0.258	–0.246	–0.233	–0.220	–0.207
时间/年	210	220	230	240	250	260	270	280	290	300
淤积量	–0.194	–0.181	–0.168	–0.156	–0.143	–0.130	–0.117	–0.104	–0.091	–0.078
时间/年	310	320	330	340	350	360	370	380	390	400
淤积量	–0.064	–0.051	–0.037	–0.023	–0.008	0.006	0.020	0.033	0.045	0.058
时间/年	410	420	430	440	450	460	470	480	490	500
淤积量	0.070	0.084	0.098	0.112	0.126	0.141	0.156	0.171	0.186	0.201

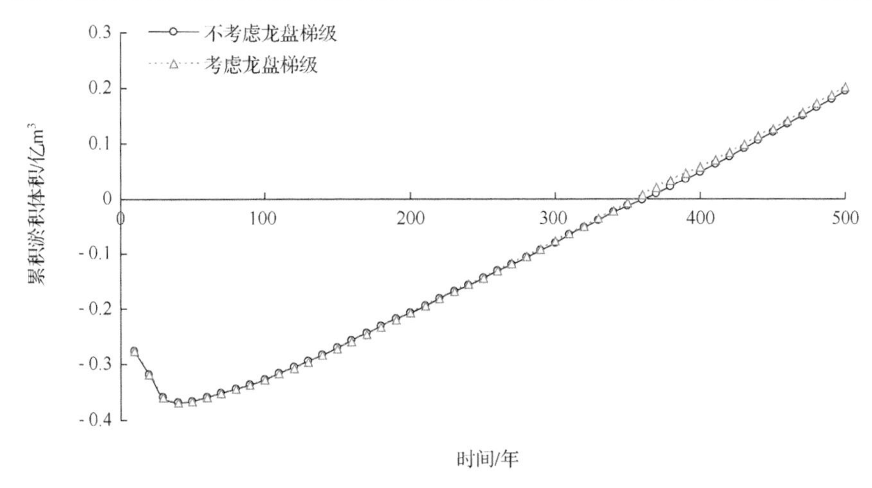

图 5.21　向家坝水库坝址至朱沱段干流累积冲淤过程

5.6　三峡水库泥沙冲淤预测分析

5.6.1　三峡水库概况

三峡水利枢纽[8]是长江流域防洪系统中关键性控制工程，枢纽于 2010 年成功蓄水至 175m，标志着水库进入全面发挥设计规模效益阶段。工程位于湖北省宜昌三斗坪、长江三峡的西陵峡中，距下游宜昌站约 44km。坝址以上流域面积约 100 万 km^2，坝址代表水文站为宜昌站，入库站为干流寸滩、乌江武隆站。宜昌站多年平均流量为 14300m^3/s，多年平均径流量 4510 亿 m^3，多年平均含沙量为 1.19kg/m^3，多年平均输沙量 5.3 亿 t。

枢纽正常蓄水位 175m，相应库容 393 亿 m^3，枯季消落低水位 155m，相应库容 228 亿 m^3；水库调节库容 165 亿 m^3；防洪限制水位 145m，相应库容 171.5 亿 m^3，水库防洪库容 221.5 亿 m^3。电站装机容量 22500MW，布置 32 台单机容量为 700MW 的混流式水轮发电机和 2 台单机容量为 50MW 的混流式水轮发电机。

根据 2015 年 9 月水利部批准的《三峡(正常运行期)-葛洲坝水利枢纽梯级调度规程》，三峡水库运用方式为：三峡水库按照初步设计确定的特征水位运行，即正常蓄水位 175m，防洪限制水位 145m，枯期消落低水位 155m；汛期按防洪限制水位 145m 控制运行，实时调度时可在防洪限制水位 0.1m 以下和 1.5m 以上范围内变动；兴利蓄水时间不早于 9 月 10 日，9 月 10 日库水位一般不超过 150m，一般情况下，9 月底控制库水位 162m，10 月底可蓄至 175m；1~5 月，三峡水库库水位在综合考虑航运、发电和水资源、水生态需求的条件下逐步消落，一般情况下，4 月末库水位不低于枯水期消落低水位 155m，5 月 25 日不高于 155m，6 月

10 日消落到防洪限制水位。

5.6.2 计算结果分析

表 5.10(a)和(b)分别为不考虑龙盘梯级和考虑龙盘梯级时的三峡水库累积淤积过程预测计算结果统计表，表 5.11(a)和(b)分别为不考虑龙盘梯级和考虑龙盘梯级时的三峡水库入出库沙量及排沙比变化过程预测计算结果统计表；图 5.22 为三峡水库累积淤积过程图，图 5.23 为三峡水库 10 年入库沙量变化过程图，图 5.24 为三峡水库 10 年平均排沙比变化过程图，图 5.25 为三峡水库累积入库沙量变化过程图，图 5.26 为三峡水库累积出库沙量变化过程图。需要说明的是，由于本书中溪洛渡、向家坝、三峡水库从 2014 年起算，三峡水库起始计算地形采用的是 2013 年底库区实测大断面地形，故三峡水库泥沙淤积计算统计结果均为 2013 年以后的结果，不包括 2003 年 6 月 1 日~2013 年 12 月 31 日三峡水库实际淤积量。

1. 水库淤积过程

由图表可见，不考虑龙盘梯级时，水库运用 100 年末、300 年末和 500 年末，库区累积淤积量分别为 75.24 亿 m^3、142.0 亿 m^3、190.4 亿 m^3，水库处于累积淤积状态。从淤积速率看，前 80 年淤积速度较快，80 年至 220 年淤积速度相对较慢，220 年后淤积速度又有所加快，水库运行 340 年后，淤积速度再次减小，水库累积淤积过程线出现拐点，水库淤积初步平衡，340 年末三峡水库累积淤积量为 159.8 亿 m^3，水库 10 年平均排沙比为 89.90%。

由图表可见，考虑龙盘梯级时，水库运用 100 年末、300 年末和 500 年末，库区累积淤积量分别为 71.99 亿 m^3、123.9 亿 m^3、182.0 亿 m^3，水库处于累积淤积状态。从淤积速率看，前 80 年淤积速度较快，80 年至 220 年淤积速度相对较慢，220 年后淤积速度又有所加快，水库运行 370 年后，淤积速度再次减小，水库累积淤积过程线出现拐点，水库淤积初步平衡，370 年末三峡水库累积淤积量为 155.7 亿 m^3，水库 10 年平均排沙比为 90.21%。设计阶段不考虑上游建库拦沙影响预测的三峡水库初步淤积平衡时间为 80 年，与设计阶段预测结果相比，长江上游梯级水库联合调度运用后三峡水库淤积平衡时间有较大延长。

2. 入库沙量及排沙比

三峡水库入库沙量主要来自向家坝出库以及支流岷江、沱江、嘉陵江、乌江等，从三峡水库 10 年入库沙量变化过程看，上游乌东德—白鹤滩梯级水库投入运用后，三峡水库入库沙量有所减小，三峡水库运用 1~10 年年均入库泥沙 1.205 亿 t，11~20 年年均入库泥沙 1.128 亿 t。随着上游水库的不断淤积，三峡水库入库沙量呈逐步增加态势，在水库运用 220 年后入库沙量增加速度加快，在运用至 300 年左右入库沙量增加速度又有所减缓，之后入库沙量处于持续缓慢增加状态。从三峡水库 10 年平均排沙比变化过程看，三峡水库运用前 10 年年均排沙比可达 36.8%，并处于快速增加状态，200 年左右排沙比达到最大，之后开始减小，随着上游水库逐步达到淤积平衡，三峡水库排沙比又重新呈现出增加态势，并分别在 340 年(不考虑龙盘梯级)和 370 年(考虑龙盘梯级)排沙比达到 90%，之后排沙比处于缓慢增加态势。可见，受上游干支流水库拦沙影响，三峡水库排沙比变化比较复杂。

表 5.10　三峡水库累积淤积量

(a) 不考虑龙盘梯级　(单位：亿 m^3)

时间/年	10	20	30	40	50	60	70	80	90	100
淤积量	11.65	21.42	30.33	38.76	46.68	53.90	60.34	66.00	70.98	75.24
时间/年	110	120	130	140	150	160	170	180	190	200
淤积量	78.92	82.09	84.82	87.18	89.19	90.91	92.44	93.77	94.97	96.15
时间/年	210	220	230	240	250	260	270	280	290	300
淤积量	97.41	98.86	101.0	104.6	109.6	115.7	122.4	129.2	135.8	142.0
时间/年	310	320	330	340	350	360	370	380	390	400
淤积量	147.5	152.2	156.3	159.8	163.0	165.8	168.3	170.6	172.8	174.9
时间/年	410	420	430	440	450	460	470	480	490	500
淤积量	177.1	179.3	181.2	183.0	184.5	185.9	187.2	188.4	189.4	190.4

(b) 考虑龙盘梯级　(单位：亿 m^3)

时间/年	10	20	30	40	50	60	70	80	90	100
淤积量	11.65	21.42	30.19	38.30	45.69	52.25	58.10	63.28	67.89	71.99
时间/年	110	120	130	140	150	160	170	180	190	200
淤积量	75.62	78.80	81.60	84.06	86.22	88.10	89.73	91.16	92.49	93.72
时间/年	210	220	230	240	250	260	270	280	290	300
淤积量	94.89	96.05	97.36	99.07	101.9	105.6	109.6	113.8	118.7	123.9
时间/年	310	320	330	340	350	360	370	380	390	400
淤积量	129.3	134.7	139.8	144.5	148.7	152.4	155.7	158.7	161.4	164.0
时间/年	410	420	430	440	450	460	470	480	490	500
淤积量	166.6	169.0	171.3	173.3	175.1	176.8	178.2	179.6	180.9	182.0

表 5.11　三峡水库入出库沙量及排沙比

(a) 不考虑龙盘梯级

时间/年	10	20	30	40	50	60	70	80	90	100
入库沙量/亿 t	12.05	23.33	35.34	48.37	62.12	76.40	91.13	106.2	121.7	137.4
出库沙量/亿 t	4.44	9.63	16.00	23.50	32.01	41.56	52.11	63.57	75.81	88.77
10 年平均排沙比/%	36.80	46.07	53.00	57.58	61.86	66.91	71.59	75.82	79.30	82.70
时间/年	110	120	130	140	150	160	170	180	190	200
入库沙量/亿 t	153.3	169.5	186.0	202.7	219.8	237.3	255.1	273.4	292.1	311.4
出库沙量/亿 t	102.4	116.7	131.5	147.0	163.0	179.6	196.7	214.4	232.6	251.3
10 年平均排沙比/%	85.57	88.09	90.21	92.07	93.77	95.03	95.92	96.66	97.03	97.08
时间/年	210	220	230	240	250	260	270	280	290	300
入库沙量/亿 t	331.5	352.5	374.8	399.2	425.4	453.7	483.5	514.5	546.3	578.7
出库沙量/亿 t	270.7	290.8	311.6	332.8	354.5	376.8	399.9	423.9	448.9	475.0
10 年平均排沙比/%	96.78	95.98	92.88	87.35	82.43	78.88	77.37	77.70	78.56	80.46
时间/年	310	320	330	340	350	360	370	380	390	400
入库沙量/亿 t	611.4	644.5	677.8	711.2	744.7	778.6	812.8	847.3	882.1	917.4
出库沙量/亿 t	502.2	530.6	559.9	589.9	620.5	651.8	683.8	716.2	749.1	782.5
10 年平均排沙比/%	83.14	85.79	88.04	89.90	91.24	92.41	93.32	94.08	94.56	94.74
时间/年	410	420	430	440	450	460	470	480	490	500
入库沙量/亿 t	953.4	989.8	1026	1063	1099	1136	1173	1210	1247	1284
出库沙量/亿 t	816.5	850.9	885.6	920.7	956.0	991.6	1028	1064	1100	1136
10 年平均排沙比/%	94.37	94.57	95.22	95.96	96.57	97.03	97.39	97.73	98.05	98.25

(b) 考虑龙盘梯级

时间/年	10	20	30	40	50	60	70	80	90	100
入库沙量/亿 t	12.05	23.33	35.24	47.96	61.11	74.46	88.05	101.9	116.0	130.4
出库沙量/亿 t	4.44	9.63	15.95	23.28	31.41	40.30	49.94	60.28	71.32	83.06
10 年平均排沙比/%	36.80	46.07	53.07	57.62	61.79	66.61	70.93	74.84	78.27	81.34
时间/年	110	120	130	140	150	160	170	180	190	200
入库沙量/亿 t	145.1	160.0	175.3	190.8	206.6	222.8	239.2	256.0	273.0	290.4
出库沙量/亿 t	95.41	108.3	121.9	136.0	150.6	165.8	181.4	197.4	213.9	230.7
10 年平均排沙比/%	84.11	86.62	88.77	90.71	92.38	93.83	95.10	95.90	96.42	96.74

续表

时间/年	210	220	230	240	250	260	270	280	290	300
入库沙量/亿 t	308.2	326.5	345.4	365.4	387.0	410.2	433.9	458.4	484.4	511.8
出库沙量/亿 t	248.0	265.7	283.9	302.8	322.2	342.0	362.3	383.1	404.6	426.9
10 年平均排沙比/%	96.89	96.81	96.25	94.59	89.82	85.84	85.49	84.63	82.64	81.61
时间/年	310	320	330	340	350	360	370	380	390	400
入库沙量/亿 t	540.2	569.4	599.1	629.2	659.5	690.2	721.3	752.6	784.4	816.6
出库沙量/亿 t	450.0	473.8	498.3	523.7	550.0	577.2	605.2	633.9	663.2	693.0
10 年平均排沙比/%	81.22	81.48	82.60	84.56	86.67	88.53	90.21	91.26	92.28	92.84
时间/年	410	420	430	440	450	460	470	480	490	500
入库沙量/亿 t	849.5	882.6	915.9	949.4	983.0	1017	1050	1084	1118	1152
出库沙量/亿 t	723.5	754.5	785.8	817.5	849.5	881.9	914.6	947.5	980.6	1014
10 年平均排沙比/%	92.72	93.16	94.00	94.84	95.45	96.01	96.67	96.92	97.41	97.65

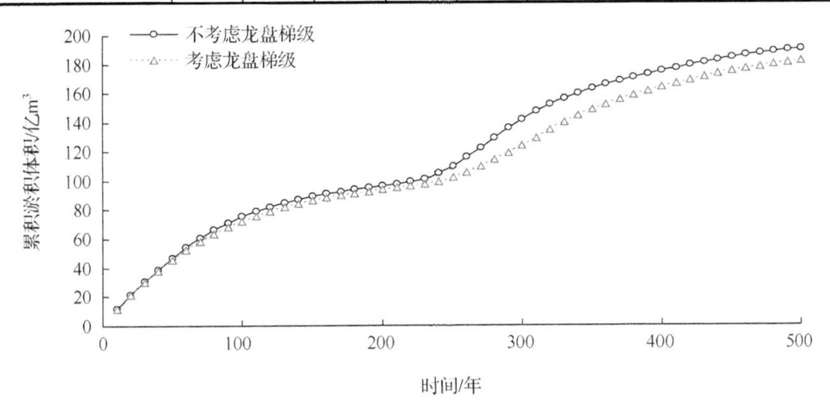

图 5.22　三峡水库累积淤积过程

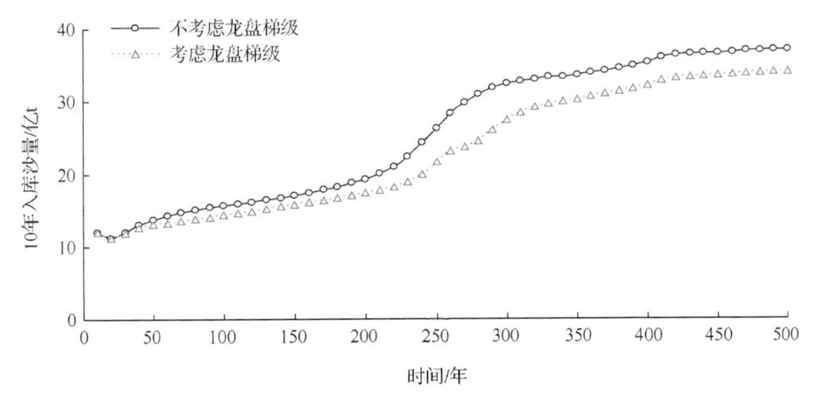

图 5.23　三峡水库 10 年入库沙量变化过程

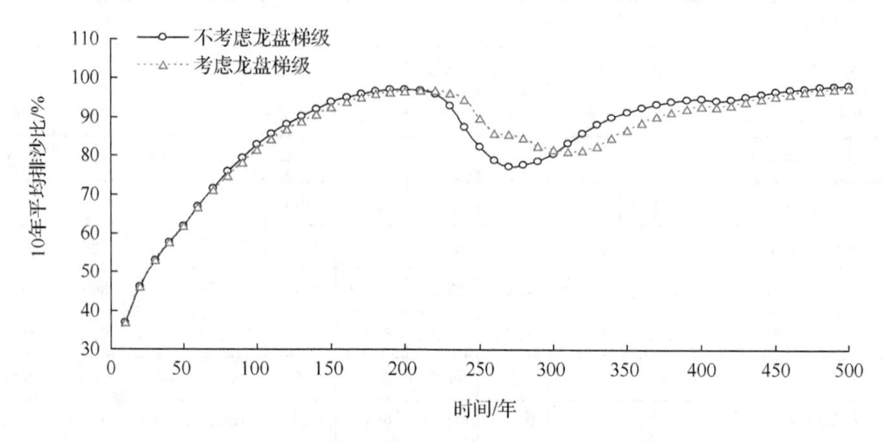

图 5.24　三峡水库 10 年平均排沙比变化过程

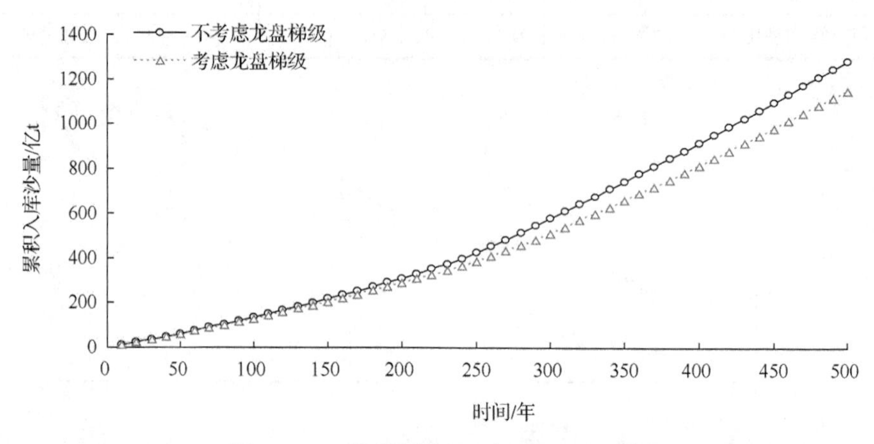

图 5.25　三峡水库累积入库沙量变化过程

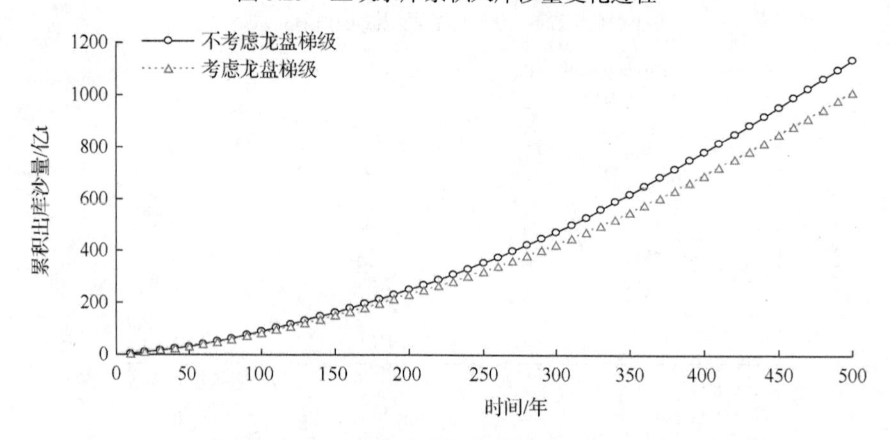

图 5.26　三峡水库累积出库沙量变化过程

5.7 本章小结

采用 1991~2000 年典型水沙系列，对考虑长江上游干支流水库建库拦沙影响的长江上游大型梯级水库长期使用问题进行了 500 年计算研究，研究结果如下。

(1) 500 年末，不考虑金沙江龙盘梯级时，乌东德、白鹤滩、溪洛渡、向家坝、三峡水库 500 年末累积淤积体积分别为 46.18 亿 m^3、168.7 亿 m^3、115.3m^3、57.95 亿 m^3、190.4 亿 m^3；考虑金沙江龙盘梯级时，乌东德、白鹤滩、溪洛渡、向家坝、三峡水库 500 年末累积淤积体积分别为 43.34 亿 m^3、164.3 亿 m^3、112.6 亿 m^3、54.01 亿 m^3、182.0 亿 m^3。

(2) 不考虑龙盘梯级，乌东德、白鹤滩、溪洛渡、向家坝、三峡水库的库区淤积初步平衡时间分别约为 140 年、230 年、260 年、270 年、340 年；考虑龙盘梯级，乌东德、白鹤滩、溪洛渡、向家坝、三峡水库的库区淤积初步平衡时间分别约为 180 年、270 年、290 年、300 年、370 年。考虑上游建库拦沙影响后，各水库淤积平衡时间都比原设计有较大延长，这为梯级水库开展优化调度奠定了基础。

参考文献

[1] 四川大学, 长江水资源保护科学研究所. 金沙江乌东德水电站水环境影响评价专题. 2014.
[2] 长江水资源保护科学研究所. 金沙江乌东德水电站环境影响报告书. 2014.
[3] 长江水利委员会长江科学院. 白鹤滩水电站水库泥沙淤积分析研究报告. 2008.
[4] 中国水电顾问集团华东勘测设计研究院有限公司. 金沙江白鹤滩水电站环境影响报告书(简本). 2014.
[5] 国家电力公司成都勘测设计研究院. 金沙江溪洛渡水电站可行性研究报告. 2001.
[6] 国家电力公司中南勘测设计研究院. 金沙江向家坝水电站可行性研究报告. 2003.
[7] 长江水利委员会长江科学院. 向家坝、溪洛渡下游河床冲淤变形一维数学模型计算报告. 1997.
[8] 水利部长江水利委员会. 长江三峡水利枢纽初步设计报告(枢纽工程)第四篇综合利用规划. 1992.

第6章　三峡及长江上游梯级水库汛期泥沙调度初步研究

6.1　三峡及长江上游梯级水库泥沙调度分析

6.1.1　三峡水库泥沙调度分析

1. 三峡水库蓄水运用以来入库水沙变化

从年均径流量变化看，1882~2014年，三峡水库年均入库径流量4444亿m^3(折合14000m^3/s，这里指坝址径流，2003年以前为宜昌站径流)，较初步设计多年均值4510亿m^3减少1.5%，变化不大；2003年三峡水库蓄水运用以来年均入库径流量为3997亿m^3(折合12600m^3/s)，较初步设计多年均值减少513亿m^3，减幅11.4%，减少趋势明显[1]。

从入库流量的年内分布变化看，三峡水库年内来水主要集中在5~10月，占到全年的76%以上，其中汛期6~9月来水占60%左右；与初步设计水文泥沙统计系列(1951~1990年)相比，2003年蓄水以来(2003~2014年)，1~4月份入库流量小幅增加(480~890m^3/s，7.4%~21.1%)，其余月份则不同程度减小(80~4100m^3/s，1.4%~22.2%)，主要与上游水库群建成投运后的调蓄有关，其中流量减小较多的是7~10月份，分别减少2300m^3/s、4000 m^3/s、3000 m^3/s、4100m^3/s(合计62亿m^3、107亿m^3、78亿m^3和110亿m^3)，减幅分别达到7.7%、14.6%、11.4%和22.2%。汛期入库流量的减少，有利于减轻水库的防洪压力，而9~10月份入库径流量大幅减少，则不利于水库汛后蓄水。且随着上游干支流更多水库建成投运，9~10月入库径流将进一步减小，三峡水库蓄水与下游供水的矛盾将更加突出。

三峡水库入库泥沙主要来自上游金沙江、岷江、嘉陵江、乌江和沱江等河流[2]。20世纪90年代以来，受降水条件变化、水利工程拦沙、水土保持减沙和河道采砂等影响，三峡入库沙量减少明显。特别是进入21世纪，三峡上游来沙减少趋势仍然持续，入库泥沙地区组成也发生明显变化，洪水期间输沙更为集中。2003~2014年，三峡年均入库径流量和悬移质输沙量(以库尾干流朱沱站+支流嘉陵江北碚站+支流乌江武隆站统计)分别为3602亿m^3和1.841亿t；干流寸滩站与支流武隆站径流量、悬移质输沙量之和分别为3706亿m^3和1.753亿t，泥沙量分别较“论证阶段数学模型计算和物理模型试验采用水沙系列(1961~1970年系列)”及

“1991~2000 年水沙系列”值减少了 65.6%和 53.5%；向家坝和溪洛渡水库已分别于 2012 年和 2013 年开始蓄水运用，使得金沙江进入三峡水库的泥沙量大幅度减少，2013 年和 2014 年向家坝站输沙量仅分别为 203 万 t 和 221 万 t，较 2003~2012 年均值减少 99%，2013 年和 2014 年三峡水库入库沙量(朱沱+北碚+武隆)分别减少为 1.27 亿 t 和 0.554 亿 t。

从水库淤积来看，三峡水库蓄水运用以来，不考虑三峡库区区间来沙，2003 年 6 月~2014 年 12 月，水库淤积泥沙 15.759 亿 t，近似年均淤积泥沙 1.31 亿 t，仅为论证阶段(数学模型采用 1961~1970 系列年预测成果)的 40%左右，水库排沙比 24.4%。2003 年 6 月~2006 年 8 月的围堰蓄水期，三峡水库排沙比为 37.0%，2006 年 9 月~2008 年 9 月的初期蓄水期，三峡水库排沙比为 18.8%，175m 试验性蓄水后，2008 年 10 月~2014 年 12 月，三峡水库排沙比为 17.6%。三峡水库汛期来沙量占全年的 70%~90%，保持较大的汛期排沙比对于减缓水库淤积十分重要，汛期平均水位越高，排沙比越小。三峡水库 175m 试验性蓄水期排沙比小于围堰蓄水期和初期蓄水期的一个重要原因，就是库水位偏高，特别是汛期库水位较之前有所提高。

三峡水库蓄水运用以来入库水量特别是蓄水期入库水量的明显减少，不利于三峡水库及长江上游干支流水库群的汛后蓄水，也加剧了蓄水期上游水库蓄水对长江中下游航运、供水、生态等的不利影响，进而对三峡水库调度方式优化提出了迫切要求。近二十年来三峡水库入库泥沙的趋势性大幅度减小，以及水库淤积远好于初步设计预期，为三峡水库实施汛期中小洪水调度和汛末提前蓄水等优化调度提供了有利条件。

2. 三峡水库蓄水运用以来调度运用情况

初步设计对三峡水库蓄水运用的时间安排为[3, 4]：2003 年水库开始蓄水至 135m，进入围堰发电期；2007 年蓄水位升至 156m，进入初期运行期。水库蓄水位从 156m 上升至正常蓄水位 175m 的时间，可根据移民安置情况、库尾泥沙淤积实际观测成果以及重庆港泥沙淤积影响处理等相继确定，初步设计暂定为 6 年。

三峡水库于 2003 年 6 月 1 日正式下闸蓄水，6 月 10 日坝前水位蓄至 135m，同年 11 月，水库蓄水至 139m。围堰发电期运行水位为 135(汛限水位)~139m(汛后蓄水位)，至此汛期按 135m 运行，枯季按 139m 运行，工程开始进入围堰蓄水发电运行期。

之后，根据枢纽工程建设、移民安置、地质灾害治理等各方面进度比初步设计有所提前，泥沙淤积情况明显好于初步设计预测的实际情况，三峡水库适时抬高了汛末蓄水位。2006 年 9 月 20 日 22 时三峡水库开始二期蓄水，至 10 月 27 日 8 时蓄水至 155.36m，至此汛期按 144m 运行，枯季按 156m 运行，工程较初步设计提前一年进入初期运行期。

经国务院批准，长江三峡水利枢纽 2008 年汛末进行试验性蓄水，2008 年 9 月 28 日 0 时(坝前水位为 145.27m)三峡水库进行试验性蓄水，至 11 月 4 日 22 时蓄水结束时坝前水位达到 172.29m。2008 年开始的三峡水库 175m 试验性蓄水，较初步设计暂定的 2013 年蓄水至 175m 提前了 5 年。175m 试验性蓄水期三峡水库运行水位为 175(正常蓄水位)~145(汛限水位)~155m(消落低水位)。

3. 三峡水库调度方式优化

初步设计拟定的三峡水库正常运用方式为[4~6]：每年汛期 6 月中旬~9 月底水库按防洪限制水位 145m 运行，汛后 10 月初开始蓄水，库水位逐步上升至 175m 水位，枯期根据发电、航运的需求库水位逐步下降至 155m，汛前 6 月上旬末降至 145m。

2008 年，三峡水库基本按照初步设计方式运行，最高蓄水位为 172.8m。2009 年，根据国务院批准的《三峡水库优化调度方案》，与初步设计调度方式相比，主要在以下几个方面实现了优化：汛期汛限水位允许上浮至 146.5m；根据防汛和航运需求，首次实施了中小洪水调度；汛末从 9 月 15 日开始蓄水。但 2009 年仍未能蓄水至 175m，最高蓄水位为 171.43m。

2010 年以后，根据 2009 年调度的经验和教训，三峡水库在提前蓄水等方面进行了进一步优化。采取了汛末蓄水与前期防洪运用相结合，进一步提前至 9 月 10 日开始蓄水，增加 9 月份蓄水量等优化措施，连续多年实现了 175m 蓄水目标。2011 年以来，三峡水库连续开展了汛初生态调度试验，促进了四大家鱼繁殖。2012 年以来，三峡水库在汛前消落期连续开展了库尾减淤调度试验，并在 2012 年和 2013 年汛期开展了沙峰调度试验，取得了较好的水库减淤效果。

4. 三峡水库汛期中小洪水调度

2009 年汛期以来，下游湖北、江西等防办提出对 55000m^3/s 以下中小洪水进行拦蓄，以减轻下游的防汛负担。同时，航运部门针对汛期大流量中小船舶限制性通航造成的积压问题，也提出利用洪水间隙减小下泄流量、集中疏散滞留船只的需求。此外，根据 1882~2012 年宜昌站汛期流量资料统计，55000m^3/s 以上洪水平均每年出现天数仅 1.3 天，而 30000~55000m^3/s 区间的洪水平均每年出现天数多达 30 天以上。若按照初步设计的调度方式，三峡水库防洪库容使用概率偏低，洪水资源不能得到充分利用。因此，考虑下游防洪、航运的现实需求，以及洪水资源化需求，三峡水库有必要拦蓄中小洪水。

2009 年汛期，三峡水库首次对中小洪水进行了调度尝试，取得了很好的社会效益和经济效益。2010年汛期开始，防洪主管部门明确提出了汛期机动性地开展中小洪水调度的优化调度方式。2009~2012年汛期，三峡水库通过实施中小洪水调度，累计蓄洪17次，累计拦洪738.8亿m^3。其中，2010年、2012年三峡最大入库洪峰流量均超过70000m^3/s，最高蓄洪水位达到了163.11m。2013年汛期三峡水库开展了3次中小洪水调度，坝前水位分别最高涨至148.6m、151.02m、155.78m。由于汛期来水较小，2014年汛期仅开展了1次中小洪水调度，坝前水位最高涨至151.08m。

5. 三峡水库汛期沙峰调度

2012年、2013年汛期[4]，三峡水库在实施中小洪水调度过程中，长江防总经会商研究，实施了三峡水库沙峰调度，利用三峡库区洪峰、沙峰传播时间的差异，实时加大沙峰到达坝前时的水库泄量，兼顾了水库的排沙减淤。

2012年7月份，三峡水库实施了2次典型的沙峰调度。第一次调度过程：7月2日寸滩出现沙峰，日均含沙量1.98kg/m^3，坝前日均水位146.18m，7月5日，枢纽日均下泄流量增加至38800m^3/s左右，7月6日庙河断面含沙量开始增加，黄陵庙断面平均含沙量也开始明显增加，7月8日沙峰出库，坝前日均水位152.58m，沙峰出库日黄陵庙站日均沙峰含沙量达0.553kg/m^3，当沙峰过坝后，即使枢纽维持较高的下泄流量，黄陵庙断面平均含沙量仍维持较低的水平；第二次调度过程：7月24日寸滩出现沙峰，寸滩站日均含沙量达2.33kg/m^3，坝前日均水位157.16m，7月28日沙峰抵达坝前，出库沙峰含沙量达0.414kg/m^3，坝前日均水位162.26m。7月23~31日，三峡水库日均下泄流量维持在43000~45800m^3/s，沙峰抵达坝址前后，出库黄陵庙站含沙量明显增大。2012年7月，三峡入库总沙量为10830万t，出库总沙量为3020万t，库区淤积泥沙7810万t，水库排沙比为28%。坝前平均水位155.26m，高于2008~2011年同期，水库排沙比高于前几年同期水平。

2013年7月实施了一次沙峰调度。7月13日寸滩出现沙峰，寸滩站日均含沙量达5.45kg/m^3，坝前日均水位147.6m，为及时实施沙峰排沙调度，从7月19日12时起，调度三峡水库出库流量逐步增加至35000m^3/s左右，即在维持电站满发和启用1个排沙孔的基础上，再增加4个排沙孔和1个排漂孔。由于下泄流量增加，7月21日出库黄陵庙站出现沙峰，出库沙峰含沙量达1.13kg/m^3，对应坝前日均水位149.58m。到7月25日下泄流量减小至30000m^3/s以下，出库含沙量也随之剧减，21~25日黄陵庙站一直处于较高的输沙量出库状态，日均输沙量达240万t，有效减轻了水库泥沙淤积。

2012年、2013年汛期，三峡水库在拦洪削峰调度的基础上，在沙峰到达坝前时，加大水库泄量，进行以减淤为目标的沙峰排沙调度试验，一方面减轻了长江中下游的防洪压力，另一方面增大了水库的排沙效果，减少了水库淤积，取得了较好的成效。

6. 三峡水库实时调度中的泥沙调度问题

根据初步设计，三峡水库泥沙调节采用“蓄清排浑”的调度运用方式[3]：汛期将坝前水位控制在较低的防洪限制水位，腾出库容防洪，并有利于排沙，减少库尾段泥沙淤积，汛末含沙量小的时候将坝前水位逐步抬高至正常蓄水位，翌年汛前消落至枯水期消落低水位，以满足发电、航运的需要。采用上述调度方式有利于减轻库尾淤积的不利影响，长期保留水库的大部分有效库容。

三峡工程运用以来，随着入库水沙条件的改变，上下游对三峡水库调度要求的提高，以及为全面提高三峡工程综合效益，三峡水库进行了大量的优化调度与实践。尤其在利用汛期水资源方面，主要有为减少中下游防汛压力，水库实施了中小洪水(小于20年一遇)调度；为缓解水库兴利蓄水对长江中下游用水的影响，水库提前在汛末开始蓄水；为易于汛期水库运行操作控制及充分利用洪水资源等需求，水库汛期采取上浮水位运行的方式等。三峡水库蓄水运行以来入库沙量与设计论证阶段相比明显减小，库区泥沙淤积大为减轻，这对三峡水库长期使用是有利的。但由于实时调度中采用了上述汛期水位优化运行方式，三峡水库汛期调度方式与初步设计拟定的调度方式相比发生了较大变化，使汛期水位抬高运行的时间比初步设计方式有较多增加，引起库区泥沙淤积比例增大，虽由于来沙大幅减少，增加的淤积总量未超过初设阶段的预估值，但泥沙问题仍是社会广泛关注的焦点。

由于泥沙淤积是一个累积性的逐步过程，短时间还难以看出影响，但又是不可逆的，故对待此问题应特别慎重。三峡水库考虑长期使用所采用的“蓄清排浑”泥沙调节运用方式与三峡水库综合利用调度要求总体上是一致的，没有突出矛盾，在实时调度中，原则上应当遵守既定的调度方式，如要改变，必须进行充分的研究，尽量减少调度方式改变对三峡水库长期使用可能带来的不利影响。在三峡入库泥沙大幅减少，库区淤积明显减轻，水库优化调度不断推进背景下，如何在实时调度中开展泥沙调度以尽可能地减轻库区淤积，是目前需要研究解决的一个重要问题，也是本书的一个重要研究内容。

6.1.2 长江上游梯级水库泥沙调度分析

1. 长江上游水沙变化

1) 金沙江水沙变化特点

金沙江系长江上游[7]，流经云贵高原西北部、川西南山地，到四川盆地西南部的宜宾接纳岷江为止，全长 2316km，流域面积 34 万 km^2。金沙江干流石鼓以上河段为上游，河长 958km，区间流域面积 7.65 万 km^2；石鼓至攀枝花河段为中游，区间流域面积 4.5 万 km^2，河长约 564km；攀枝花至宜宾市岷江河口为下游，区间流域面积 21.4 万 km^2，河长约 768km。金沙江水系发达，仅下游河段就有 20 余条一级支流。金沙江干流主要设有直门达、石鼓、攀枝花、三堆子、乌东德、华弹、屏山、向家坝等主要水文站(图 4.4)，金沙江下游重要支流雅砻江、横江、龙川江、黑水河、牛栏江等也布设了水文控制站，控制着金沙江下游干支流的水沙变化。金沙江干流主要水文站径流量和输沙量变化见表 6.1。

表 6.1　金沙江干流控制水文站水沙年际变化统计

时段	石鼓		攀枝花		华弹		屏山	
	年径流量/亿 m^3	年输沙量/万 t	年径流量/亿 m^3	年输沙量/万 t	年径流量/亿 m^3	年输沙量/万 t	年径流量/亿 m^3	年输沙量/万 t
多年均值	425.7	2520	566.4	4947	1255	16600	1437	23175
1998 年前均值	411.2	2297	540.0	4583	1223	17553	1401	24980
1998~2009 年	454.2	3563	642.3	6607	1399	16790	1576	21311
2010~2012 年	437.2	3067	558.3	2467	1155	8887	1276	11367
2013 年	394.3	2050	526.1	568	1048	5400	1106	203
2014 年(1~9 月)	364.6	3280	463.0	731	974.0	6410	1070	201

注：(1)1998 年前均值统计年份：攀枝花、华弹、屏山站分别为 1966~1997 年、1958~1997 年、1954~1997 年；(2)屏山站 2012 年、2013 年和 2014 年资料采用向家坝站

金沙江干流径流量、输沙量和含沙量沿程增加，其下游段(雅砻江汇口至屏山河段)为泥沙主要来源区。石鼓、攀枝花、华弹、屏山站多年平均径流量分别为 425.7 亿 m^3、566 亿 m^3、1255 亿 m^3 和 1437 亿 m^3，多年平均输沙量分别为 2520 万 t、4947 万 t、16600 万 t 和 23175 万 t，相应的年均含沙量分别为 0.59kg/m^3、0.87kg/m^3、1.32kg/m^3 和 1.61kg/m^3。攀枝花以上流域面积、年均来水量、年均来沙量分别占屏山站的 56.5%、39.4%、21.3%，平均含沙量 0.87kg/m^3，来沙量较少；支流雅砻江流域面积、年均来水量、年均来沙量分别占屏山站的 28%、41.2%、15.6%，平均含沙量 0.61kg/m^3，来沙量较少；雅砻江汇口至屏山区间集水面积、年均来水量、年均来沙量分别占屏山站的 15.5%、19.4%、63.1%，平均含沙量 5.2kg/m^3，是雅砻江汇口以上区域的 7 倍，是金沙江的重要产沙区，区间来沙对水库泥沙淤积影响重大。

金沙江下游水沙年内分配基本相应，主要分布在汛期 5~10 月份，输沙量较径流量分配更为集中。攀枝花、华弹和屏山等主要控制站汛期 5~10 月径流量、输沙量分别占全年的 74.2%~82.8%和 90.8%~98.2%，主汛期 7~9 月径流量、输沙量分别占全年的 49.5%~58.7%和 72.2%~86.4%，金沙江的汛期洪水总量一般约占宜昌以上洪水总量的 1/3，金沙江洪水主要发生在汛期的 7~9 月。各地区 7~9 月三个月内发生洪水的可能性均在 94%以上。

金沙江干流径流量变化趋势不明显，近期略有减少，上游段输沙量变化不大，下游段 2000 年后减少趋势明显。1998 年以前，金沙江径流量和输沙量变化趋势不明显，1998 年以后，随着上游干支流水库的建成运用，金沙江中下游河道径流量受到一定的影响，表现为华弹站和屏山站径流量 2010~2012 年以来减少 5%~9%，2013 年减少 14%~21%，金沙江中下游河道输沙量从 1998 年以后具有减少的趋势，特别是近几年(2010 年后)下游河道输沙量大幅度减少，屏山(向家坝)站输沙量从 1998 年前的 2.5 亿 t 减至 2010~2012 年的 1.14 亿 t，在向家坝、溪洛渡电站蓄水后，向家坝站 2013 年和 2014 年(1~9 月)的年输沙量仅为 0.0203 亿 t 和 0.0201 亿 t(表 6.1)，减沙量接近 100%，这对向家坝下游河段的冲刷和三峡水库的入库水沙条件将产生重要影响。

2)三峡上游主要水文站水沙变化特点

三峡水库上游径流主要来自金沙江、岷江、沱江、嘉陵江和乌江等支流[2]。从金沙江屏山(向家坝)站、岷江高场站、沱江富顺站、长江朱沱站、嘉陵江北碚站、长江寸滩站、乌江武隆站等水文代表站统计结果看(表 6.2)，20 世纪 90 年代以来，长江上游径流量变化不大，与 1990 年前均值相比，1991~2002 年长江上游水量除嘉陵江北碚站减少 25%和沱江富顺站减少 16%，其余各站变化不大；与 1990 年前均值相比，2003~2013 年各站径流量均处于减少状态，除富顺站减少 16%、武隆站减少 16%、高场站减少 11%，其他站减少值均在 10%以内，最小减少值为 5%。

20 世纪 90 年代以来，长江上游径流量变化不大，但输沙量明显减少。与 1990 年前均值相比，1991~2002 年长江上游输沙量除屏山站增大 14%，其他各站均明显减少，其中尤以嘉陵江和沱江最为明显，分别减少了 68%和 72%。与 1990 年前均值相比，1991~2002 年寸滩站和武隆站输沙量分别减小约 27%和 33%。进入 21 世纪后，三峡上游来沙减少趋势仍然持续。与 1990 年前均值相比，2003~2013 年长江上游输沙量减小明显，其中尤以沱江、嘉陵江和乌江最为显著。

表 6.2　三峡上游主要水文站水沙变化

项目		金沙江	岷江	沱江	长江	嘉陵江	长江	乌江
		向家坝	高场	富顺	朱沱	北碚	寸滩	武隆
径流量/亿 m^3	1990 年前	1440	882	129	2659	704	3520	495
	1991~2002 年	1506	814.7	107.8	2672	529.4	3339	531.7
	变化率	5%	–11%	–16%	–6%	–6%	–7%	–16%
	2003~2013 年	1365	788.5	108.3	2503	665.1	3266	414.4
	变化率	–5%	–11%	–16%	–6%	–6%	–7%	–16%
输沙量/万 t	1990 年前	24600	5260	1170	31600	13400	46100	3040
	1991~2002 年	28100	3450	372	29300	3720	33700	2040
	变化率	14%	–34%	–68%	–7%	–72%	–27%	–33%
	2003~2013 年	12900	2850	518	15900	3170	18100	527
	变化率	–48%	–46%	–56%	–50%	–76%	–61%	–83%
含沙量/(kg/m^3)	1990 年前	1.71	0.596	0.907	1.19	1.9	1.31	0.614
	1991~2002 年	1.87	0.423	0.345	1.1	0.703	1.01	0.384
	变化率	9%	–29%	–62%	–8%	–63%	–23%	–37%
	2003~2013 年	0.945	0.361	0.478	0.635	0.477	0.554	0.127
	变化率	–45%	–39%	–47%	–47%	–75%	–58%	–79%

注：变化率为各时段均值与 1990 年前均值的相对变化

2. 长江上游梯级水库建设及调度运行情况

已纳入 2014 年度联合调度的 21 座长江上游干支流水库目前已建成运用，这些已建水库下闸蓄水时间见表 6.3[8]，2010 年以来金沙江中下游有多座水库相继投入运用，此外，金沙江下游规划建设的大型水库还有乌东德和白鹤滩，目前乌东德水库已通过国家核准，正式进入主体工程施工阶段，白鹤滩水库已完成可研工作，目前正在等待国家核准审批。

目前，金沙江下游干流向家坝、溪洛渡两座特大型水库已分别于 2012 年和 2013 年开始蓄水运用，这两座水库的投入运用，将对金沙江未来水沙过程、三峡入库水沙及长江中下游水沙过程产生深远影响。下面主要对溪洛渡和向家坝水库运行情况进行简要介绍[7]。

向家坝水库于 2012 年 10 月 10 日开始下闸，10 月 16 日蓄水至初期运行水位 354m，2013 年 7 月 5 日蓄水至设计死水位 370m，9 月 12 日顺利蓄水至正常蓄水位 380m，此后工程逐步向正常运行阶段转变，按《金沙江向家坝水电站水库运用与电站运行调度规程(试行)》开展调度。向家坝水电站于 2004 年 3 月开始筹建，2006 年 11 月正式开工，2008 年 12 月截流，2012 年 10 月 10 日下闸蓄水，11 月 5 日首台机组发电，2014 年 7 月全部投产完成，历时 10 余年。

表 6.3　纳入 2014 年度联合调度的长江上游干支流水库蓄水运用情况

水系名称	水库名称	所在河流	开始蓄水运用时间
长江	三峡	干流	2003 年 6 月
金沙江	梨园	金沙江	2014 年 11 月
	阿海		2012 年 12 月
	金安桥		2010 年 11 月
	龙开口		2012 年 11 月
	鲁地拉		2013 年 4 月
	观音岩		2014 年 10 月
	溪洛渡		2013 年 5 月
	向家坝		2012 年 10 月
雅砻江	二滩	干流	1998 年 5 月
	锦屏一级		2012 年 11 月
岷江	紫坪铺	干流	2004 年 12 月
	瀑布沟	大渡河	2009 年
乌江	构皮滩	干流	2009 年
	思林		2009 年
	沙沱		2013 年 5 月
	彭水		2007 年 10 月
嘉陵江	碧口	白龙江	1976 年 3 月
	宝珠寺	白龙江	1996 年 10 月
	亭子口	干流	2013 年 6 月
	草街	干流	2010 年 4 月

溪洛渡水库于 2013 年 5 月 4 日开始下闸，6 月 23 日蓄水至死水位 540m，2013 年 12 月 8 日蓄水至防洪限制水位 560m，2014 年 9 月 28 日顺利蓄水至正常蓄水位 600m，此后工程逐步向正常运行阶段转变，按《金沙江溪洛渡水电站水库运用与电站运行调度规程(试行)》开展调度。溪洛渡水库从 2013 年 5 月初开始初期蓄

水后，水库运用经历了 540m 蓄水、560m 蓄水和 600m 蓄水三个阶段，包括 540m 蓄水期、540m 运行期、560m 蓄水期、560m 运行期、600m 蓄水期 5 个时期。溪洛渡水电站总装机容量为 13860MW，左岸电站和右岸电站各 9 台，2014 年 6 月全部投产完成。

3. 长江上游梯级水库调度方式优化

长江上游乌东德、白鹤滩、溪洛渡、向家坝、三峡梯级水库均采用的是“蓄清排浑”的泥沙调度方式，乌东德、白鹤滩还没有建成，三峡水库调度方式优化情况在前面已有介绍，这里主要对溪洛渡和向家坝水库调度方式优化情况进行介绍。

1) 蓄水方式优化

蓄水方式上，溪洛渡、向家坝在初步设计阶段，蓄水时间均从 9 月 11 日起，9 月底可分别蓄至正常蓄水位 600m 与 380m。向家坝水库于 2012 年 10 月开始下闸蓄水，2013 年 7 月 5 日蓄水至汛限水位 370m，2013 年 9 月开始首次 380m 蓄水运行，2013 年向家坝汛末蓄水从 9 月 7 日上午 9 时开始，起蓄水位 372.14m，9 月 12 日蓄至正常蓄水位 380m；2014 年向家坝汛末蓄水从 9 月 2 日上午 9 时开始，起蓄水位 373.9m，9 月 11 日蓄至正常蓄水位 380m；2015 年向家坝汛末蓄水从 9 月 5 日开始，起蓄水位 374.99m，9 月 20 日蓄至正常蓄水位 380m。可见，2013 年、2014 年、2015 年向家坝水库汛末起蓄时间和蓄满时间均有所提前，起蓄水位也均有所提高，向家坝水库实际运用以来汛后蓄水方式与初步设计相比已经有所优化，即起蓄时间从 9 月中旬提前到 9 月上旬，蓄满时间从 9 月底提前到 9 月中旬，起蓄水位从 370m 提高到了 372.14~374.99m。

溪洛渡水库于 2013 年 5 月开始下闸蓄水，2013 年 12 月顺利抬升水位至 560m，完成第一阶段蓄水目标。2014 年汛末溪洛渡水库开始首次 600m 蓄水运行，水库于 8 月 21 日启动第二阶段蓄水，起蓄水位 574m，8 月 26 日蓄水至 580m，维持该水位运行一段时间后(期间，顺利通过蓄水验收专家组历次现场安全鉴定与检查验收)，库水位继续抬升，并于 9 月 28 日 18 时首次蓄水至正常蓄水位 600m，标志着溪洛渡水电站枢纽建筑物、水库和电站转入正常运行状态，电站将全面发挥防洪、发电等社会经济效益。2015 年溪洛渡水库汛末蓄水从 9 月 1 日 8 时开始，起蓄水位 576.02m，9 月 29 日蓄至正常蓄水位 600m。可见，2015 年溪洛渡水库汛末起蓄时间和起蓄水位均有所提前，与初步设计相比，起蓄时间从 9 月 11 日提前到 9 月 1 日，因起蓄水位与蓄水前汛期水位衔接，起蓄水位也从 560m 提高到了 576.02m。

根据 2015 年 8 月中旬获批的《溪洛渡、向家坝梯级水库 2015 年汛期优化调度实施方案》[9]，2015 年汛末结合当前川渝河段及长江中下游的防洪形势和流域来水预测，可利用梯级水库调节库容开展优化调度。同时根据当前对 8 月份防洪形势与来水情况的预测，在保证防洪安全的前提下，溪洛渡和向家坝梯级水库原则上可在 8 月下旬开始实施分期蓄水。可见，蓄水运用以来，根据入库水沙变化情况，溪洛渡、向家坝水库正在不断开展汛后蓄水方式的优化调度实践。

2)汛期运用方式优化

根据设计阶段拟定的调度原则，溪洛渡、向家坝汛期分别按汛期限制水位 370m 和 560m 运行。溪洛渡和向家坝水库蓄水运用以来，水库调度单位通过提前关注上游电站的蓄水情况，大大提高了金沙江流域来水预报的精确度，在汛期通过加强对溪洛渡、向家坝梯级水库的实时调度，实施对中小洪水的优化调度，保证了电站尽量少弃水，不弃水，多发电。2014 年和 2015 年汛期，根据来水情况和上下游防洪、航运、供水等情况，向家坝汛期实际运行水位在 370~375.5m 变动，溪洛渡汛期实际运行水位在 551~576m 变动，尽量少弃水和充分利用中小洪水资源是两库汛期库水位运行变化的主要原因。可见，与初步设计相比，溪洛渡和向家坝水库汛期运用方式已经有所优化，主要是考虑了汛期洪水资源的充分利用，开展了汛期库水位浮动运行和中小洪水调度。

4. 长江上游梯级水库调度运行中的泥沙问题

这里主要针对金沙江下游干流上刚投入运用不久的溪洛渡和向家坝水库泥沙问题进行介绍[7]。

2008 年 3 月~2013 年 11 月，向家坝库区河床以淤积为主，总淤积量为 924 万 m^3，其中，库区干流淤积量为 571 万 m^3，支流共淤积泥沙 353 万 m^3，分别占 61.8%和 38.2%。溪洛渡干流 2008 年 2 月~2013 年 6 月淤积泥沙 4741 万 m^3，2013 年 6 月~2014 年 5 月淤积泥沙 2321 万 m^3。

2013 年和 2014 年(1~9 月)两库的总排沙比分别为 3.79%和 3.14%(表 6.4)。2013 年向家坝库区干流淤积体积约为 173 万 m^3，干流淤积重量约为 361 万 t，水库排沙比约为 36.0%。2013 年溪洛渡库区淤积体积约为 2321 万 m^3，干流淤积重量约为 4836 万 t，水库排沙比约为 10.4%，根据可研阶段研究成果[10, 11]，向家坝、溪洛渡水库运用前 10 年库区淤积体积分别约为 0.108 亿 m^3 和 1.399 亿 m^3，排沙比分别为 68.61%和 16.7%。可见，溪洛渡、向家坝水库运用以来，入库泥沙的大幅减少使得库区淤积量相应出现大幅度减小，这有利于减缓水库淤积，但与可研阶段研究成果相比，两水库排沙比均出现了明显减小，这对水库排沙减淤是不利的。

表 6.4　纳入 2014 年度联合调度的长江上游干支流水库蓄水运用情况

时段	向家坝站年输沙量/万 t	华弹站年输沙量/万 t	两水库总淤积量/万 t	水库河段排沙比/%
2013 年	203	5400	5197	3.76
2014 年(1~9 月)	201	6410	6209	3.14

除了出库排沙比偏小的问题，溪洛渡和向家坝水库目前还存在区间来沙量大和库尾泥沙淤积问题。据 1998 年前实测资料统计，华弹与屏山两站区间来沙 7427 万 t，分别占进口华弹站和出口屏山站的 42%和 30%；1998~2009 年和 2010~2012 年两站对应的输沙量差值分别为 4521 万 t 和 2480 万 t，占进口华弹站比例分别为 30%和 28%，占出口屏山站比例分别为 21%和 22%。大致来说，华弹-屏山站区间来沙占华弹站的 30%~40%，占屏山站的 20%~30%，可见，由于所占比例较大，区间来沙已成为影响溪洛渡和向家坝梯级水库泥沙淤积的重要泥沙问题。在乌东德、白鹤滩两水库运用前，金沙江下游大部分泥沙都将淤积在溪洛渡库区，其中较多的泥沙淤积在回水末端，特别是上游推移质输沙量首先淤积在溪洛渡水库回水末端，造成溪洛渡水库回水区水位抬高，回水末端上延，可能出现库尾翘尾巴现象，可能会影响两岸移民及白鹤滩坝区施工。溪洛渡和向家坝水库蓄水拦沙后，进入向家坝下游河道的泥沙大幅度减少，造成下游河道大量冲刷，河道严重冲刷不仅会对河势变化、河岸建筑物、桥梁、电站消力池护坦末端、下游引航道等带来不利影响，还会造成进入三峡水库的泥沙变粗，输沙量有所恢复，部分抵消金沙江输沙量减少的影响。与设计阶段相比，蓄水运用以来溪洛渡、向家坝水库汛末蓄水时间均有所提前，汛期实施了运行水位浮动和中小洪水调度，蓄水期和汛期调度方式的优化均会相应增加库区泥沙淤积。

“蓄清排浑”是单一水库行之有效的泥沙调度方式，但长江上游干支流梯级水库联合运用后，在汛末蓄水压力增大、入库泥沙大幅减少、社会对水库群优化调度要求提高等多种因素的综合作用下，以提高综合效益为目的的梯级水库优化调度方式与以单一水库长期使用为目的的“蓄清排浑”调度方式的矛盾正变得日益突出。长江上游梯级水库联合运用后，下游水库入库沙量及水库水沙过程都将与设计阶段产生较大差异，在原设计平衡年限内，各水库入库泥沙都将变少变细，长江上游梯级水库 500 年冲淤预测计算结果也表明，各水库淤积平衡时间都将比原设计有较大延长。因此，在一定的运用时段内，各水库调度方式都将出现进一步优化的空间。作为治理开发长江的大型骨干工程，溪洛渡、向家坝、三峡等长江上游梯级水库综合效益的充分发挥意义重大。在此背景下，及时开展适用于长江上游梯级水库的泥沙调度方式的研究与探索，有利于在实现梯级水库优化调度的同时，兼顾水库群排沙减淤。

6.2　三峡水库汛期泥沙调度方式初步研究

6.2.1　兼顾排沙的三峡水库沙峰调度方式研究

2009年以来，三峡水库持续开展了汛期中小洪水调度，既充分利用了洪水资源又减轻了下游的防洪压力，但汛期库水位的抬高会增大库区泥沙淤积，因此，如何兼顾三峡水库的汛期排沙减淤是中小洪水调度中的一个难点问题。在中小洪水调度过程中，当有沙峰入库时，科学预判沙峰传播时间和沙峰出库率，将有利于沙峰调度决策和掌握沙峰排沙时机，科学兼顾水库排沙减淤。本节将对以洪水调度为主，以水库排沙为辅的兼顾排沙的三峡水库沙峰调度方式开展若干初步研究。出库沙峰足够大应该是沙峰调度需要追求的一个重要目标，而出库沙峰大小受到入库沙峰大小、沙峰入库时的坝前水位、沙峰输移过程中的水库调度、河道边界条件、河床边界条件、区间来水等多个因素的共同影响，因此，开展沙峰调度研究需要对影响出库沙峰大小的若干重要的且可控或可选择的因素进行研究。

1. 启动沙峰调度所需的入出库沙峰大小研究

出库沙峰大小受到入库沙峰大小的直接影响，因此，入库沙峰大小应该是沙峰调度启动的一个重要指标，本书以实测资料为基础开展沙峰调度中入库沙峰大小研究。本书2.2.3节“三峡库区沙峰输移实测资料的选取”中，共选取了28组沙峰输移资料，其中前7组沙峰资料对应的三峡水库汛期限制水位为135m，沙峰入库时库水位均在135m附近，而后21组沙峰资料三峡水库汛期水位最低为144m，考虑到今后沙峰调度的运用背景均是汛限水位145m，这里选择后面的8~28组共21组实测资料进行分析研究。这里将实测资料中入库沙峰含沙量按大于等于2.0kg/m^{3}和小于2.0kg/m^{3}分为两组，表6.5为入库沙峰含沙量大于等于2.0kg/m^{3}沙峰特征统计表，表6.6为入库沙峰含沙量小于2.0kg/m^{3}沙峰特征统计表。

由表6.5可见，在入库沙峰含沙量大于等于2.0kg/m^{3}的10组沙峰样本中，除了第3(2008年6月15日入库沙峰)、6(2011年6月22日入库沙峰)、9(2012年9月6日入库沙峰)组沙峰出库沙峰偏小，其他7组沙峰出库沙峰大小均在0.3kg/m^{3}以上，沙峰出库率在0.154以上，最大为0.369。第3、6、9组沙峰样本沙峰入库日入库寸滩站流量均很小，均在25000m^3/s以下，沙峰入出库输移时间均相对较长，均在7天以上，沙峰出库率在0.04以内。10组沙峰样本沙峰传播时间在4~8天。入库沙峰含沙量大于等于2.0kg/m^{3}的10组沙峰样本中，有7个样本的出库沙峰含沙量大于0.3kg/m^3，占比为70%。

表 6.5 入库沙峰含沙量大于等于 2.0kg/m^3 沙峰特征统计

序号	入库寸滩站沙峰		出库黄陵庙站沙峰		沙峰传播时间/天	沙峰出库率	沙峰入库日库水位/m	沙峰入库日寸滩流量/(m^3/s)
	入库时间	沙峰大小/(kg/m^3)	出库时间	沙峰大小/(kg/m^3)				
1	2007-7-28	3.79	2007-8-3	1.4	6	0.369	143.98	25200
2	2008-8-10	2.87	2008-8-17	0.58	7	0.202	145.76	29400
3	**2008-6-15**	2.45	2008-6-22	**0.016**	**7**	**0.006**	145.56	**13300**
4	2010-7-19	2.16	2010-7-23	0.475	4	0.220	147.36	62400
5	2010-7-26	2.52	2010-7-30	0.388	4	0.154	156.81	40400
6	**2011-6-22**	2.02	2011-6-29	**0.08**	**7**	**0.040**	145.38	**13100**
7	2012-7-2	1.98	2012-7-8	0.553	6	0.279	146.18	36400
8	2012-7-24	2.33	2012-7-28	0.414	4	0.178	157.16	63200
9	**2012-9-6**	3.6	2012-9-14	**0.058**	**8**	**0.016**	160.05	**22900**
10	2013-7-13	5.45	2013-7-21	1.13	8	0.207	147.6	37400

表 6.6 入库沙峰含沙量小于 2.0kg/m^3 沙峰特征统计

序号	入库寸滩站沙峰		出库黄陵庙站沙峰		沙峰传播时间/天	沙峰出库率	沙峰入库日库水位/m	沙峰入库日寸滩流量/(m^3/s)
	入库时间	沙峰大小/(kg/m^3)	出库时间	沙峰大小/(kg/m^3)				
1	2007-6-20	0.92	2007-6-22	0.138	2	0.150	144.34	22600
2	2007-9-2	1.51	2007-9-5	0.2	3	0.132	144.86	30100
3	2007-9-18	1.66	2007-9-21	0.232	3	0.140	144.88	30000
4	2008-7-3	1.9	2008-7-8	0.118	5	0.062	145.1	20900
5	2008-7-24	1.13	2008-7-28	0.165	4	0.146	145.61	27900
6	2008-9-12	0.842	2008-9-13	0.21	2	0.249	145.85	33600
7	2009-7-19	1.5	2009-7-24	0.201	5	0.134	145.84	32500
8	2009-8-18	1.05	2009-8-21	0.193	3	0.184	146.26	25800
9	2011-7-8	1.69	2011-7-12	0.076	4	0.045	145.77	32300
10	2011-8-6	0.95	2011-8-8	0.067	2	0.070	151.01	30300
11	2011-9-20	1.85	2011-9-25	0.007	5	0.004	162.02	40400

由表 6.6 可见，在入库沙峰含沙量小于 2.0kg/m^3 的 11 组沙峰样本中，出库沙峰大小均在 0.3kg/m^3 以下，最大出库沙峰为 0.232kg/m^3，沙峰出库率在 0.004~0.249。11 组沙峰样本沙峰传播时间在 2~5 天。入库沙峰含沙量小于 2.0kg/m^3 的 11 组沙峰样本中，出库沙峰含沙量小于 0.3kg/m^3 的样本占比为 100%。

综上，从2007~2013年汛期选取的实测沙峰样本来看，入库沙峰含沙量大于等于2.0kg/m^{3}时，其出库沙峰含沙量不一定大于0.3kg/m^3，但出库沙峰含沙量大于0.3kg/m^{3}时，其入库沙峰含沙量一定不小于2.0kg/m^3；入库沙峰含沙量小于2.0kg/m^{3}时，其出库沙峰含沙量一定小于0.3kg/m^3。

目前已开展的3次沙峰调度实践分别为2012年7月2日入库沙峰、2012年7月24日入库沙峰、2013年7月13日入库沙峰，三次沙峰调度的出库沙峰分别为0.553kg/m^3、0.414kg/m^3、1.13kg/m^3，出库沙峰值均大于0.3kg/m^3。如果出库沙峰太小，则开展沙峰调度将会失去实际意义，因此，本书将出库沙峰含沙量不小于0.3kg/m^{3}作为水库汛期洪水调度过程中开展沙峰调度以兼顾排沙的沙峰调度目标。选择以出库沙峰可达到0.3kg/m^{3}为沙峰调度的启动条件时，根据以上研究，则相应的可启动沙峰调度的入库沙峰大小应选为2.0kg/m^3。

需要说明的是，本书使用的水位、流量、含沙量均为日均值，因此，在实时调度中，日均入库沙峰值2.0kg/m^{3}对应的瞬时入库沙峰值将会大于2.0kg/m^3，日均出库沙峰值0.3kg/m^{3}对应的瞬时出库沙峰值也将会大于0.3kg/m^3，在实时调度中，作为沙峰调度启动条件的瞬时入库沙峰值也可继续使用2.0kg/m^3。

2. 启动沙峰调度所需的入库流量大小研究

前面研究得到的沙峰传播时间式(2.13)和沙峰出库率式(2.20)表明，沙峰入库时对应的入库寸滩站流量越小，则沙峰传播时间越长，沙峰出库率越小。从表6.5和表6.6看，沙峰入库时对应的入库寸滩站流量小于25000m^3/s的沙峰样本有4个，分别为2008年6月15日入库沙峰(对应寸滩站流量13300m^3/s)、2011年6月22日入库沙峰(对应寸滩站流量13100m^3/s)、2012年9月6日入库沙峰(对应寸滩站流量22900m^3/s)、2007年6月20日入库沙峰(对应寸滩站流量22600m^3/s)，4个沙峰样本入库沙峰大小分别为2.45kg/m^3、2.02kg/m^3、3.6kg/m^3、0.92kg/m^3，出库沙峰大小分别为0.016kg/m^3、0.08kg/m^3、0.058kg/m^3、0.138kg/m^3。可见，当沙峰入库时对应的寸滩站流量小于25000m^3/s时出库沙峰含沙量均小于0.3kg/m^3。图6.1为本书所选取的28个沙峰样本的出库沙峰$S_{黄}$与沙峰入库时寸滩站流量$Q_{寸1}$关系图，由图可见，当沙峰入库时对应的寸滩站流量$Q_{寸1}$小于25000m^3/s时，出库沙峰含沙量一般均小于0.3kg/m^3。

因此，为了达到出库沙峰值不小于0.3kg/m^{3}的沙峰调度目标，启动沙峰调度时除了需要满足入库沙峰大小一般应不小于2.0kg/m^{3}的条件，应该还需要增加一个沙峰入库时对应的最小寸滩流量限制条件，该最小流量可取为25000m^3/s，即作为沙峰调度启动条件的沙峰对应入库流量值宜不小于25000m^3/s。

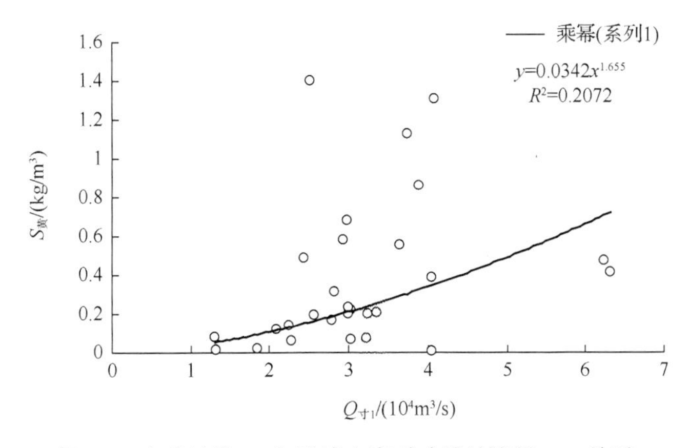

图 6.1 出库沙峰 $S_{黄}$ 与沙峰入库时寸滩站流量 $Q_{寸1}$ 关系

3. 沙峰调度启动前沙峰传播时间和沙峰出库率的初步预测计算

1) 沙峰传播时间和沙峰出库率计算

前面研究得到了沙峰传播时间式(2.13)和沙峰出库率式(2.20)，表 6.7 为沙峰传播时间和沙峰出库率计算结果统计比较表，由表可见，28 个实测沙峰样本沙峰传播时间实测值的平均值为 4.429 天，沙峰传播时间式(2.13)计算结果的平均值为 4.452 天，二者平均值相差 0.023 天，不同沙峰样本实测值与计算值的最大误差为 1.884 天，最小误差为 0.0 天，与沙峰传播时间实测结果相比，公式计算结果提前最多 1.884 天，延后最多 1.685 天；28 个实测沙峰样本沙峰出库率实测值的平均值为 0.190，沙峰出库率式(2.20)计算结果的平均值为 0.185，二者平均值相差 0.005，不同沙峰样本实测值与计算值的最大误差为 0.159，最小误差为 0.001，与沙峰出库率实测结果相比，公式计算结果偏大最多 0.099，偏小最多 0.159。

沙峰传播时间和沙峰出库率的计算误差表明，一方面，计算误差相对较小，本书提出的沙峰传播时间公式和沙峰出库率公式的计算结果可为沙峰调度的科学预判提供支撑；另一方面，预测误差的存在说明沙峰输移过程的水库调度会影响沙峰传播时间和沙峰出库率，使计算结果存在一定的不确定性，实际沙峰调度时需要在使用计算结果的基础上留有一定的余地，以适应计算结果的不确定性。例如，水库增泄排沙的开始时间应在公式计算的沙峰出库时间基础上提前 1~2 天，且水库增泄排沙的结束时间应在公式计算的沙峰出库时间基础上延后 1~2 天，以适应沙峰传播时间公式的计算结果的不确定性；另外，实际沙峰调度前根据沙峰出库率公式计算结果预判出库沙峰时，当计算得到的出库沙峰小于 0.3kg/m³ 时，不应绝对的决策放弃沙峰调度，而应考虑到沙峰出库率公式有–15.9%~9.9%的计算误差这一情况，即当使用沙峰出库率公式计算得到的出库沙峰为 0.25kg/m³ 时，仍然是具备启动沙峰调度条件的，因为考虑计算结果的不确定性后，沙峰调度后的实际出库沙峰是仍然可能达到 0.3kg/m^3 的。

表 6.7　沙峰传播时间和沙峰出库率计算结果统计比较

序号	沙峰入库时间	入库寸滩站沙峰/(kg/m^3)	出库黄陵庙站沙峰/(kg/m^3)	沙峰传播时间/天			沙峰出库率(出库沙峰/入库沙峰)		
				实测	计算	误差	实测	计算	误差
1	2003-7-4	1.43	0.681	2	2.912	0.912	0.476	0.501	–0.025
2	2003-9-1	1.82	0.863	5	3.518	–1.482	0.474	0.375	0.099
3	2005-8-15	2.7	1.31	6	4.116	–1.884	0.485	0.591	–0.106
4	2005-8-27	0.873	0.489	3	2.284	–0.716	0.560	0.475	0.085
5	2005-10-5	1.13	0.223	2	2.736	0.736	0.197	0.230	–0.032
6	2006-7-9	2.53	0.312	3	4.685	1.685	0.123	0.219	–0.095
7	2006-9-7	0.951	0.022	3	3.012	0.012	0.023	0.032	–0.009
8	2007-6-20	0.92	0.138	2	2.485	0.485	0.150	0.309	–0.159
9	2007-7-28	3.79	1.40	6	6.777	0.777	0.369	0.315	0.054
10	2007-9-2	1.51	0.20	3	3.677	0.677	0.132	0.108	0.024
11	2007-9-18	1.66	0.232	3	3.755	0.755	0.140	0.182	–0.042
12	2008-7-3	1.90	0.118	5	5.093	0.093	0.062	0.053	0.009
13	2008-7-24	1.13	0.165	4	2.920	–1.080	0.146	0.137	0.008
14	2008-8-10	2.87	0.58	7	5.732	–1.268	0.202	0.185	0.017
15	2008-9-12	0.842	0.21	2	2.393	0.393	0.249	0.169	0.080
16	2008-6-15	2.45	0.016	7	6.954	–0.045	0.007	0.019	–0.012
17	2009-7-19	1.50	0.201	5	3.584	–1.415	0.134	0.103	0.031
18	2009-8-18	1.05	0.193	3	3.000	0.000	0.184	0.135	0.048
19	2010-7-19	2.16	0.475	4	4.378	0.378	0.220	0.202	0.018
20	2010-7-26	2.52	0.388	4	5.396	1.396	0.154	0.120	0.034
21	2011-6-22	2.02	0.080	7	5.971	–1.029	0.040	0.036	0.003
22	2011-7-8	1.69	0.076	4	4.036	0.036	0.045	0.071	–0.026
23	2011-8-6	0.95	0.067	3	2.936	–0.064	0.071	0.061	0.009
24	2011-9-20	1.85	0.007	5	5.302	0.302	0.004	0.003	0.001
25	2012-7-2	1.98	0.553	6	4.576	–1.424	0.279	0.199	0.080
26	2012-7-24	2.33	0.414	4	4.693	0.693	0.178	0.172	0.005
27	2012-9-6	3.60	0.058	8	8.922	0.922	0.016	0.012	0.004
28	2013-7-13	5.45	1.13	8	8.820	0.820	0.207	0.156	0.052
合计	—	—	—	4.429	4.452	0.023	0.190	0.185	0.005

2)库水位抬高对沙峰传播时间和沙峰出库率影响

表6.8为沙峰输移过程水力特征统计表，由表6.7和表6.8可得，1~7号沙峰样本(2003年7月4日至2006年9月7日)沙峰入库时和沙峰输移过程中坝前水位基本在135m附近，沙峰输移过程中库水位变幅很小，实测沙峰传播时间的平均值为3.43天，实测沙峰出库率的平均值为0.334；8~17号沙峰样本(2009年8月18日至2013年7月13日)沙峰入库时和沙峰输移过程中坝前水位基本在145m附近，沙峰输移过程中库水位变幅很小，实测沙峰传播时间的平均值为4.40天，实测沙峰出库率的平均值为0.159；8~17号沙峰样本(2007年6月20日至2009年7月19日)沙峰入库时和沙峰输移过程中坝前水位一般在145m以上，主要是汛期开始实施中小洪水调度，沙峰输移过程中库水位变幅增大，实测沙峰传播时间的平均值为5.09天，实测沙峰出库率的平均值为0.127。

可见，随着沙峰入库时和沙峰输移过程中坝前水位的抬高，库区沙峰传播时间是增加的，库区沙峰出库率是减小的。

3)入库沙峰洪峰相位关系

三峡水库入库寸滩站沙峰与洪峰的相位关系可分为三种：沙峰超前于洪峰、沙峰与洪峰同步、沙峰滞后于洪峰。根据寸滩水文站1991～2002年实测水文资料，统计了47场寸滩站洪水过程，其中沙峰超前于洪峰的有15场，占比为31.9%；沙峰与洪峰同步的有24场，占比为51.1%；沙峰滞后于洪峰的有8场，占比为17.0%。根据寸滩水文站2003～2013年实测水文资料，统计了42场寸滩站洪水过程，其中沙峰超前于洪峰的有20场，占比为47.6%；沙峰与洪峰同步的有13场，占比为31.0%；沙峰滞后于洪峰的有9场，占比为21.4%。

综上，寸滩水文站1991~2013年89场实测洪水过程中，沙峰超前于洪峰的有35场，占比为39.3%；沙峰与洪峰同步的有37场，占比为41.6%；沙峰滞后于洪峰的有17场，占比为19.1%。可见，1991年以来，三峡水库入库洪水过程中，沙峰滞后于洪峰的相对较少，一般占比约20%，沙峰超前于洪峰和沙峰与洪峰同步的一般各占比约40%。其中，三峡水库试验性蓄水以来的入库洪水中，沙峰超前于洪峰、沙峰与洪峰同步、沙峰滞后于洪峰的分别占比约30%、50%和20%。

寸滩站洪峰沙峰呈现出三种相位关系的原因主要是：①三峡水库上游降雨在时空上分布不均、地形地貌的差异、溪沟汇流以及重力侵蚀的随机性，造成寸滩站洪峰和沙峰呈现出多种相位组合[12]；②三峡入库水沙异源，也是造成寸滩站沙峰与洪峰不同步的一个原因；③河道中洪峰沙峰传播速度的差异是二者不同步的另一个原因，对于宽浅河道，洪峰波速远小于断面平均流速，沙峰比洪峰传播快，对于窄深河道，洪峰波速远大于断面平均流速，沙峰比洪峰传播慢。

表 6.8　沙峰输移过程水力特征统计

序号	沙峰入库时间	沙峰入库日寸滩流量/(m^3/s)	沙峰入库日黄陵庙流量/(m^3/s)	沙峰出库日黄陵庙流量/(m^3/s)	沙峰入库日库水位/m	沙峰入库日库水位对应库容/m	沙峰出库日库水位/m	出库沙峰大小/(kg/m^3)
1	2003-7-4	29900	36600	39000	135.11	124.51	135.11	0.681
2	2003-9-1	38800	24100	40100	135.15	124.69	135.11	0.863
3	2005-8-15	40700	43400	41900	135.51	126.35	135.51	1.31
4	2005-8-27	24500	29000	45200	135.48	126.21	135.54	0.489
5	2005-10-5	30300	29100	29200	138.87	141.80	138.81	0.223
6	2006-7-9	28300	26700	24400	135.61	126.81	135.59	0.312
7	2006-9-7	18500	12900	15500	135.29	125.33	135.50	0.022
8	2007-6-20	22600	40000	38900	144.34	168.27	144.02	0.138
9	2007-7-28	25200	35900	42900	143.98	166.50	145.22	1.40
10	2007-9-2	30100	26300	27200	144.86	170.81	144.88	0.20
11	2007-9-18	30000	32900	31200	144.88	170.91	144.88	0.232
12	2008-7-3	20900	17500	26600	145.10	172.01	145.84	0.118
13	2008-7-24	27900	34900	24300	145.61	174.60	145.87	0.165
14	2008-8-10	29400	28100	38100	145.76	175.36	145.82	0.58
15	2008-9-12	33600	28800	35400	145.85	175.82	145.87	0.21
16	2008-6-15	13300	13800	21500	145.56	174.34	145.16	0.016
17	2009-7-19	32500	29500	24700	145.84	175.77	145.30	0.201
18	2009-8-18	25800	26700	33300	146.26	177.90	145.08	0.193
19	2010-7-19	62400	37100	34500	147.36	193.49	158.73	0.475
20	2010-7-26	40400	39800	38100	156.81	240.31	160.17	0.388
21	2011-6-22	13100	18900	21600	145.38	173.43	147.42	0.080
22	2011-7-8	32300	27400	21200	145.77	175.41	147.72	0.076
23	2011-8-6	30300	27400	26600	151.01	203.18	153.62	0.067
24	2011-9-20	40400	21200	19200	162.02	177.43	166.84	0.007
25	2012-7-2	36400	28400	40500	146.18	177.49	152.58	0.553
26	2012-7-24	63200	43800	45400	157.16	242.69	162.26	0.414
27	2012-9-6	22900	25300	23200	160.05	262.39	164.81	0.058
28	2013-7-13	37400	30400	35000	147.60	184.71	149.48	1.13

表 6.9 为本书沙峰输移特性研究所选的 28 个沙峰样本的入库沙峰洪峰相位关系统计表，由表可见，以干流寸滩站为三峡沙峰洪峰入库统计站，在本书为研究三峡水库蓄水后沙峰输移特性所选取的 28 个沙峰样本中，入库沙峰超前于入库洪峰的有 13 个，占比为 46.4%；入库沙峰与入库洪峰同步的也有 13 个，占比为 46.4%；

入库沙峰滞后于入库洪峰的有 2 个，占比为 7.2%。

表 6.9　入库沙峰洪峰相位关系统计

序号	沙峰入库时间	沙峰传播时间/天	沙峰出库率	洪峰入库时间	入库沙峰洪峰相位关系	寸滩站入库洪峰流量/(m^3/s)
1	2003-7-4	2	0.476	2003-7-5	沙峰超前洪峰 1 天	30700
2	2003-9-1	5	0.474	2003-9-3	沙峰超前洪峰 2 天	46500
3	**2005-8-15**	**6**	**0.485**	**2005-8-12**	**沙峰滞后洪峰 2 天**	**43200**
4	2005-8-27	3	0.560	2005-8-30	沙峰超前洪峰 3 天	40100
5	2005-10-5	2	0.197	2005-10-5	沙峰洪峰同步	30300
6	2006-7-9	3	0.123	2006-7-9	沙峰洪峰同步	28300
7	2006-9-7	3	0.023	2006-9-7	沙峰洪峰同步	18500
8	2007-6-20	2	0.150	2007-6-20	沙峰洪峰同步	22600
9	2007-7-28	6	0.369	2007-7-31	沙峰超前洪峰 3 天	36100
10	2007-9-2	3	0.132	2007-9-2	沙峰洪峰同步	30100
11	2007-9-18	3	0.140	2007-9-19	沙峰超前洪峰 1 天	30000
12	2008-7-3	5	0.062	2008-7-7	沙峰超前洪峰 4 天	23200
13	2008-7-24	4	0.146	2008-7-24	沙峰洪峰同步	27900
14	2008-8-10	7	0.202	2008-8-12	沙峰超前洪峰 2 天	33400
15	2008-9-12	2	0.249	2008-9-12	沙峰洪峰同步	33600
16	2008-6-15	7	0.007	2008-6-17	沙峰超前洪峰 2 天	18200
17	2009-7-19	5	0.134	2009-7-19	沙峰洪峰同步	32500
18	2009-8-18	3	0.184	2009-8-21	沙峰超前洪峰 3 天	30700
19	2010-7-19	4	0.220	2010-7-19	沙峰洪峰同步	62400
20	2010-7-26	4	0.154	2010-7-27	沙峰超前洪峰 1 天	50000
21	2011-6-22	7	0.040	2011-6-24	沙峰超前洪峰 2 天	30000
22	2011-7-8	4	0.045	2011-7-8	沙峰洪峰同步	32300
23	2011-8-6	3	0.071	2011-8-7	沙峰超前洪峰 1 天	30900
24	2011-9-20	5	0.004	2011-9-21	沙峰超前洪峰 1 天	41700
25	2012-7-2	6	0.279	2012-7-2	沙峰洪峰同步	36400
26	2012-7-24	4	0.178	2012-7-24	沙峰洪峰同步	63200
27	**2012-9-6**	**8**	**0.016**	**2012-9-3**	**沙峰滞后洪峰 3 天**	**47300**
28	2013-7-13	8	0.207	2013-7-13	沙峰洪峰同步	37400

表 6.9 的 28 组沙峰输移资料样本中，前 7 组沙峰资料对应的三峡水库汛期限制水位为 135m，沙峰入库时及沙峰输移过程中库水位均在 135m 附近，而后 21 组沙峰资料对应的三峡水库汛期水位最低为 144m，一般在 145m 及以上，考虑到

今后沙峰调度的运用背景均是汛限水位 145m，这里选择后面的 8~28 组共 21 组实测资料样本进行沙峰输移特性与入库沙峰洪峰相位关系的研究。21 组实测沙峰样本中，入库沙峰超前于洪峰的有 10 个，实测沙峰传播时间平均值为 5.0 天，实测沙峰出库率平均值为 0.123；入库沙峰与洪峰同步的有 10 个，实测沙峰传播时间平均值为 4.2 天，实测沙峰出库率平均值为 0.174；沙峰滞后于洪峰的有 1 个，实测沙峰传播时间平均值为 8.0 天，实测沙峰出库率平均值为 0.016。

可见，从定性上看，入库沙峰与洪峰同步时，沙峰传播时间最短，沙峰出库率最高；入库沙峰滞后于洪峰时，沙峰传播时间最长，沙峰出库率最低；入库沙峰超前于洪峰时，沙峰传播时间居中，沙峰出库率也居中。因此，从有利于提高沙峰出库率和减小库区沙峰传播时间的角度看，入库沙峰与入库洪峰的三种相位关系中，沙峰与洪峰同步时最有利于输沙排沙；其次是沙峰超前于洪峰，最差的是沙峰滞后于洪峰。需要说明的是，该定性认识是基于统计平均意义基础上的，对于同一场洪水过程是适用的，对于不同场次洪水则不一定适用，主要是因为，沙峰传播时间和沙峰出库率受到多个影响因素的复杂影响，其大小并不是仅由入库站沙峰和洪峰之间相位关系就能够完全决定的。

4. 沙峰调度过程中水库增泄流量大小研究

表 6.10 为本书所选 28 个沙峰样本出库沙峰大小与沙峰出库日黄陵庙流量统计表，图 6.2 为本书所选 28 个沙峰样本出库沙峰 $S_{黄}$与沙峰出库时黄陵庙站流量 $Q_{黄沙}$关系。由图表可见，出库沙峰大于 0.3kg/m^3 的沙峰样本，其沙峰出库时的黄陵庙站流量基本都在 35000m^3/s 以上；入库沙峰不小于 2.0kg/m^3 且沙峰出库时黄陵庙站流量在 35000m^3/s 以上的样本，其出库沙峰含沙量均大于 0.3kg/m^3。因此，开展沙峰调度沙峰到达坝前时三峡水库的增泄排沙流量应不小于 35000m^3/s。

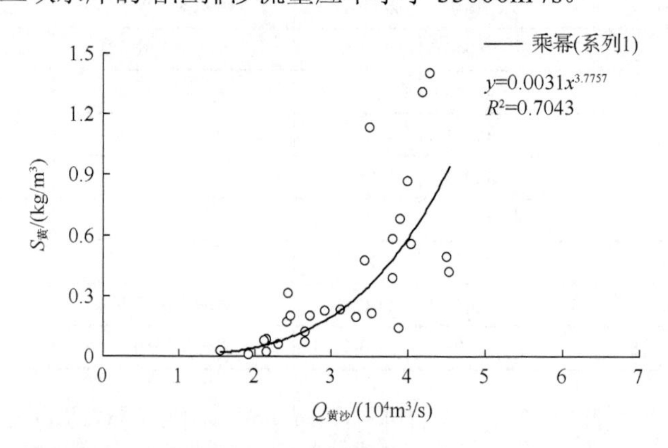

图 6.2　出库沙峰 $S_{黄}$与沙峰出库时黄陵庙站流量 $Q_{黄沙}$关系

表 6.10　出库沙峰大小与沙峰出库日黄陵庙流量统计

序号	沙峰入库时间	入库寸滩站沙峰/(kg/m³)	沙峰入库日寸滩流量/(m³/s)	沙峰入库日黄陵庙流量/(m³/s)	沙峰出库日黄陵庙流量/(m³/s)	沙峰入库日库水位/m	出库沙峰含沙量/(kg/m³)
1	**2003-7-4**	**1.43**	**29900**	**36600**	**39000**	**135.11**	**0.681**
2	**2003-9-1**	**1.82**	**38800**	**24100**	**40100**	**135.15**	**0.863**
3	**2005-8-15**	**2.7**	**40700**	**43400**	**41900**	**135.51**	**1.31**
4	**2005-8-27**	**0.873**	**24500**	**29000**	**45200**	**135.48**	**0.489**
5	2005-10-5	1.13	30300	29100	29200	138.87	0.223
6	**2006-7-9**	**2.53**	**28300**	**26700**	**24400**	**135.61**	**0.312**
7	2006-9-7	0.951	18500	12900	15500	135.29	0.022
8	2007-6-20	0.92	22600	40000	38900	144.34	0.138
9	**2007-7-28**	**3.79**	**25200**	**35900**	**42900**	**143.98**	**1.40**
10	2007-9-2	1.51	30100	26300	27200	144.86	0.20
11	2007-9-18	1.66	30000	32900	31200	144.88	0.232
12	2008-7-3	1.90	20900	17500	26600	145.10	0.118
13	2008-7-24	1.13	27900	34900	24300	145.61	0.165
14	**2008-8-10**	**2.87**	**29400**	**28100**	**38100**	**145.76**	**0.58**
15	2008-9-12	0.842	33600	28800	35400	145.85	0.21
16	2008-6-15	2.45	13300	13800	21500	145.56	0.016
17	2009-7-19	1.50	32500	29500	24700	145.84	0.201
18	2009-8-18	1.05	25800	26700	33300	146.26	0.193
19	**2010-7-19**	**2.16**	**62400**	**37100**	**34500**	**147.36**	**0.475**
20	**2010-7-26**	**2.52**	**40400**	**39800**	**38100**	**156.81**	**0.388**
21	2011-6-22	2.02	13100	18900	21600	145.38	0.080
22	2011-7-8	1.69	32300	27400	21200	145.77	0.076
23	2011-8-6	0.95	30300	27400	26600	151.01	0.067
24	2011-9-20	1.85	40400	21200	19200	162.02	0.007
25	**2012-7-2**	**1.98**	**36400**	**28400**	**40500**	**146.18**	**0.553**
26	**2012-7-24**	**2.33**	**63200**	**43800**	**45400**	**157.16**	**0.414**
27	2012-9-6	3.60	22900	25300	23200	160.05	0.058
28	**2013-7-13**	**5.45**	**37400**	**30400**	**35000**	**147.60**	**1.13**

5. 启动沙峰调度所需坝前水位研究

根据前面的研究，开展沙峰调度的启动条件为入库沙峰 $S_{寸}$不小于 2.0kg/m³，沙峰入库日入库寸滩站流量 $Q_{寸1}$不小于 25000m³/s，出库沙峰的调度目标是 $S_{黄}$不小于 0.3kg/m³，沙峰出库日出库黄陵庙站流量 $Q_{黄沙}$不小于 35000m³/s，考虑到 100 年一遇以下洪水三峡水库需要控制下游枝城流量不超过 56700m³/s，对应的三峡水库泄量约为 55000m³/s，根据这些限制条件，可进一步研究得到启动沙峰调度所需的坝前水位上限值，即沙峰调度启动时坝前水位应不超过这个上限值。当然，在沙峰入库时完全可以根据沙峰出库率公式和当时的库水位及入出库流量等，求出可能的沙峰出库率和出库沙峰大小，进而根据出库沙峰不小于 0.3kg/m^3 的调度目标，确定是否有必要启动此次沙峰调度。这里针对入库沙峰 2.0kg/m^3，出库沙峰 0.3kg/m^3 的沙峰调度启动最低条件，采用沙峰出库率公式反算得出了沙峰入出库日黄陵庙站不同流量对应的沙峰调度可以启动的临界库水位值(表 6.11)，既可以为调度决策提供宏观参考，也可以揭示出一些有益的临界库水位值。计算时使用的三峡水库水位库容曲线见表 6.12。

表 6.11　沙峰出库率 0.15(入库沙峰 2.0kg/m^3，出库沙峰 0.3kg/m^3)条件下沙峰入出库日出库黄陵庙站不同流量对应的沙峰入库日库水位计算结果统计

沙峰入库日水位/m（沙峰出库日黄陵庙流量/(m^3/s)；沙峰入库日黄陵庙流量/(m^3/s)）	35000	40000	45000	50000	55000
25000	145.0	148.0	150.5	152.5	155.0
30000	148.0	150.5	153.0	155.0	157.0
35000	150.5	153.0	155.0	157.5	159.5
40000	153.0	155.0	157.0	159.5	161.5
45000	155.0	157.0	159.5	161.5	163.0
50000	157.0	159.5	161.5	163.0	165.0
55000	159.5	161.5	163.0	165.0	166.5

由表6.11可见，沙峰入出库日黄陵庙站流量均为55000m^3/s时，坝前水位166.5m对应的出库沙峰依然可以达到 0.3kg/m^3；沙峰入库日黄陵庙站流量为 25000m^3/s 且沙峰出库日黄陵庙站流量为 35000m^3/s 时，坝前水位 145.0m 对应的出库沙峰可以达到 0.3kg/m^3；沙峰入库日黄陵庙站流量为 30000m^3/s 且沙峰出库日黄陵庙站流量为 35000m^3/s 时，坝前水位 148.0m 对应的出库沙峰可以达到 0.3kg/m^3。需要说明的是，在研究兼顾排沙的沙峰调度方式时，研究前提是以洪水调度为主，以水库排沙为辅，即沙峰输移过程中库水位实际上是变动的，而沙峰出库率公式由于公式结构无法反映水库调度的影响，所以沙峰出库率公式仅能用于沙峰出库率预判，其计算结果存在一定的不确定性。从有利于排沙的角度，沙峰调度过程中出库流量越大越有利于排沙，但实际调度过程中出库流量的确定往往需要在考虑防洪、航运、洪水资源利用等多种因素制约影响的基础上综合确定。

表 6.12　三峡水库水位库容曲线

水位/m	库容/亿 m^3
130.0	103.3
135.0	124.0
140.0	147.0
145.0	171.5
150.0	196.9
155.0	228.0
160.0	262.0
165.0	300.2
170.0	344.0
175.0	393.0
180.0	445.7

6. 沙峰输移过程中水库调度对沙峰输移影响计算研究

以三峡水库 2012 年汛期 7 月 2 日入库沙峰、7 月 24 日入库沙峰、9 月 6 日入库沙峰三个典型沙峰过程为例，进行三峡水库汛期沙峰输移过程中水库调度对沙峰输移影响研究。三峡水库 2012 年汛期入出库水沙过程见图 6.3，三峡水库 2012 年汛期坝前水位过程见图 6.4。从图中可见，三峡水库 2012 年汛期有多个入库沙峰过程，但出库沙峰过程坦化严重，沙峰不明显。

表 6.13 为 2012 年汛期沙峰特征统计表，由表可见，2012 年汛期 7 月 2 日、7 月 24 日、9 月 6 日 3 个入库沙峰传播时间分别为 6 天、4 天、8 天。入出库洪峰传播时间一般不超过 1 天。

2012 年 7 月 2 日入库沙峰，在 7 月 8 日出库。7 月 2 日干流寸滩站、清溪场站、万县站、黄陵庙站流量分别为 36400m^3/s、35000m^3/s、30200m^3/s、28400m^3/s，7 月 2 日库水位为 146.18m，7 月 8 日库水位为 152.58m，库水位抬升 6.4m，7 月 2 日~8 日库水位处于持续抬升状态。7 月 2 日~8 日库水位分别为 146.18m、146.47m、146.82m、148.19m、149.61m、151.64m、152.58m。7 月 8 日沙峰出库日黄陵庙站日均流量为 40500m^3/s。

2012 年 7 月 24 日入库沙峰，在 7 月 28 日出库。7 月 24 日干流寸滩站、清溪场站、万县站、黄陵庙站流量分别为 63200m^3/s、63000m^3/s、55400m^3/s、43800m^3/s，7 月 24 日库水位为 157.16m，7 月 28 日库水位为 162.26m，库水位抬升 5.1m。7 月 24~28 日库水位先升后降，沙峰入出库过程中库水位最高为 162.95m，库水位最大抬升 5.79m。7 月 24~28 日库水位分别为 157.16m、160.26m、162.42m、162.95m、162.26m。7 月 28 日沙峰出库日黄陵庙站日均流量为 45400m^3/s。

2012 年 9 月 6 日入库沙峰，在 9 月 14 日出库。9 月 6 日干流寸滩站、清溪场站、万县站、黄陵庙站流量分别为 22900m³/s、25700m³/s、25700m³/s、25300m³/s，9 月 6 日库水位为 160.05m，9 月 14 日库水位为 164.81m，库水位抬升 4.76m。9 月 6~14 日库水位先降后升，沙峰入出库过程中库水位最低为 159.18m，库水位最大抬升 5.63m。9 月 6~14 日库水位分别为 160.05m、159.90m、159.69m、159.18m、159.21m、159.62m、161.39m、163.33m、164.81m。9 月 14 日沙峰出库日黄陵庙站日均流量为 23200m³/s。

表 6.13　2012 年汛期沙峰特征统计

沙峰	项目		寸滩	清溪场	万县	黄陵庙	传播时间/天
7 月 2 日入库沙峰	洪峰	时间	2012-7-2	2012-7-3	2012-7-3	2012-7-3	1
		大小/(m³/s)	36400	37900	36000	36600	/
	沙峰	时间	2012-7-2	2012-7-2	2012-7-4	2012-7-8	6
		大小/(kg/m³)	1.98	1.92	1.81	0.553	/
7 月 24 日入库沙峰	洪峰	时间	2012-7-24	2012-7-24	2012-7-24	2012-7-24	<1
		大小	63200	63000	55400	43800	/
	沙峰	时间	2012-7-24	2012-7-25	2012-7-26	2012-7-28	4
		大小	2.33	1.86	1.13	0.414	/
9 月 6 日入库沙峰	洪峰	时间	2012-9-3	2012-9-4	2012-9-4	2012-9-4	1
		大小	47300	44900	38300	26000	/
	沙峰	时间	2012-9-6	2012-9-8	2012-9-11	2012-9-14	8
		大小	3.6	2.31	0.711	0.058	/

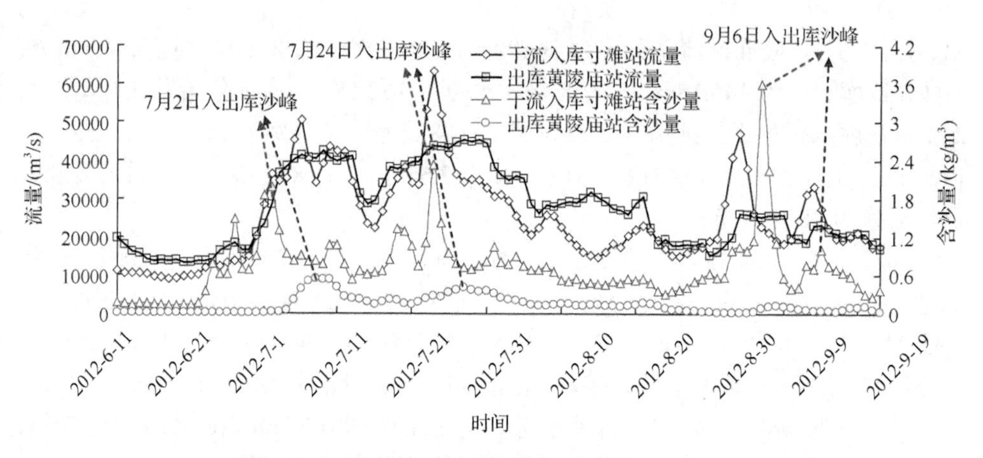

图 6.3　三峡水库 2012 年汛期入出库水沙过程图

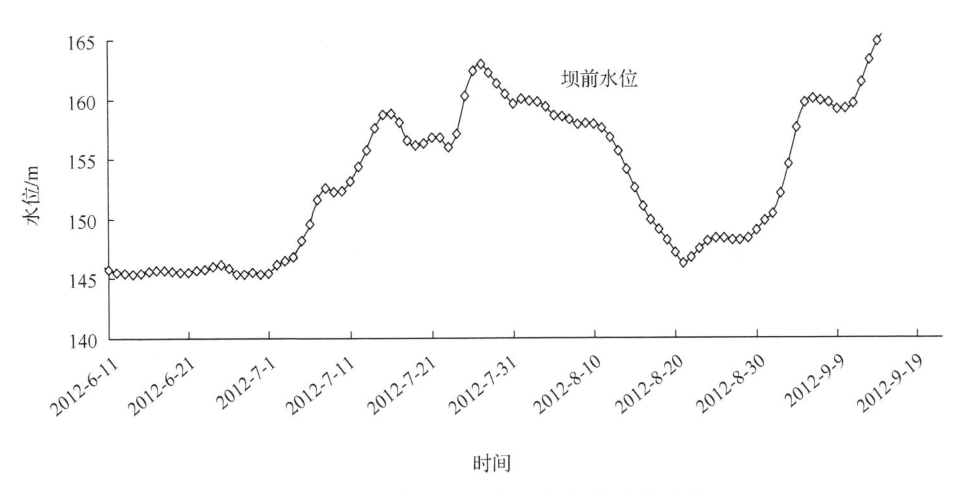

图 6.4　三峡水库 2012 年汛期坝前水位过程

1) 2012 年 7 月 2 日入库沙峰输移特性计算分析

针对 2012 年 7 月 2 日入库沙峰，拟定 8 个计算方案(表 6.18)，表 6.14、表 6.15、表 6.16、表 6.17、表 6.18 分别为不同调度方案坝前水位过程表、出库流量计算结果统计表、出库含沙量计算结果统计表、出库输沙量计算结果统计表、沙峰出库时间及大小计算结果统计表，图 6.5 为三峡水库 2012 年 7 月 2 日沙峰入出库过程不同调度方案坝前水位过程图。

从沙峰传播时间看，不同调度方案对 2012 年 7 月 2 日入库沙峰传播时间影响很小，除方案 3 沙峰出库时间提前 1 天，其他各方案沙峰出库时间相同，均为 7 月 8 日。各方案中方案 3 为库水位抬升方案，坝前水位在各方案中最高，方案 3 沙峰出库时间提前的原因是坝前水位大幅度的抬升造成沙峰沿程严重衰减，以至于原沙峰对应的出库含沙量已经小于原沙峰之前的含沙量了，原沙峰消失，原沙峰之前的相对较小的含沙量被动成为了新的沙峰，进而呈现出沙峰出库时间提前的现象，实际上是原沙峰过度衰减所致，此时的出库沙峰已非之前的入库沙峰了。故沙峰入库后，大幅度抬高库水位是非常不利于沙峰出库的，会造成沙峰的严重衰减及出库沙量的大幅度减少。

从出库沙峰大小看，方案 2 出库沙峰值最大，方案 3 出库沙峰值最小，方案 3 的坝前水位在各方案中最高。各方案 7 月 2~8 日平均库水位最低的是方案 2，平均库水位最高的是方案 3，可见，库水位是影响出库沙峰值大小的主要影响因素。

从总的出库输沙量看，7 月 2~8 日出库沙量最大的是方案 2，出库沙量最小的是方案 3。可见，库水位也是影响出库沙量大小的主要影响因素。

表 6.14　2012 年 7 月 2~8 日不同调度方案坝前水位过程　(单位:m)

时间	方案 1	方案 2	方案 3	方案 4	方案 5	方案 6	方案 7	方案 8
7 月 2 日	146.18	146.18	146.18	146.18	146.18	145.00	146.18	146.18
7 月 3 日	146.47	146.18	148.47	148.47	145.47	146.47	146.47	147.47
7 月 4 日	146.82	146.18	150.82	150.82	145.00	146.82	146.82	148.82
7 月 5 日	148.19	146.18	153.19	153.19	147.19	148.19	148.19	150.19
7 月 6 日	149.61	146.18	155.61	155.61	149.61	149.61	149.61	151.61
7 月 7 日	151.64	146.18	157.64	153.64	151.64	151.64	151.64	151.64
7 月 8 日	152.58	146.18	159.58	152.58	152.58	152.58	150.58	152.58
平均水位	148.78	146.18	153.07	151.50	148.24	148.62	148.50	152.58

表 6.15　2012 年 7 月 2~8 日不同调度方案出库流量计算结果统计　(单位:m^3/s)

时间	方案 1	方案 2	方案 3	方案 4	方案 5	方案 6	方案 7	方案 8
7 月 2 日	27273	27273	27273	27273	27273	31813	27273	27273
7 月 3 日	35944	37054	27790	27790	39713	31856	35944	31977
7 月 4 日	38067	39565	26524	26524	41671	37607	38067	33358
7 月 5 日	38040	43192	30369	30369	35573	37941	38040	36399
7 月 6 日	41411	46669	34441	34441	37636	41389	41411	40211
7 月 7 日	39813	49594	37383	56692	39052	39804	39813	48352
7 月 8 日	40452	47438	31846	52116	40150	40448	49494	42011
平均流量	37286	41541	30804	36458	37295	37265	38577	37083

表 6.16　2012 年 7 月 2~8 日不同调度方案出库含沙量计算结果统计（单位:kg/m^3）

时间	方案 1	方案 2	方案 3	方案 4	方案 5	方案 6	方案 7	方案 8
7 月 2 日	0.081	0.081	0.081	0.081	0.081	0.097	0.081	0.081
7 月 3 日	0.165	0.169	0.125	0.125	0.180	0.162	0.165	0.148
7 月 4 日	0.263	0.274	0.179	0.179	0.292	0.262	0.263	0.225
7 月 5 日	0.350	0.382	0.252	0.252	0.361	0.349	0.350	0.321
7 月 6 日	0.438	0.486	0.337	0.337	0.430	0.438	0.438	0.417
7 月 7 日	0.499	0.555	0.400	0.459	0.493	0.499	0.499	0.497
7 月 8 日	0.505	0.564	0.383	0.504	0.503	0.506	0.523	0.510

表 6.17 2012年7月2~8日不同调度方案出库输沙量计算结果统计 (单位:万t)

时间	方案1	方案2	方案3	方案4	方案5	方案6	方案7	方案8
7月2日	19.04	19.04	19.04	19.04	19.04	26.65	19.04	19.04
7月3日	51.26	54.25	30.12	30.12	61.62	44.55	51.26	40.96
7月4日	86.56	93.62	41.00	41.00	105.1	84.97	86.56	64.90
7月5日	114.9	142.5	66.06	66.06	111.0	114.5	114.9	100.8
7月6日	156.7	195.9	100.4	100.4	139.7	156.8	156.7	145.00
7月7日	171.6	237.7	129.3	224.9	166.5	171.8	171.6	207.7
7月8日	176.6	231.0	105.5	227.1	174.4	176.8	223.8	185.2
合计	776.7	974.0	491.4	708.6	777.4	776.1	823.9	763.6

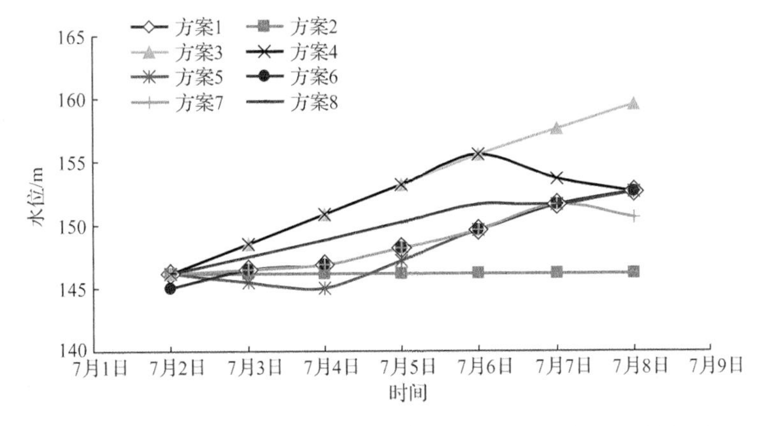

图 6.5 三峡水库2012年7月2日沙峰入出库过程不同调度方案坝前水位过程图

表 6.18 2012年7月2日入库沙峰不同调度方案沙峰出库时间及大小计算结果统计

方案	方案说明	沙峰出库时间	出库沙峰大小/(kg/m^3)
1	实际调度方案	7月8日	0.505
2	库水位不变方案	7月8日	0.564
3	库水位抬升方案	7月7日	0.400
4	库水位先升后降方案	7月8日	0.504
5	库水位先降后升方案	7月8日	0.503
6	沙峰入库日库水位下降方案	7月8日	0.506
7	沙峰出库日库水位下降方案	7月8日	0.523
8	沙峰入出库日库水位不变但中间改变方案	7月8日	0.510

2) 2012年7月24日入库沙峰输移特性计算分析

针对2012年7月24日入库沙峰，拟定9个计算方案，表6.19、表6.20、表6.21、表6.22、表6.23分别为不同调度方案坝前水位过程表、出库流量计算结果统计表、出库含沙量计算结果统计表、出库输沙量计算结果统计表、沙峰出库时间及大小计算结果统计表，图 6.6 为三峡水库 2012 年 7 月 24 日沙峰入出库过程不同调度方案坝前水位过程图。

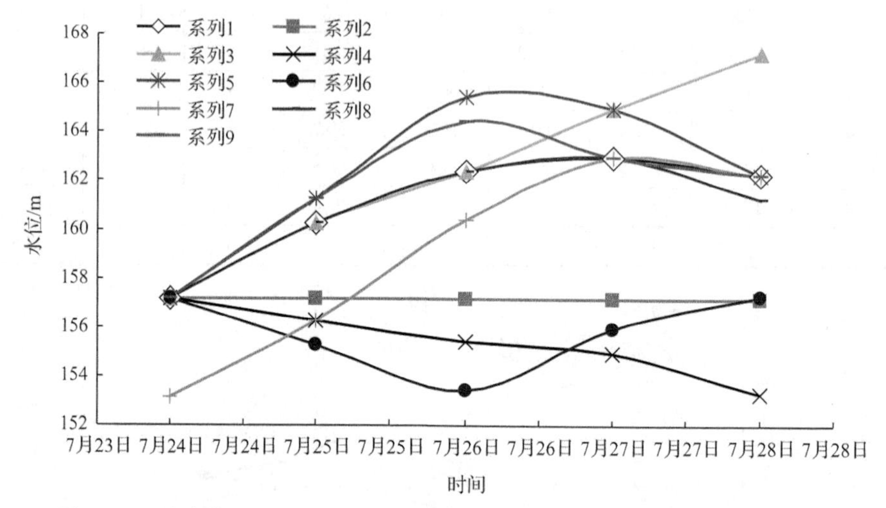

图 6.6　三峡水库 2012 年 7 月 24 日沙峰入出库过程不同调度方案坝前水位过程图

从沙峰传播时间看，不同调度方案对 2012 年 7 月 24 日入库沙峰传播时间影响较大，与方案 1 相比，方案 2 沙峰出库时间提前 1 天，原因是方案 2 库水位保持不变，库区流速大，出库流量大，沙峰沿程衰减程度最小，传播时间最快；与方案 1 相比，方案 3 沙峰出库时间提前 2 天，原因是方案 3 库水位进一步抬升，造成沙峰沿程严重衰减，以至于原沙峰消失，原沙峰之前的相对较小的含沙量被动成为了新的沙峰，进而呈现出沙峰出库时间提前的现象；与方案 1 相比，方案 4 沙峰出库时间提前 1 天，原因是方案 4 库水位持续下降，库区流速加大，出库流量增大，沙峰沿程衰减程度进一步减小，传播时间加快；与方案 1 相比，方案 5 沙峰出库时间延长 1 天，原因是方案 5 库水位先升后降，坝前平均水位有所偏高，库区流速有所减小，造成沙峰传播速度有所减小；与方案 1 相比，方案 6 沙峰出库时间提前 2 天，原因是方案 6 库水位先降后升，使得前期出库含沙量较大，而后期出库含沙量急剧减少，进而造成沙峰提前出库的现象；与方案 1 相比，方案 7 沙峰出库时间提前 3 天，原因是方案 7 库水位先降后升，且 24 日库水位就降低了，使得前期出库含沙量较大，而后期出库含沙量急剧减少，进而造成沙峰提前出库的现象，但此时的出库沙峰已非之前的入库沙峰了；与方案 1 相比，方案 8 和方案 9 的沙峰出库时间不变，原因是方案 8 和方案 9 库水位改变程度与方案 1 相比差别不大。

表 6.19　2012 年 7 月 24~28 日不同调度方案坝前水位过程　（单位:m）

时间	方案 1	方案 2	方案 3	方案 4	方案 5	方案 6	方案 7	方案 8	方案 9
7 月 24 日	157.16	157.16	157.16	157.16	157.16	157.16	153.16	157.16	157.16
7 月 25 日	160.26	157.16	160.26	156.26	161.26	155.26	156.26	160.26	161.26
7 月 26 日	162.42	157.16	162.42	155.42	165.42	153.42	160.42	162.42	164.42
7 月 27 日	162.95	157.16	164.95	154.95	164.95	155.95	162.95	162.95	162.95
7 月 28 日	162.26	157.16	167.26	153.26	162.26	157.26	162.26	161.26	162.26
平均水位	161.01	157.16	162.41	155.41	162.21	155.81	159.01	160.81	161.61

表 6.20　2012 年 7 月 24~28 日不同调度方案出库流量计算结果统计　（单位:m^3/s）

时间	方案 1	方案 2	方案 3	方案 4	方案 5	方案 6	方案 7	方案 8	方案 9
7 月 24 日	45847	45847	45847	45847	45847	45847	67573	45847	45847
7 月 25 日	41979	60993	41979	65082	35621	69554	46678	41979	35621
7 月 26 日	42167	57240	42167	63367	26003	68759	32147	42167	35363
7 月 27 日	44821	50228	31304	53032	48538	39870	30957	44821	55362
7 月 28 日	46350	44246	20660	52904	58508	35477	44172	52274	48006
平均流量	44233	51711	36391	56046	42903	51901	44305	45418	44040

表 6.21　2012 年 7 月 24~28 日不同调度方案出库含沙量计算结果统计　（单位:kg/m^3）

时间	方案 1	方案 2	方案 3	方案 4	方案 5	方案 6	方案 7	方案 8	方案 9
7 月 24 日	0.363	0.363	0.363	0.363	0.363	0.363	0.404	0.363	0.363
7 月 25 日	0.419	0.463	0.419	0.468	0.392	0.474	0.478	0.419	0.392
7 月 26 日	0.443	0.522	0.443	0.540	0.392	0.558	0.451	0.443	0.395
7 月 27 日	0.458	0.537	0.402	0.557	0.424	0.547	0.407	0.458	0.457
7 月 28 日	0.463	0.520	0.319	0.556	0.461	0.484	0.427	0.479	0.469

表 6.22　2012 年 7 月 24~28 日不同调度方案出库输沙量计算结果统计　（单位:万 t）

时间	方案 1	方案 2	方案 3	方案 4	方案 5	方案 6	方案 7	方案 8	方案 9
7 月 24 日	143.6	143.6	143.6	143.6	143.6	143.6	236.0	143.6	143.6
7 月 25 日	151.9	243.9	151.9	263.3	120.7	284.8	192.6	151.9	120.7
7 月 26 日	161.3	258.3	161.3	295.4	88.03	331.5	125.3	161.3	120.6
7 月 27 日	177.4	233.2	108.7	255.3	177.8	188.4	109.0	177.4	218.7
7 月 28 日	185.4	198.9	57.03	254.0	233.3	148.4	163.0	216.3	194.7
合计	819.6	1078	622.5	1212	763.4	1097	825.9	850.5	798.3

表 6.23　2012 年 7 月 24 日入库沙峰不同调度方案沙峰出库时间及大小计算结果统计

方案	方案说明	沙峰出库时间	出库沙峰大小 /(kg/m^3)
1	实际调度方案	7 月 28 日	0.463
2	库水位不变方案	7 月 27 日	0.537
3	库水位抬升方案	7 月 26 日	0.443
4	库水位下降方案	7 月 27 日	0.557
5	库水位先升后降方案	7 月 29 日	0.463
6	库水位先降后升方案	7 月 26 日	0.558
7	沙峰入库日库水位下降方案	7 月 25 日	0.478
8	沙峰出库日库水位下降方案	7 月 28 日	0.479
9	沙峰入出库日库水位不变但中间改变方案	7 月 28 日	0.469

3)2012 年 9 月 6 日入库沙峰输移特性计算分析

针对 2012 年 9 月 6 日入库沙峰，拟定 9 个计算方案，表 6.24、表 6.25、表 6.26、表 6.27、表 6.28 分别为不同调度方案坝前水位过程表、出库流量计算结果统计表、出库含沙量计算结果统计表、出库输沙量计算结果统计表、沙峰出库时间及大小计算结果统计表，图 6.7 为三峡水库 2012 年 9 月 6 日沙峰入出库过程不同调度方案坝前水位过程图。

表 6.24　2012 年 9 月 6~14 日不同调度方案坝前水位过程　　(单位:m)

时间	方案 1	方案 2	方案 3	方案 4	方案 5	方案 6	方案 7	方案 8	方案 9
9 月 6 日	160.05	160.05	160.05	160.05	160.05	160.05	157.05	160.05	160.05
9 月 7 日	159.90	160.05	160.90	158.90	160.90	158.90	158.90	159.90	160.90
9 月 8 日	159.69	160.05	161.69	156.69	161.69	157.69	159.69	159.69	161.69
9 月 9 日	159.18	160.05	162.18	154.18	162.18	156.18	159.18	159.18	162.18
9 月 10 日	159.21	160.05	163.21	152.21	163.21	155.21	159.21	159.21	162.21
9 月 11 日	159.62	160.05	164.62	150.62	163.62	156.62	159.62	159.62	162.62
9 月 12 日	161.39	160.05	166.39	148.39	165.39	158.39	161.39	161.39	164.39
9 月 13 日	163.33	160.05	168.33	146.33	163.33	160.33	163.33	163.33	163.33
9 月 14 日	164.81	160.05	169.81	145.00	164.81	162.81	164.81	162.81	164.81
平均水位	160.80	160.05	164.13	152.48	162.80	158.46	160.35	160.58	162.46

从沙峰传播时间看，不同调度方案对 2012 年 9 月 6 日入库沙峰传播时间影响较小，与方案 1 相比，方案 5、方案 6 和方案 9 沙峰出库时间提前 1 天，其中方案 5 和方案 9 是因为坝前平均水位抬高，造成沙峰沿程严重衰减，以至于原沙峰消失，原沙峰之前的相对较小的含沙量被动成为了新的沙峰，进而呈现出沙峰出库时间提前的现象，但此时的出库沙峰已非之前的入库沙峰了，而方案 6 是因为库水位先降后升，坝前平均水位降低，造成沙峰传播时间加快所致；与方案 1 相比，其他方案沙峰传播时间基本没变，都是 9 月 14 日出库。方案 4 库水位持续下降，造成出库沙峰偏大较多，沙峰出库时间理论上会提前，但沙峰出库时间计算结果与方案 1 相同，这应该是两方案库水位变化方式所致。

表 6.25　2012 年 9 月 6~14 日不同调度方案出库流量计算结果统计　(单位:m^3/s)

时间	方案 1	方案 2	方案 3	方案 4	方案 5	方案 6	方案 7	方案 8	方案 9
9 月 6 日	26538	26538	26538	26538	26538	26538	45393	26538	26538
9 月 7 日	25954	24909	18524	32528	18524	32528	14264	25954	18524
9 月 8 日	25720	24192	17769	38994	17769	32819	18160	25720	17769
9 月 9 日	26236	22593	18384	39190	18384	33183	25740	26236	18384
9 月 10 日	21191	21150	12573	34501	12573	28452	21136	21191	20723
9 月 11 日	19213	22103	11132	31857	19149	12644	19212	19213	19151
9 月 12 日	17064	29624	15431	38775	15670	17716	17063	17064	16900
9 月 13 日	21494	35991	19477	44062	49729	21778	21494	21494	42996
9 月 14 日	22888	35159	20477	41884	25385	16150	22888	37491	24634
平均流量	22922	26918	17812	36481	22636	24645	22817	24544	22846

表 6.26　2012 年 9 月 6~14 日不同调度方案出库含沙量计算结果统计　(单位:kg/m^3)

时间	方案 1	方案 2	方案 3	方案 4	方案 5	方案 6	方案 7	方案 8	方案 9
9 月 6 日	0.120	0.120	0.120	0.120	0.120	0.120	0.184	0.120	0.120
9 月 7 日	0.119	0.116	0.101	0.147	0.101	0.147	0.126	0.119	0.101
9 月 8 日	0.119	0.111	0.084	0.191	0.084	0.170	0.097	0.119	0.084
9 月 9 日	0.119	0.102	0.072	0.227	0.072	0.188	0.095	0.119	0.072
9 月 10 日	0.105	0.092	0.056	0.243	0.056	0.183	0.086	0.105	0.066
9 月 11 日	0.090	0.087	0.044	0.255	0.052	0.128	0.077	0.090	0.061
9 月 12 日	0.083	0.111	0.044	0.323	0.051	0.107	0.073	0.083	0.058
9 月 13 日	0.090	0.152	0.049	0.378	0.096	0.113	0.081	0.090	0.101
9 月 14 日	0.096	0.177	0.053	0.399	0.092	0.104	0.088	0.132	0.098

表 6.27 2012 年 9 月 6~14 日不同调度方案出库输沙量计算结果统计 (单位:万 t)

时间	方案 1	方案 2	方案 3	方案 4	方案 5	方案 6	方案 7	方案 8	方案 9
9 月 6 日	27.52	27.52	27.52	27.52	27.52	27.52	72.06	27.52	27.52
9 月 7 日	26.74	24.94	16.10	41.35	16.10	41.35	15.52	26.74	16.10
9 月 8 日	26.36	23.21	12.92	64.37	12.92	48.27	15.18	26.36	12.92
9 月 9 日	26.98	19.94	11.46	77.00	11.46	53.94	21.08	26.98	11.46
9 月 10 日	19.14	16.74	6.09	72.32	6.09	44.87	15.68	19.14	11.86
9 月 11 日	15.00	16.63	4.25	70.17	8.66	14.01	12.79	15.00	10.07
9 月 12 日	12.24	28.30	5.82	108.2	6.88	16.45	10.75	12.24	8.48
9 月 13 日	16.74	47.26	8.30	143.8	41.13	21.21	15.08	16.74	37.34
9 月 14 日	19.00	53.88	9.30	144.2	20.08	14.44	17.41	42.80	20.78
合计	189.7	258.4	101.8	748.9	150.8	282.1	195.6	213.5	156.5

表 6.28 2012 年 9 月 6 日入库沙峰不同调度方案沙峰出库时间及大小计算结果统计

方案	方案说明	沙峰出库时间	出库沙峰大小/(kg/m^3)
1	实际调度方案	9 月 14 日	0.096
2	库水位不变方案	9 月 14 日	0.177
3	库水位抬升方案	9 月 14 日	0.053
4	库水位下降方案	9 月 14 日	0.399
5	库水位先升后降方案	9 月 13 日	0.096
6	库水位先降后升方案	9 月 13 日	0.113
7	沙峰入库日库水位下降方案	9 月 14 日	0.088
8	沙峰出库日库水位下降方案	9 月 14 日	0.132
9	沙峰入出库日库水位不变但中间改变方案	9 月 13 日	0.101

7. 汛期洪水调度过程中兼顾排沙的沙峰调度方案研究

1) 沙峰调度方案制定流程

初步拟定沙峰调度方案制定流程为：①收集沙峰入库日入库寸滩站含沙量 $S_{寸}$、寸滩站流量 $Q_{寸1}$、出库黄陵庙站流量 $Q_{黄1}$、坝前水位 $Zs_{起始}$，当入库沙峰含沙量 $S_{寸}$小于 2.0kg/m^3 时或者沙峰入库日寸滩站流量 $Q_{寸1}$ 小于 25000m^3/s 时，可考虑取消本次沙峰调度；②根据三峡水库水位库容曲线插值求得沙峰入库日坝前水位 $Zs_{起始}$对应的水库库容 $V_{起始}$；③根据沙峰传播时间公式 $T_{寸黄}=22.153\,S_{寸}^{\,0.685}(V_{起始}/(0.5(Q_{寸1}+Q_{黄1})))^{0.407}$ 计算出沙峰传播时间 $T_{寸黄}$，进而得到可为泥沙调度决策提供参考的沙峰出库日期；④假定沙峰出库日出库黄陵庙站流量 $Q_{黄沙}$，如 40000m³/s，然后根据沙峰出库率公式 $S_{黄}/S_{寸}=2.572e^{-496.546\frac{V_{起始}}{0.5(Q_{黄1}+Q_{黄沙})}}$ 计算出沙峰出库率 $S_{黄}/S_{寸}$，进而得到出库沙峰含沙量 $S_{黄}$；当求出的出库沙峰含沙量 $S_{黄}$小于 0.3kg/m³ 时，可考虑取消本次沙峰调度；⑤针对沙峰传播时间公式和沙峰出库率公式计算结果的不确定性，开展沙峰调度时应在沙峰传播时间公式计算得出的沙峰出库日期的基础上提前 1~2 天开始增泄排沙，且排沙过程中水库泄量应不小于 35000m³/s；⑥水库增泄排沙过程应至少持续至沙峰出库后 1~2 天，之后再视出库含沙量及库水位情况择机结束沙峰调度。

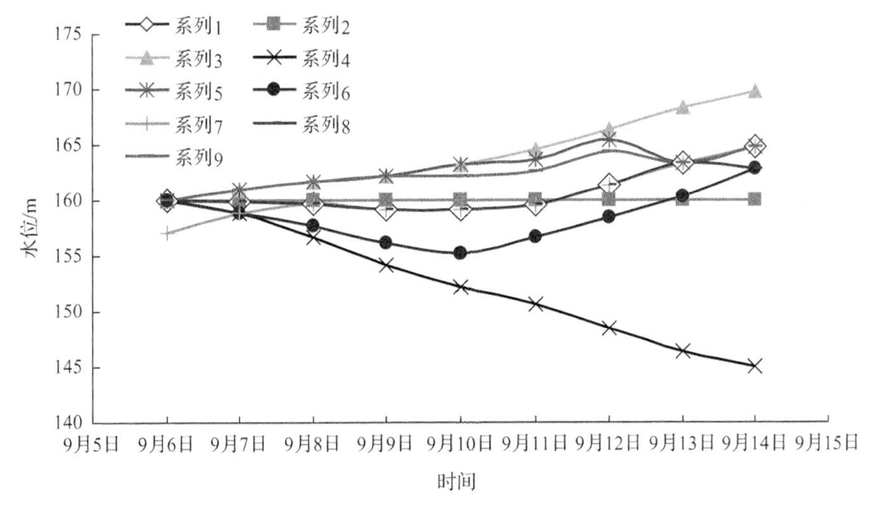

图 6.7　三峡水库 2012 年 9 月 6 日沙峰入出库过程不同调度方案坝前水位过程图

以三峡水库 2012 年汛期 7 月 2 日入库沙峰、7 月 24 日入库沙峰、9 月 6 日入库沙峰三个典型沙峰过程为例，进行三峡水库汛期沙峰调度方案制定案例研究。7 月 2 日、7 月 24 日、9 月 6 日入库寸滩站沙峰含沙量分别为 1.98kg/m³(约为 2.0kg/m³)、2.33kg/m³、3.6kg/m³，均基本满足入库沙峰含沙量 $S_{寸}$不小于 2.0kg/m³ 的沙峰调度启动要求；7 月 2 日、7 月 24 日、9 月 6 日寸滩站流量分别为 36400m³/s、63200m³/s、22900m³/s，9 月 6 日入库沙峰不满足沙峰入库日寸滩站流量 $Q_{寸1}$不小于 25000m³/s 的沙峰调度启动要求；根据表 6.11 插值可得，2012 年汛期 7 月 2 日、7 月 24 日、9 月 6 日入库沙峰的沙峰入库日库水位 146.18m、157.16m、160.05m 所对应的库容 $V_{起始}$分别为 177.49 亿 m³、242.69 亿 m³、262.39 亿 m³，然后收集沙峰入库日入库寸滩站含沙量$S_{寸}$、寸滩站流量$Q_{寸1}$、出库黄陵庙站流量$Q_{黄1}$（表 6.10），根据沙峰传播时间公式就可计算得到 2012 年汛期 7 月 2 日、7 月 24 日、9 月 6 日入库沙峰的沙峰传播时间 $T_{寸黄}$分别为 4.576 天、4.693 天、8.922 天；假设沙峰出库日出库黄陵庙站流量 $Q_{黄沙}$ 为 40000m^3/s，然后根据沙峰出库率公式可计算得到2012 年汛期 7 月 2 日、7 月 24 日、9 月 6 日入库沙峰的沙峰出库率 $S_{黄}/S_{寸}$ 分别为0.195、0.145、0.048，可进一步计算得到出库沙峰含沙量 $S_{黄}$ 分别为 0.386kg/m^3、0.338kg/m^3、0.173kg/m^3，9 月 6 日入库沙峰计算得到的出库沙峰含沙流量小于0.3kg/m^3，故 9 月 6 日入库沙峰不满足沙峰调度启动要求。因此，7 月 2 日和 7 月24 日入库沙峰满足沙峰调度启动要求，可开展沙峰调度，而 9 月 6 日入库沙峰不满足沙峰调度启动要求，不宜开展沙峰调度。

2)汛期洪水调度过程中兼顾排沙的沙峰调度方案

(1)汛期洪水调度过程中兼顾排沙的沙峰调度原则与目标。

汛期洪水调度过程中兼顾排沙的沙峰调度应满足水资源优化利用需求，即应在满足防洪、发电、航运等综合利用的基础上，兼顾排沙减淤调度。

沙峰调度目标是增大出库沙峰含沙量，并尽可能多地排沙出库，减少水库总淤积量。长江上游干支流建库后三峡水库年来沙量减小，且年入库沙量更加集中于汛期，针对三峡水库汛期来水来沙集中的特性，在汛期洪水调度过程中开展兼顾排沙的沙峰调度，有利于减少三峡水库泥沙淤积。

(2)汛期洪水调度过程中兼顾排沙的沙峰调度方式如下。

① 当入库沙峰含沙量 $S_{寸}$ 小于 2.0kg/m^3 时或者沙峰入库日寸滩站流量 $Q_{寸1}$ 小于 25000m^3/s 时，不开展本次沙峰调度；

② 当根据沙峰出库率公式计算求出的出库沙峰含沙量 $S_{黄}$ 小于 0.3kg/m^3 时，不开展本次沙峰调度；

③ 沙峰调度时应在沙峰传播时间公式计算得出的沙峰出库日期的基础上提前 1~2 天开始增泄排沙，且排沙过程中水库泄量应不小于 35000m^3/s；

④ 水库增泄排沙过程应至少持续至沙峰出库后 1~2 天，之后再视出库含沙量及库水位情况择机结束沙峰调度；

⑤ 沙峰调度过程中应尽量维持在较低库水位运行，且出库流量越大越好，当水库有部分泄量需要从电站以外的泄水建筑物排出时，宜优先使用排沙孔泄洪排沙，其次是使用排漂孔和泄洪深孔，以优先排出坝前底部泥沙浓度较高的浑水，并有利于优化坝前淤积形态。

6.2.2 三峡水库汛期“蓄清排浑”动态使用的泥沙调度方式研究

1. 研究缘由

在三峡工程论证和初步设计阶段[2, 13]，坝址年均径流量采用宜昌站 1878~1990年长系列均值，为 4510 亿 m^3；输沙量则采用宜昌站 1950~1986 年均值，为 5.26亿 t。入库采用寸滩+武隆站，年均输沙量之和为 4.93 亿 t，对应其年均径流量之和为 4000 亿 m^3(寸滩站统计年份为 1953~1990 年，武隆站为 1955~1989 年)。水库泥沙淤积计算和实体模型试验采用的是寸滩+武隆站 1961~1970 年实测水沙系列，该系列年均入库水、沙量分别为 4202 亿 m^3、5.09 亿 t。根据年均径流量和年均输沙量可以得到，三峡工程论证和初步设计阶段坝址年均含沙量为 1.166kg/m^3，入库年均含沙量为 1.232kg/m^3，1961~1970 年系列年均含沙量为 1.211kg/m^3。三峡水库来水量大，含沙量相对较小，但年输沙量较大，来水来沙大部分集中在汛期，水库属于典型的河道型水库，库容系数小，初步设计确定三峡水库采用“蓄清排浑”的运用方式，汛期 6 月中旬~9 月底除入库流量大于下游河道安全泄量时拦蓄超额洪峰，水库水位抬高，一般维持在较低的防洪限制水位 145m 运行，汛末 10 月初水库开始蓄水，逐步升高至正常蓄水位 175m 运行。三峡水库采用汛期排沙、枯期蓄水的“蓄清排浑”调度方式，可保留较多的有效库容，实现水库长期使用。

根据《长江三峡水利枢纽初步设计报告(枢纽工程)第四篇综合利用规划》研究成果[5]，三峡水库防洪限制水位 150m 方案，防洪库容还有 196 余亿立方米，尚基本满足防洪要求，本着慎重对待泥沙淤积问题，初步设计阶段推荐防洪限制水位以 145m 为宜，而在水库运行的最初 20~30 年内，适当抬高防洪限制水位，可增加发电收入，有利于三峡工程还贷，从泥沙淤积与航运看也存在这种可能性，这一问题可进一步研究。可见，泥沙问题是三峡水库汛限水位选择 145m 的重要原因。

按照初步设计的汛期调度方式，电站运行水头低，发电出力受阻，三峡水库洪水资源利用程度偏低。基于水文气象预报水平和调度技术的提高，为增加调度的灵活性并进一步利用洪水资源，2009 年国务院批准的《三峡水库优化调度方案》明确规定：当沙市水位在 41m 以下、城陵矶水位在 30.5m 以下，且三峡水库来流量小于 25000m^3/s 时，三峡水库汛期实时库水位可最高上浮至 146.5m 运行。同时，在《三峡水库优化调度方案研究》成果报告中[6]，还研究提出了汛期考虑 1~3 天泄水历时的 147m、148m、150m 上浮水位方案。随着长江上游溪洛渡、向家坝分别于 2013 年和 2012 年开始蓄水运用，三峡水库汛期防洪压力进一步减轻，长江勘测规划设计研究有限责任公司最新的相关研究成果表明[1]，考虑溪洛渡、向家坝建库后，三峡水库对城陵矶防洪补偿控制水位可从 155m 进一步提高至 158m，不降低对荆江地区 100 年一遇洪水的防洪标准，对水库移民淹没影响较小，三峡水库 6 月中旬~8 月下旬和 9 月上旬，汛限水位分别控制在 150m 以下和 158m 以下时，防洪风险可控。

三峡水库蓄水运用以来，入库泥沙量与论证阶段相比大幅度减少，年均入库泥沙不足 2 亿 t，库区淤积大为减轻。随着金沙江溪洛渡、向家坝水库的蓄水运用，金沙江 99%的来沙被上游水库拦截，三峡水库入库泥沙出现了进一步的大幅减少，2013 年三峡水库入库沙量(朱沱+北碚+武隆)减少至 1.27 亿 t，2014 年三峡水库入库沙量减少至 0.554 亿 t，2015 年入库泥沙 0.320 亿 t，随着上游干支流更多水库的不断建成运用，可以预期三峡入库泥沙量将在未来较长的一个时期维持在目前的较低水平内。2003~2012 年库区年均淤积泥沙 1.44 亿 t，2013 年、2014 年和 2015 年淤积量分别减至 0.942 亿 t、0.444 亿 t 和 0.278 亿 t。2012 年 10 月以来库尾涪陵以上变动回水区河段基本处于持续冲刷状态，2003~2014 年变动回水区涪陵以上河段累计冲刷 0.367 亿 m^3，其中 2014 年变动回水区冲刷泥沙 0.2108 亿 m^3；2003~2014 年重庆主城区河段累计冲刷 0.145 亿 m^3，其中 2014 年冲刷泥沙 0.0499 亿 m^3。可见，三峡库区及库尾泥沙淤积状态明显好于预期。

“蓄清排浑”是指汛期排出“浑水”(实际上是排沙)，汛后蓄满“清水”，通常把这种运用方式称为“蓄清排浑”。“蓄清排浑”的泥沙调度方式是被实践证明了的一种处理水库泥沙淤积的有效方式，已在我国的水库调度中得到广泛使用[14~19]。但“蓄清排浑”调度方式体现的只是一个调度原则，“浑水”和“清水”更多的是一种定性的划分，设计阶段按年内时段给出的划分往往较为粗略，对于一个调度年内的“浑水”和“清水”时间界限的划分，还需要针对具体的水库，具体问题具体分析。对于两个不同的水库，对一个水库来说是“浑水”，而对另一个水库来说可能只能算是“清水”；对于同一个水库，现在某一个时段的“浑水”可能比过去某一个时段的“清水”还要“清”。根据入库水沙变化，实时调度中根据入库含沙量变化动态使用“蓄清排浑”泥沙调度方式，有利于放松设计阶段给设计水库调度方式施加的泥沙限制，以充分发挥水库综合效益。

按三峡水库设计调度方式，汛期 6 月中旬~9 月底不调洪时均按 145m 运行，以有利于排沙，三峡水库蓄水运用以来特别是上游溪洛渡、向家坝运用以来，汛期入库沙量大幅减少，汛期 6 月中旬~9 月底部分时段含沙量甚至已经开始小于论证阶段 10 月和 5 月的含沙量，且汛期入出库沙量基本集中出现在 1~2 次大的沙峰过程中，即汛期不同时段也存在着相对的“浑”和“清”。因此，考虑将“蓄清排浑”调度方式动态应用于三峡水库汛期，汛期入库沙量较小时蓄清水，抬高库水位运行，入库沙量较大时排浑水，降低库水位运行。实现“蓄清排浑”泥沙调度方式在三峡水库汛期的动态使用，是一个实时调度中非常值得期待的泥沙优化调度方式。

2. 三峡水库汛期入出库沙量特性变化研究

表 6.29 为三峡水库入库(朱沱+北碚+武隆)沙量变化表，表中给出了不同统计年份、不同月份的日均输沙量和日均含沙量变化。

从日均输沙量看，1991 年以后各月输沙量均出现了明显减小，2003~2013 年各月输沙量减小趋势进一步增加，受上游溪洛渡、向家坝蓄水拦沙影响，2013 年和 2014 年汛期输沙量进一步大幅度地减少。2013 年汛期 6 月、8 月和 9 月的日均输沙量分别为 23 万 t、34 万 t 和 11 万 t，比 1956~1990 年及 1961~1970 年 5 月份和10月份的日均输沙量还要小，即此时的“浑水”比论证阶段的“清水”还要更清一些，2013年仅7月份的日均输沙量相对较大。2014年6~9月日均输沙量分别为13万t、49万t、44万t、65万t，亦小于论证阶段1961~1970年5月份和10月份的日均输沙量。

表6.29　三峡水库入库(朱沱+北碚+武隆)沙量变化

项目		4月	5月	6月	7月	8月	9月	10月	11月	12月	5~10月	7~9月	全年
日均输沙量/万t	多年平均	7.9	42	164	432	335	252	72	13	2.7	216	341	111
	1961~1970年	15	71	182	533	447	402	102	16	3.3	289	461	149
	1956~1990年	10	57	199	503	394	312	89	13	2.7	259	404	134
	1991~2002年	6.5	23	149	381	322	184	59	14	3.0	186	297	96
	2003~2013年	3.0	12	60	246	146	125	31	10	1.9	104	173	54
	2012年	2.3	12	46	352	103	171	28	2.0	07	118	209	60
	2013年	2.0	3.8	23	332	34	11	2.0	1.0	0.6	68	127	35
	2014年	2.1	2.2	13	49	44	65	4.3	1.3	0.6	29	52	15
日均含沙量/(kg/m^3)	多年平均	0.16	0.51	1.17	1.90	1.64	1.31	0.56	0.18	0.06	1.33	1.64	1.07
	1961~1970年	0.29	0.80	1.34	2.28	2.05	1.84	0.69	0.20	0.07	1.67	2.07	1.36
	1956~1990年	0.20	0.68	1.39	2.21	1.92	1.54	0.65	0.18	0.06	1.56	1.90	1.27
	1991~2002年	0.13	0.30	1.01	1.64	1.50	1.09	0.49	0.20	0.07	1.16	1.44	0.94
	2003~2013年	0.06	0.16	0.45	1.12	0.80	0.66	0.26	0.14	0.04	0.68	0.88	0.54
	2012年	0.05	0.12	0.38	1.01	0.54	0.81	0.21	0.03	0.02	0.65	0.84	0.53
	2013年	0.04	0.05	0.20	1.26	0.22	0.07	0.02	0.02	0.01	0.49	0.67	0.38
	2014年	0.03	0.03	0.11	0.24	0.21	0.27	0.04	0.02	0.01	0.18	0.24	0.14

注：多年平均指1956~2013年

从日均含沙量看，1990年以前，不同统计时段三峡入库日均含沙量在1.0~1.5kg/m^3，属于一般泥沙河流(根据规范，多年平均含沙量1.0~10.0kg/m^{3}的河流为一般泥沙河流)，1991年以后三峡入库日均含沙量已降至1.0kg/m^{3}以下，2013

年和 2014 年甚至已降至 0.5kg/m^{3}以下，三峡库区已经成为少沙河流水库了。

表 6.30 为三峡水库出库(宜昌站、黄陵庙站)水沙量变化表，由表可见，与宜昌站 1952~2002 年相比，2003~2012 年宜昌站年径流量减小了 8.8%，输沙量减小了 90.2%，汛期和主汛期径流量占年径流量的比重分别从 79.0%和 50.2%减小到了 75.6%和 48.6%，出库径流中汛期径流比重在降低；汛期和主汛期输沙量占年输沙量的比重分别从 96.4%和 74.4%增大到了 97.8%和 91.8%，出库输沙量中汛期特别是主汛期输沙量比重在增大，年出库输沙量更加集中于汛期。2003~2013 年出库黄陵庙站汛期和主汛期径流量分别占年径流量的 75.4%和 48.5%，出库黄陵庙站汛期和主汛期输沙量分别占年输沙量的 98.9%和 92.8%，主汛期出库沙量非常集中。

表 6.30　三峡水库出库(宜昌站、黄陵庙站)水沙量变化

参数		3 月	4 月	5 月	6 月	7 月	8 月	9 月	10 月	11 月	12 月	5~10 月	7~9 月	全年
径流量/亿 m^3	1952~2002 年宜昌	116	172	310	467	801	736	653	482	260	157	3449	2190	4363
	2003~2012 年宜昌	147	182	312	431	727	647	560	329	232	152	3006	1934	3978
	2003~2013 年黄陵庙	148	180	316	428	735	636	542	316	228	152	2973	1913	3945
输沙量/万 t	1952~2002 年宜昌	77	437	2101	5298	15469	12603	8758	3489	979	199	47718	36830	49492
	2003~2012 年宜昌	5	11	44	144	1682	1550	1201	98	15	7	4719	4433	4826
	2003~2013 年黄陵庙	5	17	45	151	1751	1423	1054	85	13	4	4509	4228	4558

表 6.31 为三峡水库主要出库沙峰过程出库沙量占汛期 6 月 10 日~9 月 30 日百分比表，由表可见，三峡水库汛期出库沙量主要集中在 1~2 次大的出库沙峰过程中，2013 年 7 月 15 日~7 月 31 日这一次出库沙峰过程的出库沙量就占到了汛期 6 月 10 日~9 月 30 日总出库沙量的 81.2%。可见，有些年份入出库沙峰非常集中，这也为开展“蓄清排浑”泥沙调度方式在汛期的动态使用提供了有利条件。

三峡水库汛期入出库沙量特性变化的实测资料分析表明，三峡入出库沙量大幅度减小，入出库沙量更加集中于汛期，尤其是主汛期，主汛期入出库沙量主要集中于 1~2 次相对较大的沙峰过程中，这一变化特点非常有利于开展“蓄清排浑”泥沙调度方式在汛期的动态使用。汛期入出库沙量的大幅减少和输沙时间的更为集中是三峡水库开展汛期“蓄清排浑”动态使用泥沙调度的基础，也是开展三峡水库汛期“蓄清排浑”动态使用泥沙调度的前提条件。

表 6.31　三峡水库主要出库沙峰过程出库沙量占汛期 6 月 10 日~9 月 30 日百分比

年份	6 月 10 日~9 月 30 日出库沙量/亿 t	沙峰场次	发生时间	沙峰出库沙量/亿 t	沙峰出库沙量占比/%
2007 年	0.500	1	7 月 28 日~8 月 9 日	0.248	49.6
小计				0.248	49.6
2008 年	0.310	1	8 月 13 日~8 月 25 日	0.137	44.2
小计				0.137	44.2
2009 年	0.351	1	8 月 5 日~8 月 15 日	0.160	45.6
小计				0.160	45.6
2010 年	0.322	1	7 月 20 日~8 月 12 日	0.194	60.2
小计				0.194	60.2
2012 年	0.411	1	7 月 4 日~7 月 16 日	0.146	35.5
		2	7 月 21 日~8 月 7 日	0.171	41.6
小计				0.317	77.1
2013 年	0.320	1	7 月 15 日~7 月 31 日	0.260	81.2
小计				0.260	81.2

3. 三峡水库汛期“蓄清排浑”运用方式计算研究

1) 计算条件

根据 2015 年水利部批复的《三峡(正常运用期)-葛洲坝水利枢纽梯级调度规程》，三峡水库汛后兴利蓄水的时间不早于 9 月 10 日，且 9 月 10 日库水位一般不超过 150m，8 月 31 日后，当预报长江上游不会发生较大洪水，且沙市、城陵矶站水位都分别低于 40.3m、30.4m 时，在有充分把握确保防洪安全的前提下，经国家防总同意，9 月上旬浮动水位不超过 150m。考虑到 2010 年以来三峡水库汛后蓄水时间均已提前至 9 月 10 日，且开始蓄水时 9 月 10 日库水位均高于 145m，本书将研究时段限定在 6 月 1 日~8 月 31 日。

选择以三峡水库 2013 年水沙过程为例，开展三峡水库汛期“蓄清排浑”泥沙调度方式动态使用问题研究。三峡水库 2013 年汛期 6 月 1 日~8 月 31 日入出库水沙过程见图 6.8，三峡水库 2013 年汛期 6 月 1 日~8 月 31 日坝前水位过程见图 6.9。2013 年 6 月 22 日库水位下降至最低 145.06m，7 月份开始，三峡水库进行中小洪水调度，7 月 8 日坝前水位小幅涨至 148.6m，之后回落至 145.9m(7 月 11 日)，7

月 13 日出现 40500m^3/s 的入库流量，三峡水库进行削峰调度，控制下泄流量 30000m^3/s，坝前水位迅速涨至 151.02m(7 月 15 日)，随后 7 月 20 日坝前水位又回落至 147.58m，次日入库出现了 2013 年最大的洪峰流量 49000m^3/s，三峡控制下泄流量 35000m^3/s，坝前水位涨至 155.78m(7 月 27 日)，之后开始回落至 147.50m(8 月 10 日)。2013 年汛期最大沙峰于 7 月 13 日在寸滩站入库，沙峰含沙量为 5.45kg/m^3，7 月 19 日~7 月 25 日开展了沙峰调度试验，沙峰调度期间出库流量在 35000m^3/s 左右。

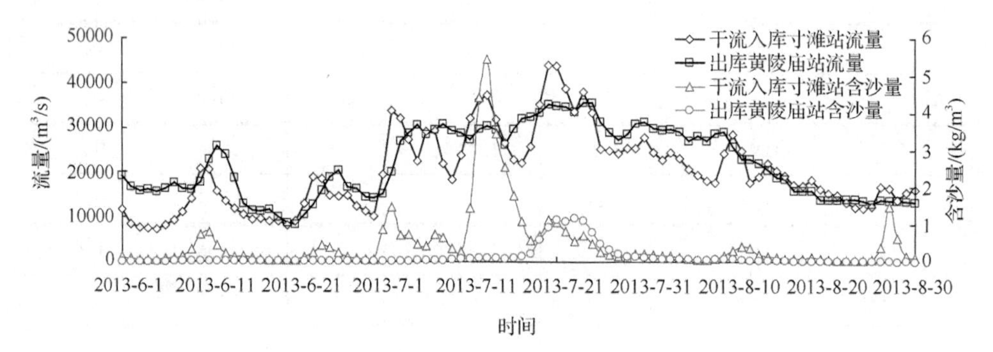

图 6.8　三峡水库 2013 年汛期 6 月 1 日~8 月 31 日入出库水沙过程

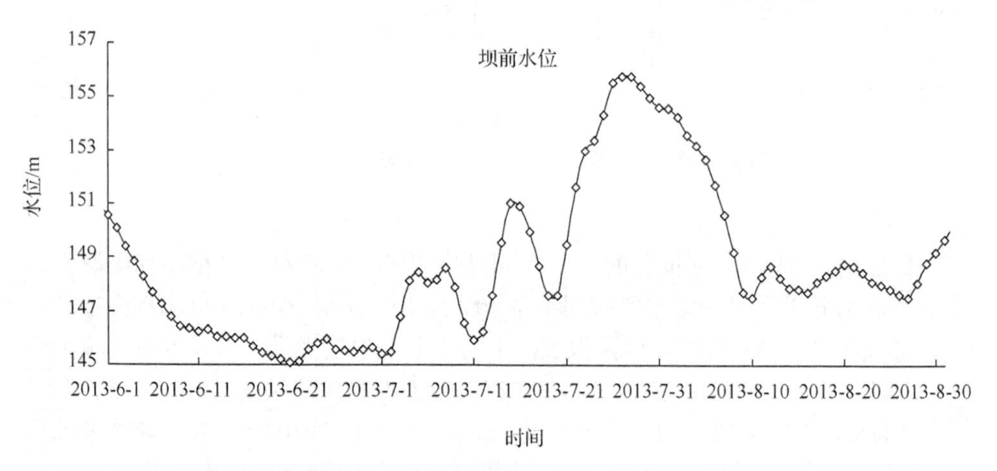

图 6.9　三峡水库 2013 年汛期 6 月 1 日~8 月 31 日坝前水位过程

2)计算方案及计算结果分析

根据三峡水库 2013 年汛期入库水沙过程特性，拟定了 3 个计算方案(表 6.32)。

方案 1：实际调度过程方案，坝前水位按三峡水库实际调度过程控制。

方案 2：汛期“蓄清排浑”调度方式动态使用方案。6 月 1 日~7 月 12 日按库水位 150m 运行，7 月 13 日~7 月 17 日库水位从 150m 开始每天 1m 均匀下降至

145m，7 月 18 日~7 月 31 日按库水位 145m 运行，8 月 1 日~8 月 5 日库水位从 145m 开始每天 1m 均匀上升至 150m，8 月 6 日~8 月 31 日按库水位 150m 运行。

表 6.32　三峡水库计算方案

方案	方案名称	方案说明
1	实际调度过程方案	2013 年 6 月 1 日~8 月 31 日，坝前水位按三峡水库实际调度过程控制运行
2	汛期“蓄清排浑”——150m 方案	2013 年 6 月 1 日~8 月 31 日，沙峰入出库期间按 145m 运行，其他时间按 150m 运行
3	汛期“蓄清排浑”——155m 方案	2013 年 6 月 1 日~8 月 31 日，沙峰入出库期间按 145m 运行，其他时间按 155m 运行

方案 3：汛期“蓄清排浑”调度方式动态使用方案。6 月 1 日~7 月 12 日按库水位 155m 运行，7 月 13 日~7 月 22 日库水位从 155m 开始每天 1m 均匀下降至 145m，7 月 13 日~7 月 31 日按库水位 145m 运行，8 月 1 日~8 月 10 日库水位从 145m 开始每天 1m 均匀上升至 155m，8 月 11 日~8 月 31 日按库水位 155m 运行。

2013 年汛期只有 7 月 13 日入库沙峰这一个明显的大沙峰，其他沙峰较小且其他小沙峰入库时流量也很小，沙峰将难以出库。7 月 13 日沙峰入库时寸滩站流量为 37400m^3/s，且其后的 7 月 20 日寸滩还有一个 44100m^3/s 的入库洪峰，水沙过程对输沙排沙有利。故 7 月 13 日入库沙峰是 2013 年汛期的主要调度排沙对象，2013 年汛期的入库水沙特点非常适合于开展三峡水库汛期“蓄清排浑”泥沙调度。故方案 2 在 7 月 13 日前在水库处于相对“清水”状态时按较高水位(如 150m 或者 155m)运行，以抬高电站水头多发电，7 月 13 日沙峰入库，水库进入相对“浑水”状态时库水位开始下降，以有利于输沙排沙。8 月 1 日以后在沙峰出库，库区重新进入相对“清水”状态时逐步抬高库水位至较高水位(如 150m 或者 155m)运行。

表 6.33 为 2013 年 6 月 1 日~8 月 31 日不同方案三峡水库出库沙量计算结果表，图 6.10、图 6.11、图 6.12、图 6.13 分别为三峡水库 2013 年汛期 6 月 1 日~8 月 31 日不同计算方案坝前水位、出库含沙量、出库输沙量、出库流量过程图。2013 年 6 月 1 日~8 月 31 日，方案 1 库水位最低值、最高值、平均值分别为 145.06m、155.78m、148.66m，方案 2 库水位最低值、最高值、平均值分别为 145.0m、150.0m、148.97m，方案 3 库水位最低值、最高值、平均值分别为 145.0m、155.0m、152.93m。与方案 1 相比，方案 2 和方案 3 的平均库水位分别偏高 0.31m、4.27m，2013 年 6 月 1 日~8 月 31 日方案 1、方案 2、方案 3 出库沙量计算值分别为 0.327 亿 t、0.387 亿 t、0.365 亿 t，与方案 1 相比，方案 2 和方案 3 出库沙量分别相对偏大 18.3%、11.6%。可见，采用汛期“蓄清排浑”调度方案后，在平均库水位抬高的条件下，

出库沙量反而有明显增加，该调度方式可以同时兼顾发电和排沙。

表 6.33　2013 年 6 月 1 日~8 月 31 日不同方案三峡水库出库沙量计算结果

方案	方案名称	出库沙量/亿 t
1	实际调度过程方案	0.327
2	汛期“蓄清排浑”——150m 方案	0.387
3	汛期“蓄清排浑”——155m 方案	0.365

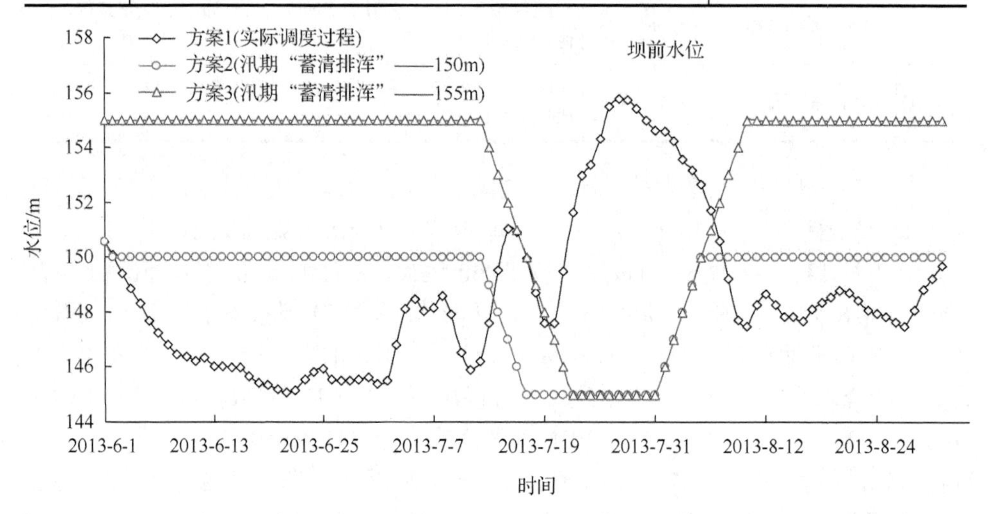

图 6.10　三峡水库 2013 年汛期 6 月 1 日~8 月 31 日不同计算方案坝前水位过程

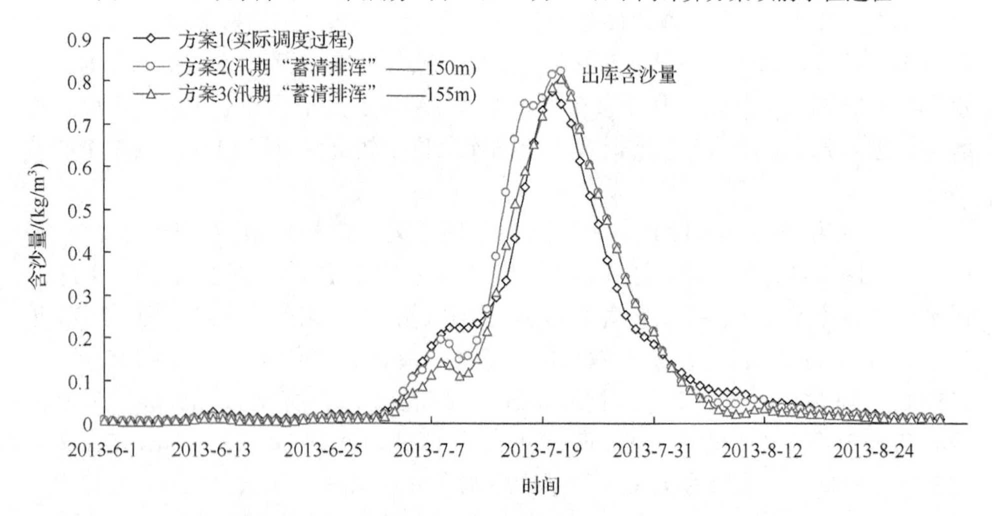

图 6.11　三峡水库 2013 年汛期 6 月 1 日~8 月 31 日不同计算方案出库含沙量过程

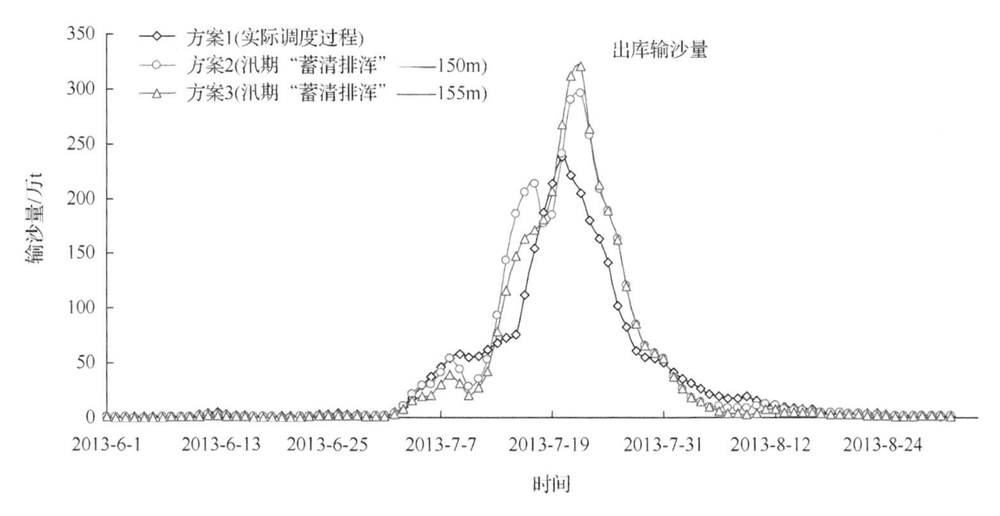

图 6.12　三峡水库 2013 年汛期 6 月 1 日~8 月 31 日不同计算方案出库输沙量过程

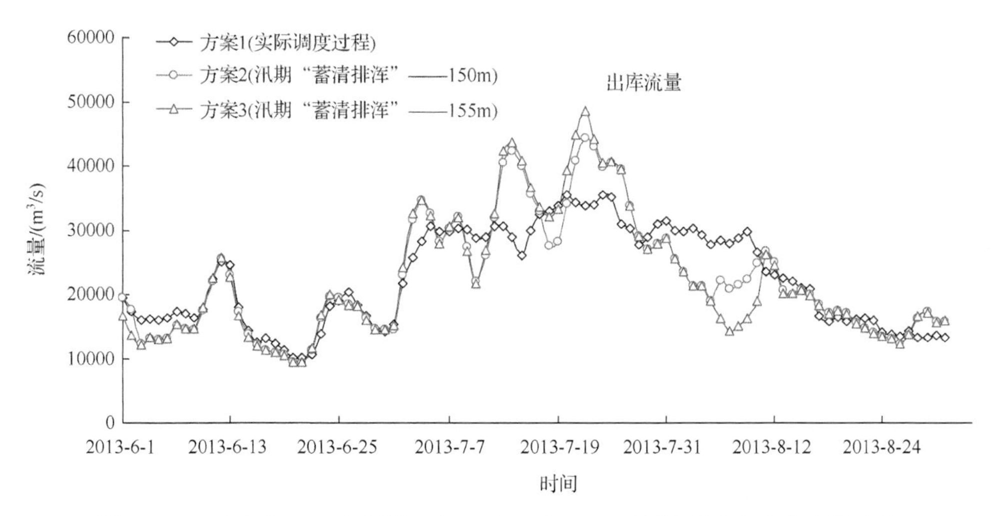

图 6.13　三峡水库 2013 年汛期 6 月 1 日~8 月 31 日不同计算方案出库流量过程

与方案 2 相比，方案 3 平均库水位偏高 3.96m，出库沙量偏小 0.022 亿 t，相对偏小 5.7%。可见，在“排浑”水位固定为 145m 不变条件下，汛期“蓄清”水位越高，出库沙量越少。同时，“蓄清”水位过高，会造成沙峰入库时库水位降至 145m 所需的时间显著延长，不利于水库排沙，还可能会因为水库过量过快增泄而造成下游防洪压力增大。因此，从控制防洪风险和减少泥沙淤积的角度看，“蓄清”水位 150m 要优于 155m。实时调度中，为便于汛期水库运行操作控制及减少弃水，充分利用洪水资源，“蓄清”运行期间库水位可选择在 145~150m 浮动运行。

从有利于排沙的角度，建议“排浑”水位选择 145m，“排浑”的起始时间至少应该从沙峰入库时开始，或者虽然沙峰未到但入库含沙量已达到某一特定值时，水库即开始增泄排沙。结合本书前面关于沙峰出库率的研究成果，建议将寸滩含沙量达到 2.0kg/m^3 且当日寸滩站入库流量不小于 25000m^3/s 作为水库增泄“排浑”的起始时间。“排浑”启动时，如果坝前水位高于 145m，则建议库水位尽快降至 145m 排沙，下泄流量在保证坝下游流量不超过河道安全泄量的前提下，宜不低于 35000m^3/s 且大于入库流量。如果坝前水位等于 145m，则库水位按 145m 运行排沙。对于“排浑”结束时间，则应根据出库含沙量大小及其变化来确定。前面研究的沙峰调度方案以出库沙峰含沙量不小于 0.3kg/m^3 为调度目标，以 35000m^3/s 水库泄量为例，当出库含沙量为 0.3kg/m^3 时日出库沙量可达 90.72 万 t，当出库含沙量减小为 0.1kg/m^3 时日出库沙量仍可达 30.24 万 t，2013 年 6 月 1 日~8 月 31 日 92 天中有 20 天的出库含沙量大于 0.1kg/m^3，占比为 22%，统计结果表明 2003~2013 年三峡水库出库含沙量年均值为 0.116kg/m^3，2012 年、2013 年、2014 年三峡水库出库含沙量年均值分别为 0.098kg/m^3、0.089kg/m^3、0.024kg/m^3，因此，综合考虑后，建议将出库含沙量降至约 0.1kg/m^3 作为“排浑”调度结束重新进入“蓄清”调度的泥沙参考因素。同时，在实时调度中，还应综合考虑水库来水预报、水资源利用、防洪、航运等因素以确定水库结束“排浑”调度的具体时机，“排浑”调度结束时的出库含沙量可在参考值 0.1kg/m^3 上下适当浮动。

4. 汛期“蓄清排浑”动态使用的泥沙调度方案

1）汛期“蓄清排浑”动态使用的泥沙调度原则与目标

汛期“蓄清排浑”动态使用的泥沙调度应在满足水资源优化利用需求的同时充分考虑水库排沙减淤。

汛期“蓄清排浑”动态使用的泥沙调度目标是增大出库沙量，通过尽可能多地集中排沙出库，以减少水库总淤积量。对于沙峰集中入库的汛期水沙过程，在入库沙量较少时“蓄清”，提高水头发电，在入库沙量较高时及时“排浑”，可同时兼顾电站发电与水库排沙减淤。

2）汛期“蓄清排浑”动态使用的泥沙调度方式

（1）汛期“蓄清排浑”动态使用的泥沙调度方式适用于三峡水库汛期 6 月 1 日~8 月 31 日，期间当水库需要开展防洪调度时，水库按防洪调度方式运行；

（2）当干流寸滩站含沙量 $S_{寸}$小于 2.0kg/m^3 时或者沙峰入库日寸滩站流量 $Q_{寸1}$ 小于 25000m^3/s 时，水库按“蓄清”调度，库水位可选择在 145~150m 动态运行；

（3）寸滩含沙量增大到 2.0kg/m^3 且当日寸滩站入库流量不小于 25000m^3/s 时可启动水库“排浑”调度；

（4）“排浑”调度启动时，如果坝前水位高于 145m，则建议库水位尽快降至

145m 排沙，下泄流量在保证坝下游流量不超过河道安全泄量的前提下，宜不低于 35000m^3/s 且大于入库流量，如果坝前水位等于 145m，则库水位按 145m 运行排沙；

(5)将出库含沙量降至约 0.1kg/m^3 作为“排浑”调度结束重新进入“蓄清”调度的泥沙参考因素，同时，在实时调度中，还应综合考虑水库来水预报、水资源利用、防洪、航运等因素以确定水库结束“排浑”调度的具体时机，“排浑”调度结束时的出库含沙量可在参考值 0.1kg/m^3 上下一定范围适当浮动。

6.3　长江上游梯级水库汛期联合排沙调度方式初步研究

目前，长江上游干流已建的溪洛渡、向家坝、三峡等水库均处于运用初期，且入库泥沙大幅减少也使得水库泥沙问题均轻于设计预期。因此，本次开展的关于梯级水库的泥沙调度研究，主要着眼于优化调度背景下的溪洛渡、向家坝、三峡三库联合排沙研究，即在进行梯级水库优化调度的同时开展兼顾排沙的泥沙调度方式的若干初步研究与探索。

6.3.1　溪洛渡、向家坝、三峡梯级水库汛期联合排沙调度方式探讨

1. 基于沙峰调度的梯级水库联合排沙调度方式

2012 年和 2013 年汛期，三峡水库在实施中小洪水调度过程中，开展了兼顾排沙减淤的沙峰调度试验，取得了较好的排沙效果。在本书前面 6.2 节的研究中，通过研究提出了三峡水库汛期洪水调度过程中兼顾排沙的沙峰调度方案，而上游溪洛渡、向家坝水库的建成，又为开展基于沙峰调度的梯级水库联合排沙调度提供了条件。根据前面三峡水库汛期沙峰输移特性研究成果，在其他条件不变时，入库流量越大，水库出库沙量也越大，且在三峡干流入库寸滩站，洪峰与沙峰同步时最有利于输沙排沙，其次是洪峰滞后于沙峰，最差的是洪峰超前于沙峰。因此，当三峡水库开展沙峰调度时，上游溪洛渡和向家坝梯级水库适当增泄将有利于溪洛渡、向家坝、三峡梯级水库增大出库沙量。可见，溪洛渡、向家坝水库的建成为开展基于沙峰调度的梯级水库联合排沙调度提供了条件。

2. 基于汛期“蓄清排浑”动态使用的梯级水库联合排沙调度方式

在本书前面 6.2 节的研究中，通过研究提出了三峡水库汛期“蓄清排浑”动态使用的泥沙调度方案，汛期入出库沙量的大幅减少和输沙时间的更为集中是三峡水库开展汛期“蓄清排浑”动态使用泥沙调度的前提条件。随着金沙江中游梨

园、阿海等6座梯级水库于2010~2014年相继投入运用，特别是库容较大的鲁地拉和观音岩水库分别于2013年和2014年投入运用，溪洛渡水库入库沙量也开始出现大幅度的减少，由本书前面6.1节表6.1金沙江干流控制水文站水沙年际变化统计表可见，2013年和2014年（1~9月）溪洛渡水库干流进口华弹站年输沙量分别为5400万t和6410万t，与2010~2012年相比，分别相对减小了39%和28%，与多年平均值相比，分别相对减少了67%和61%。溪洛渡入库沙量出现了较大幅度的减少，可以预期，随着2020年左右上游乌东德和白鹤滩的建成，未来溪洛渡入库沙量还会出现进一步的减少。与三峡水库类似，在上游入库沙量减小的背景下，溪洛渡和向家坝同样存在开展汛期"蓄清排浑"动态使用的泥沙调度条件。

6.3.2　溪洛渡、向家坝、三峡梯级水库汛期联合排沙调度方式计算研究

1. 计算条件研究

本研究主要思路是在三峡水库开展沙峰调度或者汛期"蓄清排浑"调度中的"排浑"调度时，通过溪洛渡或者向家坝水库适时降低库水位增泄增大三峡入库流量的方式，增大溪洛渡、向家坝、三峡梯级水库出库沙量，以达到增大梯级水库排沙减淤效果的调度目标。

在计算条件上，一个较好的选择是选择采用溪洛渡、向家坝蓄水运用后实测资料进行溪洛渡、向家坝、三峡梯级水库汛期联合排沙调度计算研究，但由于溪洛渡2014年汛末才第一次蓄水至正常蓄水位600m，向家坝水库2013年汛末才第一次蓄水至正常蓄水位380m，两水库蓄水运用时间均较短，且研究时存在不掌握2012年以后溪洛渡、向家坝水库的入出库水沙资料的难题，所以，本书根据掌握的实测资料情况，考虑采用2012年实测水沙资料进行计算研究。2012年汛期三峡水库入出库水沙过程及坝前水位过程分别见6.2节中图6.3和图6.4。2012年汛期6月11日~8月31日有两个入库沙峰过程，分别为2012年7月2日入库沙峰和2012年7月24日入库沙峰，针对这两次沙峰，三峡水库均开展了沙峰调度试验，即在沙峰抵达坝前时适时增大下泄流量排沙。其中，7月24日入库沙峰发生时三峡水库遭遇了成库以来的最大入库洪峰，24日20时入库洪峰流量达到了71200m^3/s，24日寸滩站日均流量达到了63200m^3/s，三峡水库以防洪调度为主，主要是在入库流量已定的条件下合理调度出库流量以发挥防洪作用，此时开展沙峰调度，主要手段只是有限地增大出库流量以兼顾排沙，若此时增大上游梯级水库下泄流量排沙则不利于防洪安全，故本书只选择7月2日入库沙峰进行溪洛渡、向家坝、

三峡梯级水库联合排沙调度方式计算研究。实际调度中，三峡水库针对7月2日入库沙峰开展了沙峰调度，将7月5日日均下泄流量增加至38800m^3/s左右，7月8日沙峰出库。

金沙江下游干流控制站屏山水文站于2012年下迁24km至向家坝站，2012年汛期(6月11日~8月31日)向家坝站实测流量和含沙量过程见图6.14。以向家坝站2012年实测水沙过程为溪洛渡水库入库水沙边界，计算研究的基础方案为三峡水库坝前水位按实际调度过程控制，溪洛渡和向家坝水库则按设计调度方式控制。图6.15为按基础方案计算得到的溪洛渡水库汛期出库流量和含沙量过程，图6.16为按基础方案计算得到的向家坝水库汛期出库流量和含沙量过程，图6.17为按基础方案计算得到的寸滩站汛期流量和含沙量过程，图6.18为按基础方案计算得到的三峡水库汛期出库流量和含沙量过程。

从计算结果看，2012年水沙条件在梯级水库联合调度运用后，经过溪洛渡和向家坝水库调节，向家坝出库沙峰出现在7月13日和7月14日，沙峰含沙量为

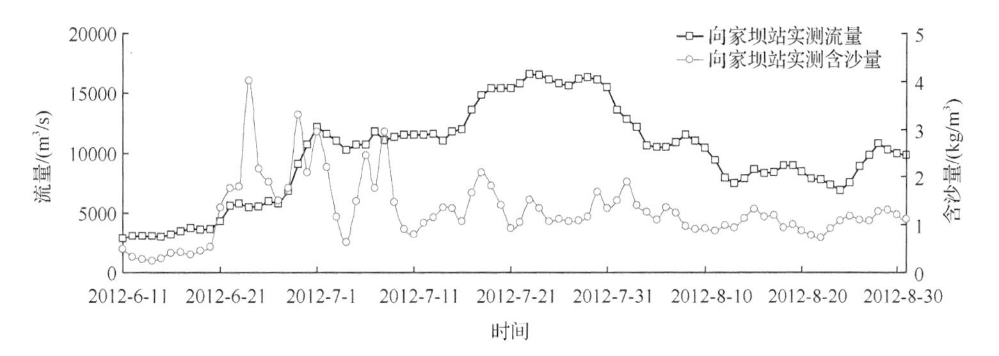

图6.14　2012年汛期(6月11日~8月30日)向家坝站实测流量和含沙量过程

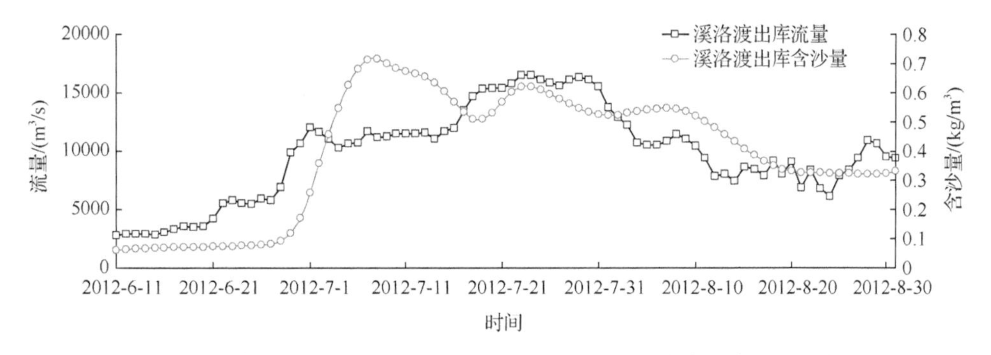

图6.15　基础方案条件下汛期(6月11日~8月30日)溪洛渡水库出库流量和含沙量过程

0.528kg/m^3，7 月 1 日之前向家坝出库含沙量小于 0.1kg/m^3，7 月 1 日之后向家坝出库含沙量一直持续处于一个相对较高的状态；计算得到的寸滩站汛期第一个沙峰出现在 7 月 1 日，沙峰含沙量为 0.983kg/m^3，其后为一个由多个小沙峰组成的连续的沙峰过程，整个大的沙峰过程持续至 7 月 31 日左右基本结束；三峡出库沙峰过程与出库流量过程几乎完全对应，可见，梯级水库作用下 2012 年汛期三峡水库出库沙峰主要受到水库调度的影响。寸滩站为三峡水库干流入库控制站，金沙江来沙、岷沱江来沙、嘉陵江来沙最终都会在寸滩站得到体现，因此，本书选择寸滩站含沙量变化作为梯级水库泥沙联合调度启动的判别站，根据寸滩站来沙情况判断是否开展梯级水库联合排沙调度。

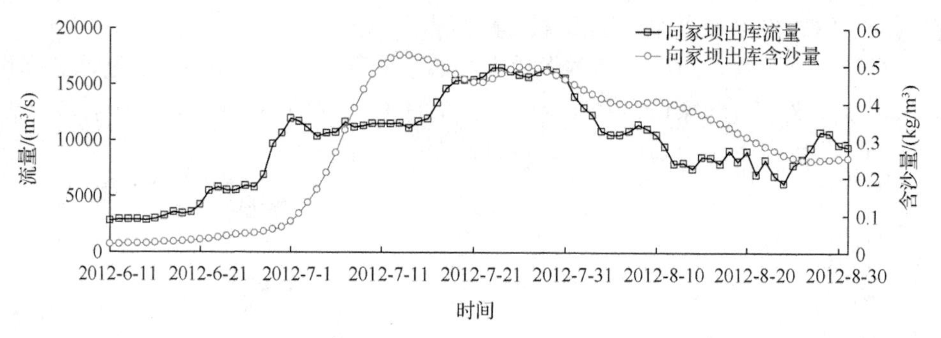

图 6.16　基础方案条件下汛期(6 月 11 日~8 月 30 日)向家坝水库出库流量和含沙量过程

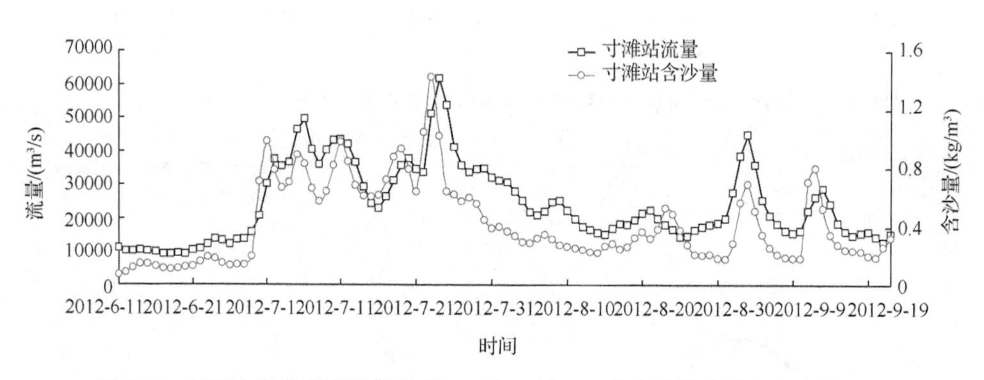

图 6.17　基础方案条件下汛期(6 月 11 日~9 月 19 日)寸滩站流量和含沙量过程

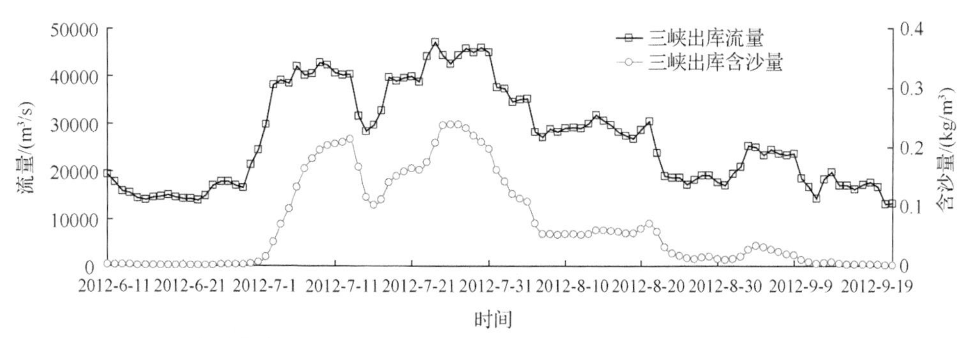

图 6.18　基础方案条件下汛期(6 月 11 日~9 月 19 日)三峡水库出库流量和含沙量过程

2. 基于沙峰调度的梯级水库联合排沙调度方式计算研究

基于沙峰调度的溪洛渡、向家坝、三峡梯级水库联合排沙调度，其目标是在不影响下游三峡水库坝前水位抬升的条件下，提高沙峰出库率，这就需要通过梯级水库中的上游水库实施降水增泄，以增加下游三峡水库沙峰输移过程中的入库流量。从基础方案计算结果看，寸滩站 6 月 29 日和 6 月 30 日含沙量分别为 0.196kg/m^3、0.706kg/m^3，寸滩站从 6 月 30 日开始含沙量出现了明显增加(图 6.17)，并在 7 月 1 日出现含沙量为 0.983kg/m^3 的第一个沙峰。7 月 1 日对应寸滩站流量为 30106m^3/s，三峡出库流量为 24489m^3/s，坝前水位为 145.43m，根据沙峰传播时间公式可计算得到沙峰传播时间为 3 天，出库沙峰大小为 0.174kg/m^3。根据已有研究成果，向家坝来水至寸滩的洪水传播时间是 36 小时，三峡水库建成蓄水后，寸滩至三峡入库传播时间为 6~12 小时，向家坝至三峡入库传播时间约 48 小时，即两天时间。因此，考虑上游溪洛渡、向家坝梯级水库从 7 月 2 日开始降水增泄，启动梯级水库联合排沙调度，增泄时间初步定为 3 天。7 月 2 日溪洛渡入库含沙量为 2.2kg/m^3，入库流量为 11600m^3/s，水库入库沙量较大，且水库输沙排沙能力较强，具备参与梯级水库联合排沙调度的条件。拟定计算方案如下(表 6.34)。

方案 1：基础方案。三峡水库坝前水位按实际调度过程控制，溪洛渡和向家坝水库按设计调度方式运行。

方案 2：沙峰调度方案。2012 年 6 月 11 日~8 月 31 日，三峡水库坝前水位按实际调度过程控制，向家坝水库按库水位 370m 不变运行；7 月 2 日~7 月 4 日溪洛渡库水位从 560m 均匀降至 555m，7 月 5 日~7 月 7 日库水位从 555m 均匀回升至 560m。

表 6.35 为梯级水库不同运用方案三峡水库出库沙量计算结果表，从三峡水库出库沙量的计算结果看，与方案 1(基础方案)相比，当统计时间为 2012 年 6 月 11

日~8月31日时，方案2(沙峰调度方案)三峡水库出库沙量偏小1.8万t，当统计时间为2012年7月1日~7月10日时，方案2(沙峰调度方案)三峡水库出库沙量偏大2.6万t。可见，在沙峰调度期间，基于沙峰调度的梯级水库联合排沙调度方式定性上有利于提高梯级水库出库沙量，但提高的幅度有限，其原因主要是沙峰调度排沙期间，下游三峡水库库水位较高甚至处于库水位不断抬升过程，降低了调度排沙效果。从整个汛期看，由于沙峰调度需要上游水库库水位先下降再回升，上游水库库水位下降增泄流量，有助于整个梯级水库输沙排沙出库，但在上游水库库水位回升过程中，当上游水库入库泥沙较大时，又会增加上游水库淤积，进而造成整个梯级水库出库沙量还可能反而减小，即上游水库在库水位回升时需要注意避开较大的入库沙峰。

表6.34　计算方案

方案	方案名称	方案说明
1	基础方案	2012年6月11日~8月31日，三峡水库坝前水位按实际调度过程控制，溪洛渡和向家坝水库按设计调度方式运行。
2	沙峰调度方案	2012年6月11日~8月31日，三峡水库坝前水位按实际调度过程控制，向家坝水库按库水位370m不变运行；7月2日~7月4日溪洛渡库水位从560m均匀降至555m，7月5日~7月7日库水位从555m均匀回升至560m。

表6.35　梯级水库不同运用方案三峡水库出库沙量计算结果

方案	方案名称	出库沙量/万t	
		2012年6月11日~8月31日	2012年7月1日~7月10日
1	基础方案	2234.4	389.5
2	沙峰调度方案	2232.6	392.1

3. 基于汛期“蓄清排浑”动态使用的梯级水库联合排沙调度方式计算研究

基于汛期“蓄清排浑”动态使用的溪洛渡、向家坝、三峡梯级水库联合排沙调度，其目标是在沙峰入库时通过及时降低库水位以提高沙峰过程中的出库沙量，梯级水库同时实施降水增泄可实现梯级水库集中低水位输沙出库。从基础方案计算结果看，当入库流量达到10000m^3/s左右时，溪洛渡水库输沙排沙能力较强，水库出库含沙量明显增大。2012年汛期6月11日~8月31日实测入库含沙量大于2.0kg/m^{3}的天数有8天，主要集中在6月24日~7月8日。溪洛渡实测入库流量在6月30日达到10000m^3/s，且6月30日~8月10日入库流量均维持在10000m^3/s以上。梯级水库联合运用计算结果表明，寸滩站6月30日含沙量出现明显增加，7月1日出现第一个沙峰，因此，综合考虑后，“排浑”调度起始时间可以确定在7月2日，“排浑”结束时间初步按7月8日控制。拟定计算方案如下(表6.36)。

方案1：基础方案。三峡水库坝前水位按实际调度过程控制，溪洛渡和向家坝水库按设计调度方式运行。

方案2：溪洛渡、向家坝、三峡梯级水库汛期“蓄清排浑”调度方式动态使用方案。6月11日~7月1日溪洛渡水库按565m库水位运行，向家坝水库按375m库水位运行，三峡水库按150m库水位运行；7月2日开始溪洛渡、向家坝、三峡三库按每天1m均匀下降至汛限水位并运行至7月8日，7月9日开始三库库水位逐步抬升至与基础方案相同。

表6.37为梯级水库不同运用方案三峡水库出库沙量计算结果表，从三峡水库出库沙量的计算结果看，与方案1(基础方案)相比，当统计时间为2012年6月11日~8月31日时，方案2(汛期“蓄清排浑”调度方案)三峡水库出库沙量偏大213.2万t；当统计时间为2012年7月1日~7月10日时，方案2(汛期“蓄清排浑”调度方案)三峡水库出库沙量偏大192.4万t。可见，不论是在“排浑”调度期间还是在整个汛期，基于汛期“蓄清排浑”动态使用的梯级水库联合排沙调度方式均有利于提高梯级水库出库沙量，且提高的幅度相对较大，其原因主要是汛期“蓄清排浑”调度排沙期间，入库沙量大时“排浑”，此时水库库水位处于较低状态，有利于大量排沙出库，入库沙量小时“蓄清”，此时水库库水位虽然处于较高状态，但对水库淤积增大影响相对较小。

表6.36　计算方案

方案	方案名称	方案说明
1	基础方案	2012年6月11日~8月31日，三峡水库坝前水位按实际调度过程控制，溪洛渡和向家坝水库按设计调度方式运行。
2	汛期“蓄清排浑”方案	2012年6月11日~7月1日，溪洛渡水库按565m库水位运行，向家坝水库按375m库水位运行，三峡水库按150m库水位运行；7月2日开始溪洛渡、向家坝、三峡三库按每天1m均匀下降至汛限水位并运行至7月8日，7月9日开始三库水位逐步抬升至与基础方案相同。

表6.37　梯级水库不同运用方案三峡水库出库沙量计算结果

方案	方案名称	出库沙量/万t	
		2012年6月11日~8月31日	2012年7月1日~7月10日
1	基础方案	2234.4	389.5
2	汛期“蓄清排浑”方案	2447.6	581.9

4. 溪洛渡、向家坝、三峡梯级水库汛期联合排沙调度方案

根据前面研究，初步提出溪洛渡、向家坝、三峡梯级水库汛期联合排沙调度方案如下。

1）基于沙峰调度的溪洛渡、向家坝、三峡梯级水库联合排沙调度方案

（1）梯级水库中的上游溪洛渡水库开展沙峰调度时，下游向家坝和三峡水库应尽量保持较低的库水位以提高梯级水库整体排沙效果；

（2）梯级水库中的下游三峡水库开展沙峰调度时，在不增加下游防洪压力的前提下，上游溪洛渡水库可降水位增泄以提高三峡水库输沙流量，溪洛渡水库启动增泄的时间应与寸滩出现沙峰的时间相一致，以增加下游干流寸滩站沙峰对应流量为目标，尽量使得寸滩站洪峰与沙峰同步或者晚于沙峰，溪洛渡库水位回升时应避开较大的入库沙峰；

（3）开展基于沙峰调度的梯级水库联合排沙调度时，向家坝水库应尽量维持在汛限水位。

2）基于汛期“蓄清排浑”动态使用的溪洛渡、向家坝、三峡梯级水库联合排沙调度方案

（1）基于汛期“蓄清排浑”动态使用的溪洛渡、向家坝、三峡梯级水库联合排沙调度适用于汛期 6 月 1 日~8 月 31 日，期间当水库需要开展防洪调度时，水库按防洪调度方式运行；

（2）当溪洛渡入库含沙量小于 2.0kg/m^3 时或者入库流量小于 10000m^3/s 时，溪洛渡和向家坝水库按“蓄清”调度，溪洛渡库水位可选择在 560~565m 动态运行，向家坝库水位可选择在 370~375m 动态运行；当干流寸滩站含沙量小于 2.0kg/m^3 时或者沙峰入库日寸滩站流量小于 25000m^3/s 时，三峡水库按“蓄清”调度，三峡库水位可选择在 145~150m 动态运行；

（3）当溪洛渡入库含沙量不小于 2.0kg/m^3 且入库流量不小于 10000m^3/s，寸滩含沙量增大到不小于 2.0kg/m^3 且当日寸滩站入库流量不小于 25000m^3/s 时可考虑启动溪洛渡、向家坝、三峡梯级水库联合“排浑”调度；

（4）“排浑”调度启动时，如果溪洛渡、向家坝、三峡三库库水位均高于汛限水位，则三库应同时开始降低库水位，且要避免上游水库的下泄浑水进入下游水库时，下游水库仍处于高水位或处于库水位抬升状态，三库应在保证下游防洪安全的前提下尽快降低库水位至汛限水位，库水位下降时溪洛渡和向家坝出库流量宜不低于 10000m^3/s，三峡出库流量宜不低于 35000m^3/s，联合“排浑”调度开始时库水位等于汛限水位的水库，则库水位维持汛限水位排沙；

（5）在实时调度中，应综合考虑出库含沙量变化、水库来水预报、水资源利用、

防洪、航运等因素适时结束“排浑”调度。

6.4 本 章 小 结

（1）本章分析了三峡水库入库水沙变化特性、三峡水库蓄水运用以来优化调度情况以及三峡水库实时调度中的泥沙问题，为开展三峡水库汛期泥沙调度方式研究奠定了基础。

（2）本章分析了长江上游水沙变化特性以及溪洛渡和向家坝水库建设、运行及优化调度情况，对长江上游溪洛渡、向家坝梯级水库调度运行中的泥沙问题进行了初步揭示，为开展长江上游溪洛渡、向家坝、三峡梯级水库汛期泥沙联合调度方式研究奠定了基础。

（3）三峡水库实测沙峰输移资料分析结果表明，从有利于提高沙峰出库率和减小库区沙峰传播时间的角度看，入库沙峰与入库洪峰的三种相位关系中，沙峰与洪峰同步时最有利于输沙排沙，其次是沙峰超前于洪峰，最差的是沙峰滞后于洪峰。

（4）在三峡水库汛期泥沙调度方式方面，研究提出了兼顾排沙的三峡水库沙峰调度方案和三峡水库汛期“蓄清排浑”动态使用的泥沙调度方案；在长江上游梯级水库汛期联合排沙调度方式方面，研究提出了溪洛渡、向家坝、三峡梯级水库基于沙峰调度的联合排沙调度方案和基于汛期“蓄清排浑”动态使用的联合排沙调度方案。

参 考 文 献

[1] 中国长江三峡集团公司，中国水利水电科学研究院，长江勘测规划设计研究有限责任公司. 三峡水库泥沙调控与多目标优化调度课题研究报告. 2015.

[2] 长江水利委员会水文局. 2014 年度三峡水库进出库水沙特性、水库淤积及坝下游河道冲刷分析. 2015.

[3] 长江水利委员会. 三峡工程综合利用与水库调度研究. 武汉：湖北科学技术出版社, 1997.

[4] 三峡枢纽建设运行管理局. 三峡水库调度运行及科研工作情况. 2013.

[5] 水利部长江水利委员会. 长江三峡水利枢纽初步设计报告（枢纽工程）第四篇综合利用规划. 1992.

[6] 水利部长江水利委员会. 三峡水库优化调度方案研究. 2009.

[7] 三峡工程泥沙专家组. 金沙江大型水库建设对三峡工程泥沙问题影响的调研报告. 2014.

[8] 长江勘测规划设计研究有限责任公司. 2014 年度长江上游水库群联合调度方案研究技术报告. 2014.

[9] 中国长江三峡集团公司. 溪洛渡、向家坝梯级水库 2015 年汛期优化调度实施方案. 2015.

[10] 国家电力公司成都勘测设计研究院. 金沙江溪洛渡水电站可行性研究报告. 2001.

[11] 国家电力公司中南勘测设计研究院. 金沙江向家坝水电站可行性研究报告. 2003.

[12] 董炳江，乔伟，许全喜. 三峡水库汛期沙峰排沙调度研究与初步实践. 人民长江，2014, 45（3）：7-11.

[13] 水利部长江水利委员会. 长江三峡水利枢纽初步设计报告（枢纽工程）第二篇水文. 1992.

[14] 中国水利学会泥沙专业委员会. 泥沙手册. 北京：中国环境科学出版社, 1992.

[15] 韩其为. 水库淤积. 北京：科学出版社, 2003.
[16] 涂启华，杨赉斐. 泥沙设计手册. 北京：中国水利水电出版社, 2006.
[17] 朱鉴远. 水利水电工程泥沙设计. 北京：中国水利水电出版社, 2010.
[18] 潘庆燊，陈济生，黄悦，等. 三峡工程泥沙问题研究进展. 北京：中国水利水电出版社, 2014.
[19] 潘庆燊. 长江水利枢纽工程泥沙研究. 北京：中国水利水电出版社, 2003.

第7章 结 论

本书采用实测资料分析、理论分析和数学模型计算相结合的方法，围绕三峡水库和长江上游大型梯级水库运用以来实际调度中的泥沙问题进行研究，取得了以下几个方面的研究成果。

(1) 对三峡水库沙峰输移特性和排沙比变化规律进行了研究，结果表明：三峡水库沙峰传播时间的主要影响因子是入库沙峰含沙量和洪水滞留系数；三峡水库沙峰出库率的主要影响因子是洪水滞留系数；三峡水库汛期场次洪水排沙比公式可近似采用以洪水滞留系数为单一自变量的公式来表达。采用理论分析和统计分析相结合的方法建立了如下计算公式：①三峡水库沙峰传播时间公式(式(2.13))；②三峡水库沙峰出库率公式(式(2.20))；③三峡水库场次洪水排沙比公式(式(2.27))。

(2) 建立了三峡水库干支流河道一维非恒定流水沙数学模型，在恢复饱和系数、区间流量、库容闭合等方面对模型进行了改进，采用三峡水库蓄水运用后2003~2013 年实测资料对模型进行了验证，验证计算的水位流量过程、输沙量、淤积量及排沙比等与实测值符合较好。验证结果表明，该模型在非恒定流输沙计算方面有较好的模拟精度，模型对三峡水库水沙输移及泥沙冲淤模拟计算基本合适，该模型可为三峡水库水沙优化调度和冲淤预测研究提供技术支撑。

(3) 三峡水库蓄水运用以来库区存在细沙大量落淤现象，如果各粒径组泥沙恢复饱和系数继续使用论证阶段采用的固定值 0.25，则数学模型计算的库区淤积量明显偏小。作者在前人研究的基础上，以实测资料为基础，通过公式改进和数学模型反复模拟比较，提出了一个不同粒径组泥沙恢复饱和系数经验公式(式(3.19))，通过公式计算确定各粒径组泥沙的恢复饱和系数，恢复饱和系数计算改进后，三峡水库 2003～2013 年库区泥沙淤积模拟精度合计提高了 24.8%。

(4) 以三峡水库干支流河道一维非恒定流水沙数学模型为基础，将长江上游干流乌东德、白鹤滩、溪洛渡、向家坝水库纳入整体计算范围，建立了长江上游梯级水库联合调度泥沙数学模型，可实现梯级水库群水沙输移同步联合计算。采用平衡坡降法进行了金沙江中游梯级、雅砻江梯级、岷江梯级、嘉陵江梯级、乌江梯级共 27 座水库的拦沙计算，干支流水库群拦沙计算成果可通过改变模型进口水沙边界的方式参与长江上游梯级水库泥沙冲淤计算。

(5) 开展了考虑干支流水库群拦沙影响的长江上游梯级水库联合调度泥沙冲淤长期预测计算研究，研究结果表明，在 1991~2000 年水沙条件下，不考虑龙盘梯级时，乌东德、白鹤滩、溪洛渡、向家坝、三峡水库的库区淤积初步平衡时间分别约为 140 年、230 年、260 年、270 年、340 年；考虑龙盘梯级时，乌东德、白鹤滩、溪洛渡、向家坝、三峡水库的库区淤积初步平衡时间分别约为 180 年、270 年、290 年、300 年、370 年。长江上游梯级水库 500 年冲淤预测计算结果表明，各水库淤积平衡时间都比原设计有较大延长，这为梯级水库开展优化调度奠定了基础。

(6)三峡水库实测沙峰输移资料统计分析结果表明，从有利于提高沙峰出库率和减小库区沙峰传播时间的角度看，入库沙峰与入库洪峰的三种相位关系中，沙峰与洪峰同步时最有利于输沙排沙，其次是沙峰超前于洪峰，最差的是沙峰滞后于洪峰。

(7)三峡水库入出库水沙分析结果表明，三峡水库蓄水运用以来入库水量特别是蓄水期入库水量明显减少，入库泥沙呈趋势性大幅度减小，水库淤积远好于初步设计预期；洪水期间输沙变得更为集中，汛期 6 月中旬~9 月底部分时段含沙量甚至已经开始小于论证阶段 10 月和 5 月的含沙量，即汛期不同时段呈现出相对的“浑”和“清”。这些变化为开展三峡及长江上游梯级水库优化调度背景下的泥沙调度方式研究奠定了基础。

(8)针对三峡水库汛期泥沙调度提出了两种调度模式，即兼顾排沙的三峡水库沙峰调度模式和汛期“蓄清排浑”动态使用的泥沙调度模式。针对溪洛渡、向家坝、三峡梯级水库汛期泥沙调度提出了两种调度模式，即基于沙峰调度的梯级水库联合排沙调度模式和基于汛期“蓄清排浑”动态使用的梯级水库联合排沙调度模式。

(9)研究提出了兼顾排沙的三峡水库沙峰调度方案，其主要内容为：当入库沙峰含沙量 $S_{寸}$ 小于 2.0kg/m^3 时或者沙峰入库日寸滩站流量 $Q_{寸1}$ 小于 25000m^3/s 时，不开展沙峰调度；当根据沙峰出库率公式计算求出的出库沙峰含沙量 $S_{黄}$ 小于 0.3kg/m^3 时，不开展沙峰调度；沙峰调度时应在沙峰传播时间公式计算得出的沙峰出库日期的基础上提前 1~2 天开始增泄排沙，且排沙过程中水库泄量应不小于 35000m^3/s。

(10)研究提出了三峡水库汛期“蓄清排浑”动态使用的泥沙调度方案，其主要内容为：当汛期干流寸滩站含沙量 $S_{寸}$ 小于 2.0kg/m^3 时或者沙峰入库日寸滩站流量 $Q_{寸1}$ 小于 25000m^3/s 时，水库按“蓄清”调度，库水位可选择在 145~150m 动态运行；寸滩含沙量增大到 2.0kg/m^3 且当日寸滩站入库流量不小于 25000m^3/s 时，可启动水库“排浑”调度；“排浑”调度启动时，如果坝前水位高于 145m，则建议库水位尽快降至 145m 排沙，下泄流量在保证坝下游流量不超过河道安全泄量的前提下，宜不低于 35000m^3/s 且大于入库流量，如果坝前水位等于 145m，则库水位按 145m

运行排沙。

(11)研究提出了基于沙峰调度和基于汛期“蓄清排浑”动态使用的溪洛渡、向家坝、三峡梯级水库联合排沙调度方案，研究表明，后者的排沙效果要好于前者。基于汛期“蓄清排浑”动态使用的溪洛渡、向家坝、三峡梯级水库联合排沙调度方案主要内容为：当溪洛渡入库含沙量小于 2.0kg/m^3 时或者入库流量小于 10000m^3/s 时，溪洛渡和向家坝水库按“蓄清”调度，溪洛渡库水位可选择在 560~565m 动态运行，向家坝库水位可选择在 370~375m 动态运行；当干流寸滩站含沙量小于 2.0kg/m^3 时或者沙峰入库日寸滩站流量小于 25000m^3/s 时，三峡水库按“蓄清”调度，三峡库水位可选择在 145~150m 动态运行；当溪洛渡入库含沙量不小于 2.0kg/m^3 且入库流量不小于 10000m^3/s，寸滩含沙量增大到不小于 2.0kg/m^3 且当日寸滩站入库流量不小于 25000m^3/s 时，可考虑启动溪洛渡、向家坝、三峡梯级水库联合“排浑”调度；“排浑”调度库水位下降时溪洛渡和向家坝出库流量宜不低于 10000m^3/s，三峡出库流量宜不低于 35000m^3/s。